国家出版基金项目
NATIONAL PUBLICATION FOUNDATION

U0893695

科技史新视角研究丛书

中国科学院自然科学史研究所 主编

古代科学技术跨文明传播的模式探析

以编织、弦表计算和航海计程技术为例

陈晓珊 刘辉 郭园园 著

山东科学技术出版社
·济南·

图书在版编目（CIP）数据
古代科学技术跨文明传播的模式探析 ：以编织、弦表计算和航海计程技术为例 / 陈晓珊，刘辉，郭园园著. 济南 ：山东科学技术出版社，2024. 12. -- (科技史新视角研究丛书). -- ISBN 978-7-5723-2493-2
Ⅰ. N092
中国国家版本馆 CIP 数据核字第 20249UL066 号

古代科学技术跨文明传播的模式探析：
以编织、弦表计算和航海计程技术为例
GUDAI KEXUE JISHU KUA WENMING CHUANBO DE MOSHI TANXI: YI BIANZHI、XIANBIAO JISUAN HE HANGHAI JICHENG JISHU WEI LI

责任编辑：杨文静
装帧设计：孙小杰

主管单位：山东出版传媒股份有限公司
出 版 者：山东科学技术出版社
地址：济南市市中区舜耕路 517 号
邮编：250003 电话：（0531）82098088
网址：www.lkj.com.cn
电子邮件：sdkj@sdcbcm.com
发 行 者：山东科学技术出版社
地址：济南市市中区舜耕路 517 号
邮编：250003 电话：（0531）82098067
印 刷 者：山东新华印务有限公司
地址：济南市高新区世纪大道 2366 号
邮编：250104 电话：（0531）82091306

规格：16 开（170 mm × 240 mm）
印张：15.5 字数：240 千
版次：2024 年 12 月第 1 版 印次：2024 年 12 月第 1 次印刷
定价：88.00 元

总序

中国古代的科学技术是推动中华文明发展的重要力量，是中华文脉绵延不绝的源泉。其向外传播及与周边国家地区、域外文明的接触、交流和融合，为世界科学技术的发展作出了非常重要的贡献。古人在农、医、天、算以及生物、地理等领域，取得了许多重大科学发现；在技术和工程上，也完成了无数令人惊叹的发明创造，留下了浩如烟海的典籍和数不胜数的文物等珍贵历史文化遗产。

五四运动前后，我国的科技史学科开始兴起，朱文鑫、竺可桢、李俨、钱宝琮、叶企孙、钱临照、张子高、袁翰青、侯仁之、刘仙洲、梁思成、陈桢等在相关学科发展史的研究方面做出了奠基性的工作。从20世纪50年代起，中国逐步建立科技史学科专门研究和教学机构。中国科技史研究者们从业余到专业、从少数人到数百人、从分散研究到有组织建制化活动、从个别学科到整个科学技术各领域，筚路蓝缕，渐次发展，全方位地担负起中国科学技术史研究的责任。

1957年，中国自然科学史研究室（1975年扩建为中国科学院自然科学史研究所，简称“科学史所”）成立，标志着中国科学技术史学科建制化的开端。此后六十多年，科学史所以任务带学科，组织同行力量，有计划地整理中国自然科学和技术遗产，注重中国古代科技史研究，编撰出版多卷本大型丛书《中国科学技术史》（简称《大书》，26卷，1998—2011

年相继出版)、《中国传统工艺全集》(20卷20册，2004—2016年第一、二辑相继出版)和《中国古代工程技术史大系》(2006年开始相继刊印，已出版12卷)等著作。其中，《大书》凝聚了国内百余位作者数十年研究心血，代表着中国古代科技史研究的最高水平。

1978年起，科学史所将研究方向从中国古代科技史扩展至近现代科技史和世界科技史。四十多年来，汇聚同行之力，编撰出版《20世纪科学技术简史》(1985年第一版，1999年修订版)、《中国近现代科学技术史》(1997年)、《中国近现代科学技术史研究丛书》(35种47册，2004—2009年相继出版)和《科技革命与国家现代化研究丛书》(7卷本，2017—2020年出版)等著作，填补了近现代科技史和世界科技史研究一些领域的空白，引领了学科发展的方向。

“十二五”期间，科学史所部署“科技知识的创造与传播研究”一期项目，与同行一道着眼于学科创新，选择不同时期的学科史个案，考察分析跨地区与跨文化的知识传播途径、模式与机制，研究科学概念与理论的创造、技术发明与创新的产生、思维方式与知识的表达、知识的传播与重塑等问题，积累了大量新的资料和其他形式的资源，拓展了研究路径，开拓了国际合作交流的渠道。现已出版的多卷本《科技知识的创造与传播研究丛书》(2018年开始刊印，已出版12卷)，涉及农学知识的起源与传播、医学知识的形成与传播、数学知识的引入与传播和技术知识的起源与传播，以及明清之际西方自然哲学知识在中国的传播等方面的主题。丛书纵向贯穿史前时期、殷商、宋代、明清和民国等不同时段，在空间维度上横跨中国历史上的疆域和沟通东西方的丝绸之路，于中国古代科技的史实考证、工艺复原与学科门类史、近现代科学技术由西方向中国传播及其对中国传统知识和社会文化的冲击等方面获得了更多新认知。

科学史所在“十三五”期间布局“科技知识的创造与传播研究”二期

项目，秉承一期项目的研究宗旨和实践理念，继续以国际比较研究的视野，组织跨学科、跨所的科研攻关队伍，探索古代与近现代科学技术创造和传播的史实及机制。项目产出的成果获得国家出版基金资助，将冠以《科技史新视角研究丛书》书名出版。这套丛书的内容包括物理、天文、航海、植物学、农学、医药、矿冶等主题，着力探讨相关学科领域科技知识的内涵、在世界不同国家地区的发展演变与交互影响，并揭示科技知识与人类社会的相互关系，不仅重视中国经验、中国智慧，也关注国外案例和交流研究。

两期项目的研究成果，从更宽视野、更多视角、更深层次揭示了科技知识创造的方式和动力机制及科技知识创造与传播的主体、发挥的作用和关键影响因素，深化了对中国传统科技体系内涵与演变及中外科技交流的多维度认识。

一百多年来，国内外学者前赴后继，在中国古代科学技术史、近现代科学技术史的发掘、整理和研究上已收获累累硕果，形成了探究中国古代和近现代科技史的宏观叙事架构，回答了古代科技的结构与体系特征、思想方法、发展道路、价值作用与影响等一系列问题，开创了近现代科技史研究的新局面。我国学者也迈出了从中国视角研究世界科技史的坚实步伐。

当下，我国迈上了全面建设社会主义现代化强国、实现第二个百年奋斗目标、以中国式现代化全面推进中华民族伟大复兴的新征程。这种新形势，一方面需要我国科技群体不停向前沿探索、加快前进的脚步，另一方面也亟须科技史研究机构和学者因应时势进一步深入检视科技史，从中总结经验得失，以支撑现实决策，服务未来发展。在中国历史及世界文明发展的大视野中，进一步总结阐述中国科技发展的体系、思想、成就和特点，澄清关于中国古代科学技术似是而非的认识或争议，充分发掘传统科技宝库以为今用，将有助于讲好中国科技发展的故事，回答国家和社会公众的高度关切之间，推动中华优秀传统文化的创造性转化和创新性发展，提振民族文化自信和创新自信。

《科技史新视角研究丛书》结合微观实证和宏观综合研究，在这承前启后的科技史研究序列中，薪火相传，继往开来。它以新视角带来新认知，在中国古代与近现代科技史实、中外科技交流的研究中，必将更好地发挥以史为鉴的作用。

关晓武

2022 年 1 月

前言

在古代科学技术传播的过程中，有许多现象值得关注。科技知识怎样在人群中流传，怎样在各异的地区和文明之间扩散？新旧受众之间是否需要密切接触、共同生活劳动，才能让技术在不同的自然和人文环境里落地发芽？随着时间的推移、距离的延伸，知识扩散的强度会逐渐减弱吗？会受到社会制度与文化的影响吗？方法和形态会变异吗？会被新土地上的人们认同并接受吗？经过千万里流传之后，遥远的人们学到的技术是否还是它初生时的原貌？

带着这些问题，我们开始了本课题的研究。这是随着对科学技术史研究的深入和扩展，以新视角开启的观察与探索。研究的三个案例分别选自不同的领域，各自代表了一种典型的跨文化传播模式，同时相应的在纺织史、数学史和航海技术史领域中，也均具有重要研究价值和意义。通过对许多同类现象的解析与提炼可知，许多跨文化传播案例中都有值得注意的模式与特征，我们希望这些研究可以为同行提供有效借鉴，引起不同领域研究者的关注，使更多科技知识传播案例获得理论分析，推动本学科的整体发展。

在科技史研究中，实证与理论同样重要，它们相辅相成，推动着学科各领域的进步。同时，吸收其他学科的理论与经验，也会促生新的思路与问题，对学科发展形成良性影响。本书将借鉴人文地理学与文化人类学中的理论，观察科技知识传播中的各种扩散现象，分析这些案例的传播类型、方式、途径、结果，力图展现科技知识在普及和应用的过程中的发展和变化的动态过程。

根据各种研究成果来看，科技知识的传播可以分为扩展扩散、迁移扩散和刺激扩散三种路径，分别可以总结为呈“接力棒式”“跳远式”和“神似形不似”的特点。如果进一步细化，还可以分为传染扩散、等级扩散、占据式扩散、墨渍式扩散等，而从传播的过程和结果分析，又可以看到技术的增殖与遗失、积累、突变与土著化等现象。从文化与生态的视角，还能观察到技术对新环境的适应，人群特征与扩散效果的互动关系等。丝绸之路是古代欧亚大陆各文明之间交流的重要途径。许多科学技术知识在这些道路沿途产生和发展，也借助这些道路传播与交流。在沿途的各个国家和地区，不同的地理环境、政治制度、社会风气、历史传统等因素都会对科技知识的传播形成影响。而作为一种过程与行为，传播自身的诸多特点也应受到重视，当这些特点与科技知识相遇时，会激发出哪些现象？科技知识是否会因此发生变化？在本书中，每一个科技知识传播的案例都关注了相关领域中的重要现象，在解决既有问题的同时，也体现了科技知识传播的不同特征。

本书第一章分析的案例代表了古代科技知识跨文明传播最重要的一种模式：扩展扩散。它研究了纺织品成型加工的一种重要方法，即手工编织。由于具有较大随意性，编织物的种类和结构可谓繁多，其中比较重要的一种是绞编。绞编技术出现很早，在公元前6000年左右，欧洲和近东地区的纺织品上已经出现了绞编结构。其特点是用两个系统的纱线，一组平行，一组相互绞转，编织时按结构顺序进行连续绞转。绞编所形成的结构稳定，不易滑脱，是早期毛织物上显示花纹、制作起始边或幅边的重要方法，也是编制篮筐、鞋子、帽子、带子等日常用品的常用技法。根据编织结构特点及制作方法，绞编织物可以分为经向绞编、纬向绞编及斜向绞编三大类。从考古发掘实物来看，它们在一定地域和时代内都具有传承性的技术传统。这类技术传统与当地服饰文化以及所用编织原料有很大关系。随着丝绸之路上纺织技术的传播，各文化中的绞编技术互相渗透、影响并逐渐趋同，这种现象体现了纺织技术的扩展扩散。该案例从国内发现的绞编实物出发，分析它们的结构特点、编织方法，结合西亚、北高加索以及欧洲地区的考古发现，来探讨丝绸之路上绞编技术的传播及其在我国的发展。

本书的第二章讨论了一种三角学知识在学者们的努力推动下，于三个不同的时间和地点扩散与发展的现象。这种现象体现了另一种典型的传播模式，即迁移扩散。三角学是以研究平面三角形和球面三角形的边与角的关系为基础的一门数学分支，其概念和理论的形成起源于人类了解和认识天文现象与规律的尝试。大多数数学史家通常认为三角学出现的标志是古希腊天文学家、数学家西帕恰斯（Hipparchus，约前 190—前 125）的工作，但遗憾的是他的原著已经遗失，所以后世的学者们将注意力主要集中在他的继任者克劳蒂乌斯・托勒密（Claudius Ptolemy，约 90—168）所著《天文学大成》上。此书给出了现存第一张弦表，后世的学者们制作弦表的过程整体上延续了托勒密的传统，而托勒密弦表的主要缺陷在于求解 sin 1° 这样的基准值时所使用的插值算法，这就从理论上限制了整张弦表的精度。15—17 世纪，代数学中高次方程求解理论的发展使得数学家们求解弦表中更高精度的基准值成为可能，这样才能提高整个三角数表的精度，以适应天文观测、大地测量等实际需求。第二章着重分析对比波斯数学家阿尔・卡西（al-Kāshī，约 1380—1429）所著《论弦与正弦》、德国数学家巴托洛梅乌斯・毕的斯克斯（Bartholomaeus Pitiscus，1561—1613）所著《三角法》，以及清初《数理精蕴》中求解 sin 1° 任意精确值的方程数值解法方法，以体现数学知识的迁移扩散特点。

本书探讨的第三个案例是关于古代航海计程技术的发展。它在多种文明之间传播，虽然形式多变，但核心精神未改，体现了刺激扩散的特征。古代中国与欧洲和阿拉伯航海技术最重要的差异之一是计量单位的不同。中国传统的计时与计程单位是各自独立的，而欧洲和印度洋水手们使用的是各种兼具时间与距离的计量单位，如代表着 1 小时航程的“里格”和“法尔萨赫”，以及代表着 3 小时航程的“扎姆”等。这些计量单位与技术起源地的计时传统密切相关。随着海上技术的交流，中国水手将这种计程方法与中国传统的更点制结合，形成了代表 2.4 小时航程的计量单位“更”，促进了本土航海技术和海洋国土开发的历程。这种兼具计时与计程意义的计量单位与古人对地球的认识直接相关，即在若干时间内，航海者可以行进一个纬度或经度单位。这实际奠定了 15 世纪之后，欧洲航海者完成地理大发现的理论和计算基础，因为航海者根据学者的地球模型，可以算出在一定航速下，航船需要多长时间可以到达想象中的目的地。例如，达·伽马（Vasco da Gama，约1469—1524）对新航路的行进计划，以及哥伦布对到达新大陆时间的预测，都是建立在这种理论和计量单位的基础上。当旧有的计程技术与地球模型结合之后，新的越洋航行技术由此产生，使地理大发现成为改变人类文明发展进程的重要契机。

每种科技知识的传播都是复杂的动态过程，在不同时间和地点可能呈现不同的特点。理论的形成中有许多相似现象的共性总结与提炼，希望本书展现的内容有助于研究者观察同类型问题，从知识扩散的角度看待科技史发展中的各种现象，从更多视角发掘和整理研究线索，为科技史研究领域提供有效的借鉴，进而形成更宏大的理论与实证体系。

本书第一章由刘辉撰写，第二章由郭园园撰写，第三章和前言、绪论、结语以及各章前导读由陈晓珊撰写。

目 录

绪论

科技知识传播的方式、途径和效果

作为人类文明的重要组成部分，科学技术一直在文化中占有重要地位，它被称为“文化中最有创造性的部分”[①]。自然科学史也被认为是人类的“第一类文化”，区别于作为“第二类文化”的社会科学史。《文化社会学》中这样论述自然科学史的作用：

> 自然史，即所谓自然科学史，它是人类在认识、改造、适应和控制自然界的过程中所取得的成果，表现为自然科学、技术，知识等智能文化以及由此创造出来的工具、房屋、器皿、机械等物质文化。我们可以把自然史领域里所产生的这些文化叫作第一类文化，它是人类生存的基础，为人类生活提供了最基本的条件[②]。

既然是文化的一部分，自然科学知识的传播就与其他各种文化现象一样，都要遵循文化传播的规律，在扩散中也会出现相应的问题。从文化地理学的角度来看，“每个文化要素大多是起源于一个地点，但是也有首先出现于几个地点的。不论是起源于一个地点或是两地，在出现后总是向外扩散或传播。

① 黄麟雏，孟宪俊. 现代科学技术革命与社会 [M]. 西安：西安交通大学出版社，1993：199.
② 司马云杰. 文化社会学 [M]. 济南：山东人民出版社，1986：13.

这种文化扩散现象，除以自身的力量向外传播外，在历史上往往通过移民、战争和征服而带到新的地点带给新的集团。在现今社会中，也可以看到，有的文化要素传播得快，有的传播得慢；即使同一种文化要素在其不同的扩散过程中，其传播的速度也不相同。还有的文化要素在传播中可以见到在某地区很难通过，甚至在分布上出现截然终止的现象”[①]。这段关于文化扩散的论述也完全符合历史上科学技术知识传播的各种情况。

第一节　科技知识的三种扩散形式

事实上，相关研究者们也经常借用文化扩散理论来解释科技史中的传播问题，如李约瑟（Joseph Needham，1900—1995）在《中国科学技术史·导论》的《中国和欧洲之间科学思想与技术的传播情况》部分中，就借用了文化学者和人类学者的理论，对大量古代科技传播交流的现象加以分析。他的研究内容，被总结为以下三种技术传播的形式：

> 李约瑟在对中西科技历史的比较研究中，论述了关于技术传播的观点。他借用了人类学者戈登·蔡尔德（V. Gordon Childe）和克罗伯（A. L. Kroeber）的有关概念，推测了技术传播的几种形式：（一）一种文明直接从其他文明的物质实践中借用某种技术，如波斯的养蚕技术；（二）通过另一文明的间接传播，如西方人借此途径掌握火药；（三）“刺激扩散”，即关于一项发明的信息促使另一文明发明一项类似的成果，而后者却对原始发明知之不详[②]。

这里所说的前两种技术传播方式，可以视作文化传播学说中的扩展扩散

① 王恩涌. 文化地理学导论：人·地·文化 [M]. 北京：高等教育出版社，1989：16.

② 王钱国忠，钟守华. 李约瑟大典：传记·学术年谱长编·事典：下册 [M]. 北京：中国科学技术出版社，2012：373.

和迁移扩散。这是瑞典地理学家哈格斯特朗(Torsten Hāgerstrand，1916—2004)为文化扩散现象划分出的两种类型，在学界产生了很大的影响，它们的区别是在空间上是否具有连续性，如扩展扩散是“某种文化现象从起源地向其四周不断地扩大其分布范围，使接近该文化现象的人越来越多，为文化的扩展扩散。扩展扩散新的分布区只是旧区的扩大，彼此相连成一体”。这是一种被人们比喻成“接力棒式传播”的扩散方式，如造纸、印刷等技术的传播，通常就被认为是扩展扩散。而迁移扩散则被人们比喻成“跳远式的传播”，它是通过具有某种文化特征的“个人或集团的迁移而从其原分布区传播到新的地方。这种扩散形式可随移民长途迁移，扩散形成的分区与原分布区可能互不相连”[①]。历史上各种移民和传教士带来科技知识的扩散现象，通常属于这种类型。

李约瑟所说的第三种扩散方式是刺激扩散，即“激发性传播”，在本书看来，它可以被理解为一种“神似形不似”的传播方式。这是一种观念的扩散，“它并非通过实物来实现传通，而是由于某种思想的隐约暗示，引起不同源却大体相似的文化产品……这种类型的另一个特点，就是在没有明确证据(如接受者或学习者的承认，所传播的实物的存在等)时，将时间居后的再发明判断为刺激扩散的产物”[②]。如李约瑟所说，“在讨论古代和中古代一种文明对另一种文明发生影响的种种可能性时，应该认识到，完全没有必要去假设一种文明会全盘接受另一种文明的思想体系或模式结构，因为有时只要有点点暗示，只要受到某种思想的隐约启发，就足以引起一连串的发展，而这些发展在以后的年代中，又会导致一些显然有完全独立的起源但又大体上相似的事物的出现……关于在世界上某个遥远的地方已经搞成功某种技术的消息，也会鼓励另一民族完全用他们自己的方法重新解决那个问题”[③]。出现这种方式的原因是，由于每个地方自然环境与社会传统不同，风俗物产各异，人们了解到相应技术并加以模仿时，必须依据当地资源实现，因此人们的创

---

① 杨展览，李希圣，黄伟雄. 地理学大辞典 [M]. 合肥：安徽人民出版社，1992：695.

② 赵世瑜，周尚意. 中国文化地理概说 [M]. 太原：山西教育出版社，1991：153.

③ 李约瑟. 中国科学技术史. 第一卷. 导论 [M]. 北京：科学出版社，1990：254-255.

造能力会得到极大激发，根据自己所在的环境加以改造，新型技术便会由此产生。

在一些文化传播理论中，刺激扩散是扩展扩散的三种子类型之一[①]，另外两种子类型是传染扩散和等级扩散。它们在古代欧亚大陆的交流中广泛出现。与人们衣、食、住、行这些日常生活细节最密切相关的技术知识的传播，通常都属于传染扩散，也被称为接触扩散，“就是通过接触载有某种文化现象的媒介，使得这种文化现象在地理空间上得以不断扩展，文化区不断扩大；而等级扩散是指接受某一文化现象的人群，具有一定的等级特点，或不同的年龄阶层，或不同的社会阶层，总之，并非分布区内的所有人群都能接受这种文化现象；刺激扩散与前两者最大的不同是，某一文化现象传播到某地后，往往受到各种因素的影响而发生改变，并不与原有的文化现象完全相同”[②]。克鲁伯（A. L. Krober）于 1940 年提出刺激扩散的概念。他认为：“在每一个激发性传播的实例中，实际引起的都是一种新的模式的诞生，这种模式对产生它的那种文化来说是崭新的，但在整个人类文化中则并不是全新的。这里既存在着历史上的联系与依存，也存在有独创性，因为这个新的模式是按不同的方法由新的材料塑造而成的。显然，激发性传播并不是某种知识的直接继承，而很可能是由某种传闻激发出相应的创造意图与信心，由此引出真正的发明（传闻属虚）或再度的重新发明（传闻属实）。”[③] 由于它的非物质特点，斯宾塞（J. E. Spencer）的《文化地理学》甚至将文化扩散只划分为物质扩散和刺激扩散，让刺激扩散作为物质扩散的对立一方存在[④]。李约瑟应当也是看到了这种非物质特征，注意到刺激扩散非常适用于观察和分析科学技术传播情况，因此将其单独提出，与另两种扩散方式并列。

除了对创作思路的影响之外，刺激扩散还有一种作用，就是对于技术创

① 王恩涌. 文化地理学导论：人 · 地 · 文化 [M]. 北京：高等教育出版社，1989：17.

② 张晓虹. 唐代长安流行文化的传播地域及方式 [M]// 李孝聪. 唐代地域结构与运作空间 . 上海：上海辞书出版社，2003：426.

③ 廖育群. 阿输吠陀：印度的传统医学 [M]. 沈阳：辽宁教育出版社，2002：373.

④ 赵世瑜，周尚意. 中国文化地理概说 [M]. 太原：山西教育出版社，1991：153.

造者本人而言，通过刺激可以促生他们的创作动力，使他们在技术环节缺失或者不如人意的情况下，有意愿重新发明并填充技术细节。例如，中国瓷器于14世纪经丝绸之路到达欧洲时，人们对它赞赏不已，但由于当时还不知道制造方法，人们进行了多次不成功的仿制，直到1707年才偶然发现解决办法。“欧洲的陶瓷工匠必须为他们自己对中国的制作方法进行再创造，但他们这样做是由于在他们的面前有那些完美无瑕的产品作为榜样从而刺激了他们的创作欲望。”①

随着人们在丝绸之路上的旅行和交流，许多技术的传播体现出扩展扩散的特征。例如，作为丝绸之路得名的来源，与织物相关技术的传播路径通常是清晰而逐次推进的，带有明显的传染扩散的特点。只要人们使用外界传来的新产品，就一定有在生活中被其他人看到的机会，当其他人群对这种新事物产生期待时，便有可能出现技术传播。“通过已经接受这种事物的人同正在考虑该事物的人之间的接触进行的，这种过程称为传染扩散。这种扩散的特点类似于某些传染病的传播一样，是通过人的直接接触而传播的。”② 这种传播也会带来等级扩散和刺激扩散。出现等级扩散的原因是，拥有较高工艺和审美水平的产品通常最先由社会地位较高的人获得并使用，而社会等级相对较低的人们看到使用效果之后，出于各种需求，常会加以模仿或追逐，这很容易带起相应的流行风潮，一层层传播扩散，使技术广泛流传。本书第一个案例中提到的丝质的卡片编织物，是受到原有的羊毛编制物启发的结果，这实际也是一种刺激扩散现象。又如，中西亚地区的人们期待中国的织锦技术，因此出现了许多织锦的仿制品，这是由传染扩散转化成了刺激扩散。“从战国时期起，织锦就通过丝绸之路远销西方。从俄罗斯的巴泽雷克地区和新疆的鱼儿沟出土的织锦和刺绣等丝织品可以推断早在公元前5世纪这些织物就已经被运输到西方了。沿着丝绸之路，从内蒙古到地中海，甚至到杜拉－欧罗巴（Dura–Europos），都能发现大量的汉代风格的织锦。毫无疑问，织锦

① 贾雷德·戴蒙德.枪炮、病菌与钢铁：人类社会的命运[M].谢延光，译.上海：上海译文出版社，2000：277.

② 王恩涌.文化地理学导论：人·地·文化[M].北京：高等教育出版社，1989：17.

给那些当时只会织造挂毯和刺绣的西方人留下了深刻的印象，于是丝绸之路上的织工们就试图仿制织锦。到目前为止，至少有三组丝织品可以被看作平纹经锦的模仿，这类模仿遍布西亚、中亚和中国的西北地区。"①

在文化传播理论中，迁移扩散又可以分为占据式、蔓延式、墨渍式和变异式四种。按照这种区分方式，当甲地的技术被移民带到乙地，而乙地现存的这些技术仍与甲地文化相似，就可以视为占据式扩散。它又可以分为两个小类，第一类称大一致性扩散，即大面积甲地移民技术区中存有一小部分乙地原生技术，随后甲地移民将这一小部分的乙地技术同化，从而形成区域内完全一致的甲地技术。第二类称小一致性扩散，即甲地移民到乙地后，分居于并不相邻的地区，在包括这些分居点的大片区域内，相关技术并不一致，但甲地移民在新居的乙地中，其使用的技术仍与甲地原有文化一致，属于同一文化系统。

蔓延式扩散是甲地移民并不占据成片的广大地区，只是选择在乙地某一处定居下来，并处于乙地土著技术的包围之中，但因甲地移民带来的技术较为优越，因此慢慢对周围地区的相关技术加以浸润，同时也吸收一部分乙地土著技术，最终形成一种混合型技术，新的技术并不完全等同于甲地原生技术。

墨渍式扩散即甲地移民首先占据式地迁移到乙地的若干个小区域内，之后发生蔓延式的技术扩散，但这几个小区域并未连成一片，中间有乙地土著技术阻隔。这种扩散由占据式扩散与蔓延式扩散两部分组成，扩散后这几个新区域的技术虽然都与甲地有一定关系，但与甲地土著技术之间的技术差异已经比较大了。

变异式扩散是甲地移民到乙地之后与土著杂居，移民带来的技术逐渐被乙地技术渗透，由于乙地相关技术较为先进，移民又处于乙地土著的包围中，这使得旧有的甲地技术逐渐被同化，失去了原有的基本特征，形成了与甲地技术完全不同的新面貌②。

① 赵丰. 经锦、平纹纬锦及斜纹纬锦：丝绸之路所见丝织品发展的三个阶段 [M]// 冯信群. 东华大学服装学院·艺术设计学院教师论文集. 南昌：江西美术出版社，2006：106.

② 张晶. 论文化地理学的基本理论与主要内容 [J]. 人文地理，1997(1)：39-44.

在一种技术的传播中，不同阶段可能出现不同的扩散方式。例如唐代与朝鲜半岛的越瓷贸易主要通过海运来实现，属于迁移扩散类型，但“从10世纪起，越窑制瓷技术在朝鲜半岛的扩散，已由模仿越瓷烧造发展到直接在越地窑匠指导下建窑造瓷，技术扩散类型从迁移扩散变成传染扩散”①。又如，明末清初传教士们将科技知识带入中国，从宏观来看，是一种迁移扩散的现象，而从到达中国以后的情况来看，则是一种典型的等级扩散类型。这也与传教士们在世界各地采取的传教策略相同：“近几百年来，等级扩散在基督教中也表现在先让一些国家的领导或部族的首领接受洗礼，而后通过他们再向其他阶层的人扩散……16世纪，由于新航路的开辟，东西海上往来增加，教皇又派遣传教士来华，利玛窦（S. J. Matteo Ricci）和汤若望（Johan Adam Schall von Bell）等就是著名的传教士。他们通过与上层人士的往来活动传播宗教。清朝初期，一些来华的传教士由于帮助办理外交、绘制地图、制造枪炮、管理历法等活动取得一定地位。”② 在本书的第二个案例中，可以看到欧洲传教士们作为迁移扩散的载体，越过辽远的海洋带来了科技知识，首先向上层人士传授。而作为大一统的中央集权国家，中国历代王朝经常由朝廷发放建筑图样、医书药方和农学书籍，这种等级扩散的方式非常有效，极大地促进了相关技术在国内的传播。欧洲的学者们显然也很期待这种扩散模式的成果，因此当德国数学家莱布尼茨（G. W. Leibniz）了解到康熙皇帝向传教士们学习数学知识后，写道：“正是康熙的这一雄才大略才使得欧洲的技艺和科学更好地输入中国。仅此而言，我以为，康熙帝一个人比他所有的臣僚都更具远见卓识。我之所以视他为英明的伟人，因为他把欧洲的东西与中国的东西结合起来了……他以其广博的知识和先见之明远远地超过所有汉人和满人，仿佛在埃及金字塔上又添加了一层欧洲的塔楼。”③ 后来的事实也证明，康熙下令编撰的《御制数理精蕴》确实是传教士们实现等级扩散的有效成果。

红薯种植技术在中国的传播同样体现了这种特征，当这种原产于美洲的

① 魏建钢. 千年越窑兴衰研究 [M]. 北京：中国科学技术出版社，2008：214.

② 王恩涌. 文化地理学导论：人·地·文化 [M]. 北京：高等教育出版社，1989：228-229.

③ 莱布尼茨.《中国近事》序言 [M]//. 夏瑞春. 德国思想家论中国 . 南京：江苏人民出版社，1995：6-7.

作物从东南的福建省传入内地后，由于扩散速度太慢，掌握种植技术的福建陈氏族人先后前往山东等地，通过向地方政府官员推广的方式，逐渐在当地推广红薯种植，并获地方官员认可，协助其推广栽培技术。后来乾隆皇帝获悉红薯的高产特性，下令推广种植，河南等省的地方官员予以响应，形成一种等级扩散的特征。陈氏族人前往各地传授技术，使得红薯在中国的传播呈现出跳跃式的特征，并非在地域空间上连续不断地扩散[①]。

第二节　科技知识传播中的增殖与遗失

古代各种科技知识在传播过程中，有的日渐发扬光大，有的逐渐衰退以致无存，这些都是值得注意的现象。从某种意义上来说，文化如同生态，自然界中因地域不同，存在各种不同的生态环境，人类社会中同样会因此呈现出各种文化生态的差异。科技知识传播时，必须面对各种不同的社会环境，其中体现出的“文化特质和生物特质一样，都可以被看成有适应性的或者是不具备适应性的。文化生态学家认为，文化适应涉及自然选择机制——较有适应性的特质幸存频率越高，繁衍的频率也越高。环境（包括自然环境和社会环境）对文化特质的发展会造成影响”[②]。在这种情况下，一些技术会像生物体一样发生变化，以适应新环境并延续存活下来，这种技术随着当地自然环境或者人文环境改变的情况，在文化传播理论中被称为土著化。例如青铜冶炼技术在中国的传播，就体现了一系列土著化的过程：虽然青铜冶炼技术是从西亚逐步传到东亚，但这种技术在进入中国后与本土文化相结合，产生了新的技术和产品，并有可能出现了反向传播的现象。“从器物类型考察，青铜鼎、鬲、爵、戈、戟、编钟、多珠铃、大铎、巴形器等颇具东方特色，很可能是东亚的创作，并有反向传播的可能。从乌拉尔到黄河流域在考古冶金学上已没有明显的缺环。公元前2000年以后，西亚、中亚、东亚之间存在一条西

① 韩茂莉. 中国历史农业地理 [M]. 北京：北京大学出版社，2012：557－569.

② 恩伯. 文化的变异：现代文化人类学通论 [M]// 杜杉杉，译. 沈阳：辽宁人民出版社，1988：71.

东文化交流的青铜之路。”① 这是一种典型的土著化过程，是不同技术和文化相融合而促生的结果。与此同时，青铜冶炼技术在中国本土的传播中也出现了土著化现象，“商末周初中原地区发生文化更替，一部分殷遗民南迁到了湘江流域，他们带来了大量铜器制品、技术工匠以及与之相适应的政治制度并在本地铸造铜器，这是湘江流域青铜文明发展过程中的一个重要转折点，是本地青铜文明形成的标志。在殷遗民南迁到本地的最初时间内，他们在本地铸造的铜器制品还可能与原来在中原地区铸造的铜器完全一样，但随着与本地土著文化的密切结合，往后的铜器制品不可避免会越来越多地融入地方文化的因素”②。

这种土著化的过程，也可以看作一种技术增殖。这个名词同样来源于文化研究理论中引入的生物学概念，即“人类在自然和社会环境中的文化创造、传递和积聚，使得文化呈现一种文化放大现象，这就是文化增殖”③。技术在传播中出现的增殖结果，最显著的成效是技术突变，它产生的原因是不同科学技术及其背后的文化传统的碰撞。作为文化中最活跃、最有创造性、最通用的部分，科学技术的进步同样可以用文化突变理论来解释：

> 文化突变是新的文化特质的创造。新的文化特质是两种以上的文化特质或要素相结合而产生的新的文化结构。科学技术的发明表现为构造新的文化特质，从而引起文化的突变。
>
> 一根木棒经过加工是一种原始的点播种子的工具。如果在木棒上加上横木，可以用脚踏就成为耒耜，是一种翻地工具，这种工具使原始农业向前推进了一步，创造了新的文化特质。锄是一种翻地工具，如果将其构造和使用方法加以变更就是犁，加畜力带动就是犁耕。犁耕是犁这种文化特质及驯牛这种文化特质相结合形成的新的文化

① 庄孔韶. 人类学研究. 第捌卷 [M]. 杭州：浙江大学出版社，2016：215-216.
② 向桃初. 湘江流域商周青铜文化研究 [M]. 北京：线装书局，2008：433.
③ 陈道德. 传播学教程 [M]. 武汉：武汉测绘科技大学出版社，1996：145.

特质。犁耕表明了传统农业的诞生[①]。

除了正向的技术突变与增殖之外，技术传播过程中还存在着明显的技术遗失。美国学者哈维兰（William A.Haviland）在论述文化遗失现象时，提到了两种导致技术遗失的情况，其中一种是当人们接受一种新发明后，常常会导致一种旧技术的消失。例如，“在古代，双轮战车和手推车在中东广泛使用，但到6世纪时，有轮子的车辆几乎已经从摩洛哥和阿富汗销声匿迹了。这些车辆被骆驼取代，不是因为当地居民复古，而是因为用骆驼驮运货物效果更好”。随后，哈维兰又提到了另一种更容易被忽略的技术遗失的情况，即“无替代的消失”。这次举的例子是非洲西部海面上一个四面环海的加那利群岛，“那里的居民没有船。这些人的祖先过去肯定有船，因为如果没有船，他们最初绝不可能把他们自己和他们的牲口运到岛上去。后来，没有了船，他们就丧失了在岛与岛之间进行交流的手段。在这里，某种有用的东西之所以会消失，原因是岛上缺乏适合用来打磨石斧的石头，而这又限制了岛民的木工手艺”[②]。与此相似，在文字和造纸术发明后，旧有的与书写记录相关的结绳记事、龟甲、泥版、竹简、帛书或羊皮书等技术就消失了。

由此可见，各种外来技术的土著化，除了发展出新的技术元素之外，实际上也是技术遗失的过程。技术整合过程中一定会伴有对旧技术元素的放弃，才能创造出新的技术，如明代松江修建的宝山烽燧，就是西方传统灯塔与中国自先秦时形成的烽火台的结合。明成祖修建宝山烽燧，是受到了西方港口为航船设立指引灯塔的启发，但并没有采用西方式的燃灯和建筑，而是用中国式的燃烧树叶等物造成烽火台效果，于是西式灯塔的一些技术元素消失，中式传统技术元素增加[③]。在受到原有技术刺激从而产生新技术时，必

① 黄麟雏，孟宪俊. 现代科学技术革命与社会 [M]. 西安：西安交通大学出版社，1993：201－202.

② 威廉·A. 哈维兰 . 文化人类学 [M]. 瞿铁鹏，张钰，译 . 上海：上海社会科学院出版社，2006：463－464.

③ 周运中. 明代宝山烽堠的世界与中国比较研究 [M]// 时平. 海峡两岸郑和研究文集. 北京：海洋出版社，2015：283－291.

须抛弃一部分原技术的特性，比如在本书的第三个案例中，就可以看到中国航海者抛弃了印度洋上的计时方式，即3小时为一个计量单位的印度计时法，转而使用中国传统的2.4小时计量单位。因此原技术中的印度计时技术遗失，取而代之的是新的中国本土技术。与此类似的是，有研究认为日语的起源属于刺激扩散，它是当地人受到中文汉字的形式启发以后创造的，而在创造完成后，人们放弃了原有的中文。

中西亚地区的宽幅织机在传入新疆后，被当地人改造成简易的窄幅织机，也属于这种情况。宽幅织机“引进的时代要晚于汉晋，这是由于宽幅织机的织造工艺完成的时间很长，需要稳定的居所，不能存于纯游牧生活的地区。从图案来看，新疆出土的宽幅织物的艺术风格以中西亚地区的艺术风格为多见，也证实了这类织物的产地不属于新疆本地。而窄幅织机才是本土最常见的织机工具，不仅结构简单，易于携带，符合游牧民族的生活劳作习惯。很多纺织构件的缺失，也是由于窄幅织机的织机构件极为简单，均匀的细树枝就能做各种综杆、定经杆和经轴等织机构件，随取随用，用完也可以丢弃，减轻随行行李负重”①。造成这种现象的主要原因之一是原有技术较为复杂，或是对操作环境要求较高，使得接收技术的人群感到困难，因此在传播中出现技术降级现象，被接受人群加以简化，改造成更容易制造和操作的工具，以便于技术在当地的普及。

技术的遗失有很多原因和类型，有的是随着人们的生活方式变化而被自然淘汰，有的是因为原型较为复杂而被简化，也有的是因为与人们的文化观念冲突而被拒绝采用。技术在传播过程中很难做到一路畅通，尤其是丝绸之路沿线的人们生活环境各异，文化传统千差万别，许多因素都会对科技知识的传播造成影响。这些阻碍“大体上可分为自然的和人为的（文化的）两类。自然的阻滞是显而易见的，因为文化的自然分隔或空间差异是文化传播或扩散的必要前提，所以任何自然的分隔因素都既是造成文化空间分异的原

① 于颖．新疆出土汉晋毛织物纺染织工艺研究[M]//吐鲁番研究院，吐鲁番博物馆．古代钱币与丝绸高峰论坛暨第四届吐鲁番学国际学术研讨会论文集．上海：上海古籍出版社，2015：219.

因之一，又是阻滞文化扩散的原因之一。在早期人类的文化复合体形成之前，自然的阻滞极为强大，超过了人为的阻滞……随着区域文化的发展，人为的阻滞因素日益增多，如语言、民族、种族、宗教信仰、政治信仰、国家、聚落、阶级、阶层、风俗习惯、心理特征、文化传统等，都能造成文化扩散的阻隔”[①]。能够通过各种阻滞而传播的技术最后通常发展成技术的土著化。这种根据对自然环境和人文环境不同的克服方案体现了不同的技术整合结果，也出现了程度不同的技术增殖与遗失。

第三节　地理环境与技术扩散

作为古代东西方之间的重要通道，丝绸之路上存在长期密切的科技交流。近年来，除传统的绿洲丝绸之路外，海上丝绸之路和北方的草原丝绸之路、西南的南方丝绸之路也逐渐成为人们的关注对象。大洋洲和非洲、美洲的一些原住民至今依然保留着传统生活方式，提供了许多考察人类早期生活状态的案例，因此成为人类学、民族学、社会学者的研究对象。这些案例具有显著的研究价值和意义，所以欧亚大陆与非洲、美洲之间的交流也为人们了解早期技术的传播，提供了许多可借鉴之处。例如，回旋镖的发明“可以追踪其从埃及传播到非洲其他地方，再到印度、澳大利亚、美拉尼西亚和北美洲的过程。另外一个特殊的做法，在船只的船头上标有眼睛图案，可以追踪其从埃及的发源地到地中海、西欧，再到印度、中国、新几内亚和美洲西北海岸的扩散过程。镶嵌珠宝的工艺，可追踪其在 23 个世纪的时间里从埃及（公元前 21 世纪）传播到亚洲、欧洲的历程”[②]。又如，桦皮船是中国东北地区一种原生态船，通常以木钉连接树皮造成，这是北半球特有的一种文化，除中国东北地区之外，俄罗斯境内西伯利亚地区的少数民族、波罗的海沿岸的拉

---

① 赵世瑜，周尚意. 中国文化地理概说 [M]. 太原：山西教育出版社，1991：153.

② G. 埃利奥特·史密斯 . 文化的扩散 [M]. 刘凤华，袁指挥，译. 上海：格致出版社，上海人民出版社，2017：112-113.

脱维亚人、欧洲新石器时代的“湖居文化”桩上建筑遗址、北美从阿拉斯加直到大西洋海岸的许多印第安部落群体，都存在各种桦树皮制品的遗物和遗迹，包括各种狩猎、捕鱼工具，日用器皿，丧葬用具。后来，研究者称这些地区以桦树皮制作器物为特征的文化为次北极圈桦树皮文化，如北美印第安人的桦皮船就与中国东北的桦皮船有很大相似之处①。

欧亚大陆拥有辽阔的东西向长度，与南北美洲大陆较为狭长的形状区别明显。这使得生活在同一纬度带的人口较多，而当人们迁徙时，气候相近的东西纬度带更适合外来移民居住，比气候差异较大的南北不同地区更利于技术传播。因此，欧亚大陆和美洲大陆上的技术扩散体现出了不同特征。贾雷德·戴蒙德（Jared Diamond）在《枪炮、病菌与钢铁——人类社会的命运》中认为，地形是导致美洲在技术上落后于欧亚大陆的根本原因：“欧亚大陆的东西向轴线使新月沃地的作物迅速开创了从爱尔兰到印度河流域的温带地区的农业，并丰富了亚洲东部独立出现的农业。反过来，最早在远离新月沃地但处于同一纬度的地区驯化的作物也能够传回新月沃地。”他认为美洲大陆之所以没有出现轮子和车，就是因为缺乏驱动轮子的驯化动物，而南北轴线的地形正是最主要的阻碍因素：“大陆轴线走向的差异不仅影响粮食生产的传播，而且也影响其他技术和发明的传播。例如，公元前3000年左右在西南亚或其附近发明的轮子，不到几百年就从东到西迅速传到了欧亚大陆的很大一部分地区，而在史前时代墨西哥独立发明的轮子却未能传到南面的安第斯山脉地区……美洲的主轴线是南北走向，从而使大部分的技术传播不得不逆纬度（和气候）的梯度而行，而不是在同一纬度内发生。例如，轮子是在中美洲发明的，而美洲驼是不迟于公元前3000年在安第斯山脉中部驯化的，但过了5000年，美洲的这唯一的役畜和唯一的轮子仍然没有碰头，虽然中美洲马雅社会同印加帝国北部边界之间的距离（1 200英里）比同样有轮子和马匹的法国同中国之间6 000英里的距离要短得多。”② 与美洲大陆上技术扩散

① 关学君. 试论北半球的“桦树皮文化”[J]. 北方文物，1987（3）：40-45.

② 贾雷德·戴蒙德. 枪炮、病菌与钢铁：人类社会的命运 [M]. 谢延光，译. 上海：上海译文出版社，2000：188，194，285.

形成鲜明对比的是，马车在欧亚大陆上的传播“可能是以一种接力的方式由不同文化的人们从中亚传至新疆，再从新疆传入西北甘青地区，最后到达中原。中原发达的青铜文化对传来的马车在大小、装饰方面进行了较大的改造，在殷代可能已经能够自己制造和驾驭马车了”①。在将不同大陆的地理环境加以对比，进而分析其中技术传播的差异情况，可以更明确地感受到环境对丝绸之路的影响，也会对在古代欧亚大陆取得的文明成就中，丝绸之路所起的支持作用有更加深刻的认识。

在欧亚大陆各地的考古发现中，各种器物形制的变化体现了技术传播的路线。例如，从陶器呈现出的是尖底、平底或是兼有平底和尖底的形态，就可以反映早期印欧人的迁徙情况②。又如，新疆西坎尔孜遗址发现了一口冶炼青铜的石坩埚，口径 19 厘米，通高 38.5 厘米，下为圆形长柄，其形状与河南安阳出土的晚商陶坩埚如出一辙，俗称“将军盔”。两者唯一不同的是材料，安阳坩埚用陶土烧造，而西坎尔孜坩埚用石头雕琢。这种用石料雕琢容器的做法是克尔木齐文化的一大特征，而这种文化出现在阿尔泰山与天山之间的准噶尔盆地，由中、东欧迁徙而来的吐火罗人创造，因此拥有与东欧类似的成熟的青铜和车马技术，以及中国最早的牧业文化。这体现了冶炼技术传播的过程，“黄河流域的冶金术起步较晚，一开始就采用先进的铸造技术，没有经历过自然铜锻造阶段，所以许多研究者相信中国的冶金术起源于西亚，经欧亚草原传入黄河流域。克尔木齐文化石制坩埚的发现，为探讨这个问题提供了重要线索”③。又如，公元前 2000 年后，印欧人在南西伯利亚和中亚发展出青铜文化，并进一步发展出城市文明，出现了许多圆形城垣，如俄罗斯南乌拉尔地区阿尔卡伊姆盆地中心的阿尔卡伊姆古城。“整座城市就像个同心圆盘，由多重圆形的城墙组成，中心部分是一个圆切的正方形广场，

① 王海城. 中国马车的起源 [M]// 余太山. 欧亚学刊：第三辑 . 北京：中华书局，2002：46.

② 林梅村. 中亚民族与宗教 [M]// 中国社会科学院世界历史研究所. 世界历史. 南昌：江西人民出版社，2012：12.

③ 林梅村. 新疆早期青铜文化：克尔木齐文化遗物与河南安阳出土陶坩埚 [M]// 林梅村. 丝绸之路考古十五讲. 北京：北京大学出版社，2006：17-19.

城市有完善的供水和排水设施，用于建筑的木头中浸渍有防火的化合物，住宅内设有完善的生活设施。这种风格的圆城后来在中国西北从新疆向东一直到内蒙古西部的额济纳河流域都有发现”[①]，同样体现了技术传播的空间脉络。又如，《考古》1960年第2期刊登了《C.B.吉谢列夫通讯院士在北京所作的学术报告》，其中一篇为《苏联境内青铜文化与中国商文化的关系》，其中提到：

> 在公元前1600—前1300年，塞伊姆文化可能向东发展，其影响直达中国境内，可能它的一些特征影响到商代某些器物形状的改变，因此这一时期安阳类型器物有很大发展，并且制作质量较高。这些质量很高的商代青铜器，又向邻近地区扩展其影响，也扩展到相当远的地区去。因此，过去认为仅存在由东向西的影响，而现在应该认为两边互相影响。这种器物形状和技术方面的影响最初是由西向东，继而又是由东向西[②]。

从各种例证可以看出，地理环境在早期人类文明的知识传播中，曾起到至关重要的作用，如气候、山脉、河流、森林等因素都会对古代科学技术的传播产生影响。丝绸之路沿途环境多变，在不同历史时期形成不同特征，这些都是具体研究时需要注意的问题。此外，李约瑟还注意到这样一种现象：东亚的科学并没有渗透到法兰克人和拉丁人那里去，但“东亚的技术却完全是另外一种情况。东西方之间的这种障碍物或过滤机制，仅仅对比较抽象的科学的交流起过作用。相反的，在公元后整整十四个世纪的时间内，技术上的发明创造尽管缓慢地、但却大量地从东方传到西方”。因此，李约瑟提问：为什么（从人类学的意义上看）技术方面的传播起着很重要的作用，而科学本身或科学思想的传播却没多大成果？[③]技术比科学更容易扩散的现象，在一定程

① 翁启宇. 全球史下看中国. 第一卷. 上古时代 [M]. 南京：译林出版社，2016：264-265.

② C. B. 吉谢列夫，阮西湖 . C. B. 吉谢列夫通讯院士在北京所作的学术报告 [J]. 考古，1960（2）：52.

③ 李约瑟. 中国科学技术史. 第一卷：导论 [M]. 北京：科学出版社，上海：上海古籍出版社，1990：233.

度上体现了人们对物质文明与精神文明接受能力的差异，其中的诸多细节同样值得关注。

第四节　科技知识的创造与起源

除了科技知识的扩散之外，关于它们的创造与起源，也可以从这些跨文化的研究中看到其发展脉络。在英国学者汤因比（Arnold Joseph Toynbee，1889—1975）看来，“同样一种发明也可以在不同的时间和不同的地点分别出现。之所以如此，是因为发明是人本性的产物，而人本性的某些具体的精神、心理和生理的特点是一致的”①。而从需求关系的角度来说，科学技术的创造可以分成两种情况，一种是需求早于创造，另一种则是创造早于需求。人类的许多技术是因生活中的实际需求而催生的，当缺乏某种资源时，就会设法用技术加以弥补。如马林诺夫斯基（Bronislaw Malinowski，1884—1942）的功能主义理论观点所说，“所有文化特质都是为满足个人需要而服务的，这些基本或次生需要包括摄取营养、生殖繁衍、身体舒适、生命安全、适当休息、行动自由和健康成长等”②。人类最初的技术来自生产生活的实践，他们在原始捕猎中使用木棍和石器，制造了最原始的工具，为加工食物而总结了取火的方法，以及栽培植物、驯养动物和获取食物的能力。草原文明的生活方式催生了马匹驯化、皮毛制品、乳制品、轻型车、马镫和骑兵作战的相关技术。修建房屋从而在形成聚落和城市、国家的过程中，又陆续出现了采矿和冶炼技术，以及医疗和造船技术等。例如，公元前11000年后，关于粮食生产的收割、脱粒和贮藏技术，以及相关的工具和设备在新月地带迅速出现，就是为了处理当时新出现的大量野生谷物而发明出来的。这些发明包括“用来收割野生谷物的、装在木柄或骨柄上的燧石镰刀，从生长谷物的山坡把谷物运回家的篮子，给谷物去壳的石臼、杵或磨板，烘焙谷物以免在贮藏时发

① 阿诺德·汤因比．人类与大地母亲[M]．徐波，译；马小军，校．上海：上海人民出版社，2016：44.
② 恩伯．文化的变异：现代文化人类学通论[M]．杜杉杉，译．沈阳：辽宁人民出版社，1988：60.

芽的技术，以及贮藏谷物的地窖（有些地窖还抹上灰泥防水）”[①]。又如，西亚地区缺少石头，所以在新石器时代就发明了砖。苏美尔和巴比伦时代大量制砖，甚至把夏季第一个月称为砖月，因为在这个月份里阳光充足，适合晒砖。西亚地区大规模使用砖建造住宅、道路、桥梁等各类建筑，砖砌技术也由此向外传播，四千年前已传到印度河、尼罗河流域和地中海地区，希腊罗马时期传播到了整个欧洲[②]。以上这些都体现了地理环境和现实需求对技术产生的影响。

另一方面，人类在生产和生活中确实会积累一些“自由且无用”的知识，这是他们长期观察与尝试的结果，甚至会出现发明先于需求的现象。如戴蒙德在《枪炮、病菌与钢铁——人类社会的命运》中所述，早期人类利用石头、木头、骨头、兽皮、纤维、黏土、沙子、灰岩和矿物等自然材料，在天长日久的生活中了解到它们的各种特性，并“根据这些材料逐步学会了把某些种类的石头、木头和骨头制成工具；把某些黏土制成陶器和砖；把沙子、灰岩和其他‘污物’混合在一起制成玻璃；对现有的纯粹的软金属如铜和金进行加工，后来又从矿石里提炼金属，最后又对硬金属如青铜和铁进行加工”。但在了解自然材料的特性、积累相关知识与经验，直到技术产生的这漫长阶段中，人们未必能预见到这些知识终有一天会变成广泛使用的技术。就像“冰期的狩猎采集族群注意到他们的炉膛里焚烧过的沙子和石灰岩的残留物时，他们不可能预见到这种长期的偶然积累起来的发现会导致最早的罗马的玻璃窗（公元元年左右）的出现，而这种积累过程则是从最早的表面有半透明薄涂层的物品（公元前4000年左右），到最早的埃及和美索不达米亚的独立的类似玻璃的物品（公元前2500年左右），再到最早的玻璃器皿（公元前1500年左右）”。因此，戴蒙德得出结论：“技术的发展是长期积累的，而不是靠孤立的英雄行为；技术在发明出来后大部分都得到了使用，而不是发明出来去满足某种预见到的需要。”[③]

---

① 贾雷德·戴蒙德.枪炮、病菌与钢铁：人类社会的命运[M].谢延光，译.上海：上海译文出版社，2000：98.

② 庄孔韶.人类学研究：第捌卷[M].杭州：浙江大学出版社，2016：224.

③ 贾雷德·戴蒙德.枪炮、病菌与钢铁：人类社会的命运[M].谢延光，译.上海：上海译文出版社，2000：251-252.

英国人类学家 G. 埃利奥特·史密斯（G. Elliot Smith，1871—1937）在其名作《文化扩散论》中，结合古埃及木乃伊制作技术的演变过程，论述了早期各种技术产生中的相互关联情况。“人们效仿在每年尼罗河泛滥时分所发生的自然过程，开凿沟渠来扩展洪水区域。以此方式，首先发明了农业，并伴随着农业的发明出现了村落定居生活。人们制造陶器来盛放谷物，建造粮仓来储存谷物。然后，人们为自己建造了房屋。环境迫使他们建造了墓地”，而出于人死后仍然存在的信念，以及为了向逝者提供食物、服装和所有日常生活用品，人们“发明了砖制墓室、陶器和粗糙的石板，一旦发明了铜工具，木匠与石匠就开始制作木棺与石棺。他们也用当地大麦地中生长的亚麻来制造亚麻布，来包裹死者。在此过程中，他们研究河水与灌溉池塘，发明算术、历法与用来测量他们土地的几何学。木工的发明，不仅为了建造棺材与陵墓，也为了造船，这都表明了对更好木材的需求。因而建造了远洋航海船，为了获得木材与树脂，对巴勒斯坦、叙利亚、东非和阿拉伯的沿岸地区进行了探测……在埃及，这些事情赋予了木材、黄金、黄铜重要性，然后，为了获得他们的艺术与工业所需的原材料，埃及人的船只不仅在苏丹与东非，而且在克里特与叙利亚开始探险。很快，他们的船只航行遍及整个阿拉伯海岸（红海、印度洋与波斯湾），在苏美尔与埃兰种下了古朴文明的种子”①。

古代的祭司们对更深奥的学科有所贡献，“印度婆罗门中精通仪礼的人非常关心祭坛的精准建造和测量问题，于是代数学问世了；埃及金字塔的建造者为保护皇室的木乃伊而建造巨大的墓穴，于是有了几何学基本原理；研究占星术的巴比伦祭司认为有必要观察并准确记录天体运动，从而成为天文学家”②。人们对衣食住行质量的需求日益提升，成为促发技术产生和传播的主要动力。例如，“铁器时代早期，短剑、战斧等武器以及马具在欧亚草原迅速地大范围的传播，是由于各地畜牧专业化的发展不得不采取了游动的放

① G. 埃利奥特·史密斯. 文化的扩散 [M]. 刘凤华，袁指挥，译. 上海：格致出版社，上海人民出版社，2017：239-240.

② 唐纳德·A. 麦肯齐. 巴比伦与亚述神话 [M]. 李琴，译. 西安：陕西师范大学出版社，2018：191.

牧方式，各部族之间也因此为草场的争夺不断发生战争，这些新式的武器和马具正好迎合了这种需要”[①]。又比如汉晋之后，新疆从中西亚地区引进宽幅织机，也体现了这种特点。人们的需求在满足了第一阶段的御寒之后，便开始对审美有所要求，“新疆地域生活的人们对于服用的需要和纹样复杂、色彩丰富的大张类织物的审美追求，使得人们除了通过贸易获得大张毛织物之余，逐渐引进了宽幅织机，于是立机便成为精细华美毛织物的主要织造机型”[②]。

对科技知识传播中具体案例的研究可以更有效地观察传播现象的动态过程。本书选择了三个案例加以考察，在第一个案例中，关于编织技术的传播体现了扩展扩散的特征；而在第二个案例中，关于 $\sin 1^\circ$ 计算方法的传播，则体现了迁移扩散的特征。这种传播类型的差异，是由两个案例中研究对象的不同而决定的，前一个案例属于技术知识的传播，而后一个案例则属于科学知识的传播。由于技术知识的特征偏重于物质文化方面，这使得它与自然环境的关系相对密切，因此技术知识的传播也会受到自然环境的影响和限制。有时，由这种自然环境而产生的各种人文环境特征也会限制或促进技术的传播。而科学知识的特征偏于精神方面，它是一种对现实普遍规律的提炼，这种精神文化与自然环境的关系相对疏远，因此科学知识的传播受到自然环境的限制较少，但人文环境中的社会风气、文化传统等因素，却有可能对科学知识的传播造成影响。本书中第三个案例讨论的是一种刺激扩散现象。中国海员受到印度洋上计程技术的启发，因此创造了适合中国文化习惯的同类技术，并使其在中国航海者中广泛传播。从这些案例中可以看到，科技知识的传播是复杂的动态过程，随时可能在每个地方和每个阶段发生不同的变化。而从多种视角看待科技知识传播理论，则可以为研究者提供新的思路，并从复杂而散乱的个案中提炼出共性特征，以增强对历史整体趋势更清晰的认识。

---

① 杨建华，邵会秋，潘玲. 欧亚草原东部的金属之路：丝绸之路与匈奴联盟的孕育过程 [M]. 上海：上海古籍出版社，2017：10-11.

② 于颖. 新疆出土汉晋毛织物纺染织工艺研究 [M]// 吐鲁番学研究院，吐鲁番博物馆. 古代钱币与丝绸高峰论坛暨第四届吐鲁番学国际学术研讨会论文集. 上海：上海古籍出版社，2015：219.

第一章

丝绸之路上的绞编技术及其传播

章前导读

技术知识的扩展扩散

在技术传播的两种基本方式中，本篇讨论的绞编技术传播属于典型的扩展扩散。如王恩涌在《文化地理学导论》中所说，扩展扩散“是指思想或某种文化特征在空间上通过该地的居民从一个地方传播到另一个地方，如同滚雪球那样，随着这种思想接受的人越来越多，其空间分布也越来越大。在历史上，农业的新作物或品种的扩散就是这方面的例子……又如，棉花是从南方和西北两路传入中国的。东汉时，棉花在海南、云南已有种植，南北朝时棉花已出现在西北地区。但是，我国的中原地区直到宋末元初才有种植。因为很多农作物的传播有适应当地水土的过程，加上古代交通不发达，信息传递较慢，所以传播较慢”。

与这些农作物相似，扩展扩散是一种高度依赖环境的传播方式，人群逐渐向外突破原有的生活界限，也将技术传播到邻近地区，由此逐次扩大原有的技术覆盖范围。侧重物质的技术在扩散中，受到自然环境的影响相对较大。本章讨论的编织物所需的原料是畜牧业产品，这就要求相应技术在传播中必须依赖畜牧业可以生存的环境，所以从本章的案例分析中可以看到，编织技术的传播沿丝绸之路沿线进行，这与当地环境是否水草丰美，是否能支撑沙漠中的聚落和城市，以及由此产生的技术人群，有着直接而密切的关系。

事实上，中国境内编织物原料，如羊毛，它的利用本身就是西北地区丝绸之路传播的结果。中国西北地区是绵羊的重要产区，而绵羊的驯养传统来自公元前7000年的西亚两河流域，巴比伦时期盛产羊毛，而东亚地区较早利用羊毛制品的是北方或西北游牧民。新疆曾出土诸多青铜时代毛制品，从中可以看到从西亚、中亚传播而来的毛纺织传统。

作为人类衣、食、住、行四种基本生活要素之一，古代与服装相关的技术传播通常最符合近距接触的传染扩散类型，同时也最能体现人们的原生环境特征。从本篇的考证中可以看到，包括绞编织物在内，中国古代的毛编织物主要出自新疆地区，通常用作服饰系带或服装边缘装饰。而丝质的编织物主要出自我国南方地区，例如，江西靖安东周大墓出土的漆纱组带、湖南长沙马王堆一号汉墓出土的绞编丝履等。这种鲜明的对比实际说明了一种技术共生的生态：西北地区天气相对寒冷，盛产羊毛，人们生产的毛质编织物可以作御寒之用；南方地区气温相对炎热，盛产蚕桑，人们生产的丝质编织物适合当地的生活条件。

在今天关于技术生态的研究中，人们经常借用文化生态学理论，从人类生存的整个自然环境、社会环境中的各种因素交互作用中研究技术产生、发展、变异的规律。生态（ecology）一词源于希腊语 Oicos，含有住所、区位、环境等意义，后来生物学家用其研究生物居住条件，物种构成及其与周围环境的关系，形成生态学说。一种技术通常依据一种特定的环境特征存在，如青藏地区的人们以襟袍及其衍生类型作为基本服装模式，是因为这种厚重的服装"在人的基本需求层面是最能适应这个地区自然环境的要求，是最好的御寒方式"。

由于与人类基本生活需求密切相关，所以技术扩展扩散中出现的三种亚扩散类型，即传染扩散、等级扩散与刺激扩散，也都有机会出现在编织技术的传播中。例如，新疆米兰遗址出土的经向绞编织物，纺织原料含有牦牛毛，由于牦牛生活在海拔3000米的高地上，这体现了两种可能：一种是编制技术扩散到青藏地区以后，当地人直接用牦牛毛加以编织，随后再传到米兰，属于传染扩散；另一种可能是牦牛毛原料传到米兰，米兰人因受到羊毛编织技术的启发，从而将这种技术运用到牦牛毛上，加以编制，这属于刺激扩散。事实上，羊毛的使用本身很可能就是一种刺激扩散的结果，因为按照相关研究，通过对东亚13个地区19个品种449只“本土”绵羊的DNA研究，并没有发现独特的遗传标志，也就是没有证据表明东亚绵羊像欧洲绵羊一样来自中亚或西亚。这说明中国的绵羊是本土生物驯养的结果，很可能是人们看到西北地区传来的羊毛制品后，主动对当地的绵羊加以驯养，并由此开创本土的绵羊养殖与羊毛纺织业。而新兴的高质量织物很可能由社会地位较高者率先使用，从而形成后续的等级扩散。

在本章中还可以看到，绞编技术传播的范围广阔，在俄罗斯北高加索地区发现的8世纪左右的丝质经向绞编织物，这可能也是技术交流中的一环。无论是经向绞编织物还是纬向绞编织物，在唐代的新疆地区都有发现。经向绞编技术应当是传播而来，它与当地的纺织技术相结合，体现了一种技术积累的状态。这是技术发展过程之中的一个重要阶段，这个阶段所体现的特点是旧技术的保存与新技术的增加，外来文化扩散而衍生的新产品与本土原材料整合，在互动的文化过程之中完成了技术的增殖。

纺织品是丝绸之路上最主要的贸易品之一，也是中西方文化交流的重要载体。早在公元前5世纪左右，中国的丝绸已通过草原丝绸之路传至欧洲。至迟在公元前4世纪，中国的丝已经输入印度。汉代以后，随着中原政权对西北地区的控制，中国的丝绸及其生产技术开始沿沙漠绿洲丝绸之路向中亚、西亚乃至欧洲快速传播。在乌兹别克斯坦的费尔干纳，叙利亚的帕尔米拉、杜拉欧罗波，北高加索的莫谢瓦亚巴勒卡和哈萨乌特，波兰的什切青，瑞典的比尔卡等地都曾发现汉唐时期的中国丝绸，种类包括锦、绮、罗、绢、纱等。与此同时，在各地也相继出现了融合当地纺织技术传统的产品，比如汉晋时期新疆地区出产的绵线织物、隋唐时期粟特地区流行的粟特锦或波斯锦。唐代前后丝绸之路上纺织技术的交流互动频繁，中国的丝绸生产技术在继续向西传播的同时，受到了来自西亚毛纺织技术的影响，从而产生了提花机的重要变革。

手工编织是纺织品成型加工的一种重要方法。由于具有较大随意性，编织物的种类和结构繁多，但从考古发掘实物来看，它们在一定地域和时代内，能够观察到具有传承性的技术传统。这类技术传统与当地服饰文化以及所用编织原料有很大关系。例如，绞编技术在中国内地、中亚和西亚、埃及以及欧洲巴尔干半岛都曾出现，而且呈现出不同技术特色。但随着技术传播，各文化中的绞编技术互相渗透影响并逐渐趋同。这样的现象同样在其他纺织技术的发展历程中出现。本章以绞编织物为研究对象，从国内发现的绞编实物出发，分析它们的结构特点、编织方法，结合西亚、北高加索以及斯堪的纳维亚半岛等地区的考古发现，来探讨丝绸之路上绞编技术的发展与传播。从目前掌握的材料来看，绞编技术在中国织物上的应用和发展主要集中在唐代以前；唐代以后，编织技术向装饰性发展，虽然品种增多，但复杂精美的编织产品很少出现，绞编技术亦是如此。故本章讨论的内容主要集中在唐代以前。

第一节　中国境内唐代以前的绞编实物

绞编是一种古老的手工编织方法。它的使用范围很广，是编制篮筐、鞋子、帽子、带子等日常用品的常用技法。国内绞编织物的发现主要集中在两个地区。

一是中原内地。以江苏吴县草鞋山遗址出土的葛织物为最早，年代距今6000年左右；之后，在河南荥阳青台村新石器时代遗址发现了最早的丝质绞编织物，距今约5500年。内地发现的绞编织物所用材料以丝线为主，比如北京、河北、山东、湖北、湖南、广西、广东等地出土的漆纱冠、漆纱带以及丝履的鞋面等，少量使用了麻纤维。

二是西北地区。其中以新疆为主，在罗布泊地区的小河墓地、古墓沟墓地出土的毛织物上发现了最早的绞编结构，时间在公元前2000年左右。织物虽然不是整件编织，但是可以看出绞编技法已经开始被应用于纺织品的制作。此后一直延续到10世纪，在新疆哈密的五堡墓地、吐鲁番的洋海墓地、且末的扎滚鲁克墓地、洛浦县的山普拉墓地、若羌米兰墓地以及甘肃的敦煌等丝绸之路沿途地区都发现了绞编织物。它们或单独使用，或与其他织物结构配合制作。所用材料既有毛纱，也有丝线。产品种类丰富，编织制作方法也不尽相同。

一、内地发现的绞编织物

1972—1973年间，南京博物院对江苏吴县草鞋山遗址进行了发掘，在T202中发现了3块碳化了的纺织品残片，经鉴定，织物为纬起花的罗纹织物，纤维原料是野生葛。织物的经线平行伸直，纬线2根一组，按照S向绞转，同时按二上二下的规律与经线交织。在某些部位由纬线在经线上绕圈，因而表面形成菱形花纹（图1－1－1）[①]。织物经密10根/厘米，纬密罗纹部分约26～28根/厘米，地部13～14根/厘米。花纹为山形斜纹和菱形斜纹。草鞋山遗址的碳十四（^{14}C）校正年代为距今6300—6000年[②]。这件葛织物是目前所知中国境内发现最早的绞编织物。

① 史文训．中国古代绞纱织制技术及其发展[D]. 杭州：浙江丝绸工学院，1985.

② 南京博物院. 江苏吴县草鞋山遗址[J]. 文物资料丛刊，1980（3）：1－24；王巍. 中国考古学大辞典[M]. 上海：上海辞书出版社，2014：225.

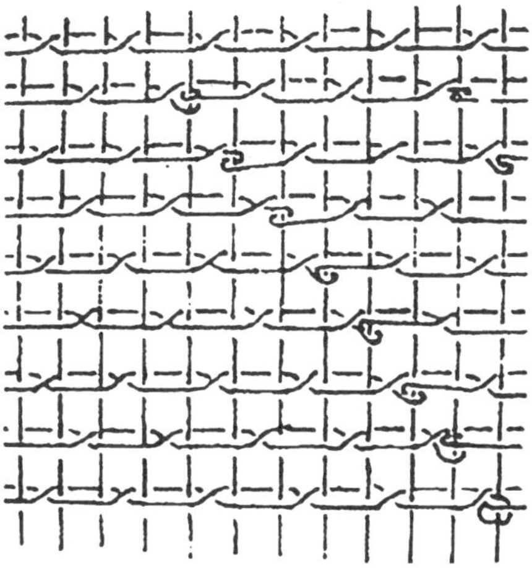

图 1–1–1　江苏吴县草鞋山遗址出土的葛织物结构示意图
（图片来源：《中国古代绞纱织制技术及其发展》）

20 世纪 70 年代初，发掘的山东临淄郎家庄一号东周殉人墓出土了两种丝编织物，该编织物可能是丝履上不同部位的残片。据分析，其中一种为绞编结构（图 1–1–2）。墓葬的具体年代为春秋末或战国初。湖北江陵马山一号楚墓和荆门包山二号楚墓出土的麻鞋鞋底也都使用了绞编结构[①]。

图 1–1–2　丝履局部（山东临淄郎家庄一号东周殉人墓出土）
（图片来源：《王矜与纺织考古》）

① 山东省博物馆. 郎家庄一号东周殉人墓 [J]. 考古学报，1977（1）：83–85；湖北省荆州地区博物馆. 江陵马山一号楚墓 [M]. 北京：文物出版社，1985：24；湖北省荆沙铁路考古队. 包山楚墓 [M]. 北京：文物出版社，1991.

汉代以绞编组织制作鞋履的工艺得以延续。西汉早期的湖北江陵凤凰山168号汉墓、湖南长沙马王堆汉墓均有绞编丝履出现。马王堆一号汉墓出土的435号丝履，长22厘米，最宽处宽7厘米，后跟高5厘米，鞋帮高2厘米。鞋口镶一圈绦带。董鲜艳等在《关于马王堆一号汉墓出土丝履的探究》一文中称："鞋面采用一根蓝色纬线和2根土黄色的经线绕圈编织而成。"根据其文中的图示，可清晰判断该丝履是绞编结构。同墓还出土有另外3双丝履，但织物结构不详①。

东周时期还出现了一种斜编与绞编相结合的斜向绞编织物。目前所知最早的发现是江西靖安水口乡李洲坳东周大墓四号棺出土的褐色编织组带（G4-S002），有两条，其尺寸分别为长12.3厘米、宽0.6～0.8厘米，长11厘米、宽0.5～0.7厘米。织物密度为68根/厘米，丝质（图1-1-3）。时间约为春秋中晚期。从形制来看，褐色编织组带可能为服饰、器物的系带。湖北荆门包山二号楚墓出土的组带（2：435）、湖南长沙广济桥第五号战国木椁墓出土的空花丝带（M869：75）以及湖南长沙左家公山出土的编织组带（M185：50-3）均属于此类结构②。

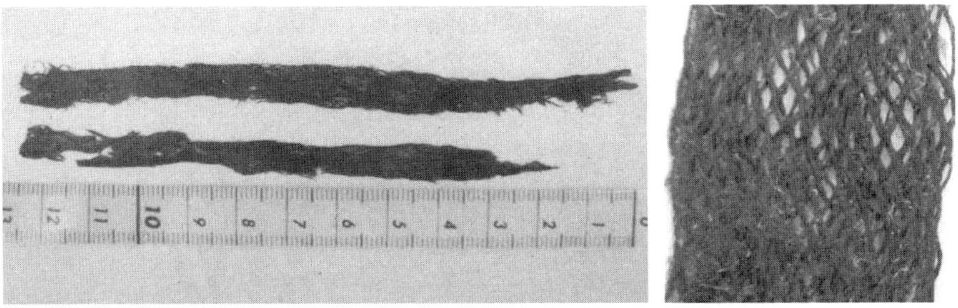

图1-1-3　褐色编织组带（江西靖安水口乡李洲坳东周大墓四号棺出土）

① 纪南城凤凰山168号汉墓发掘整理小组. 湖北江陵凤凰山168号汉墓发掘简报[J]. 文物，1975（9）：1-8；董鲜艳，王树金，等. 关于马王堆一号汉墓出土丝履的探究[J]. 艺术设计研究，2014（4）：40-45.

② 湖北省荆沙铁路考古队. 包山楚墓[M]. 北京：文物出版社，1991；湖南省文物管理委员会. 长沙广济桥第五号战国木椁墓清理简报[J]. 文物参考资料，1957（2）：59-63；湖南省博物馆，等. 长沙楚墓[M]. 北京：文物出版社，2000.

斜向绞编结构的广泛应用是在汉代，汉墓中出土的漆纱冠、网帻以及冠缨组带采用的都是此类编织结构。湖南马王堆汉墓三号墓出土的漆纱冠最为完整。据介绍，此冠“系采用左右两组经线，每组二根，开、合交替一上一下编织而成。编织稀疏，亮地显方孔，纱孔均匀清晰”①。从公布的照片看，可以认定是斜向绞编结构。与该漆纱冠同在一个漆奁中还有一顶褐色编织小冠，出土时残破严重，结构和形制已无法确认。

北京大葆台西汉墓发现的漆纱冠用的是与马王堆出土漆纱冠相同的斜向绞编组织。残片呈棕黑色，光泽尚好。大葆台漆纱冠片有粗细两种，一种孔眼密度为 18 × 18 目 / 平方厘米，另一种密度为 20 × 20 目 / 平方厘米。就漆纱精密程度而言，大葆台的两块要胜过马王堆实物。该墓同时还出土了经编的组带残片（853，图 1－1－4），外观铁褐色，带宽约 1.2 厘米、残长 5 厘米。“通体编作斜格，格眼为正八边形，孔经约 1.3 ~ 1.5 厘米。”② 这件组带的结构独特而复杂，设计精巧，与常见的漆纱组织不同。两个系统内的丝线 2 根 1 组、每 2 组为 1 个单元，是斜向绞编组织的双复合。这是迄今发现最早的、也是汉代唯一的一件该组织实物。

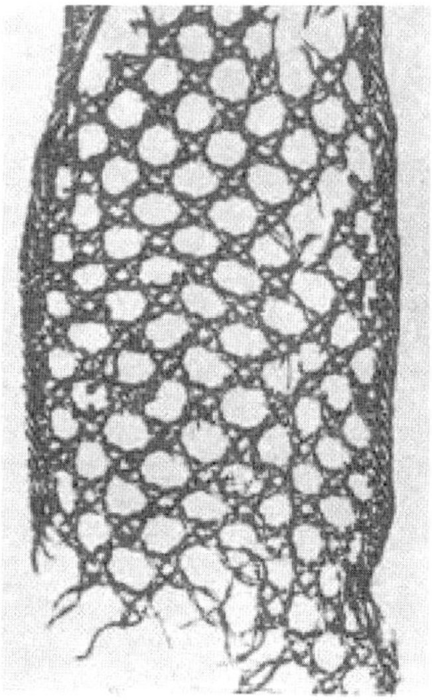

图 1－1－4　经编组带残片
（北京大葆台西汉墓出土）
图片来源：《北京大葆台汉墓》

山东日照海曲汉墓出土的漆纱残片和漆纱带也是斜向绞编结构，织物密度从 9 × 9 孔 / 厘米 ^{2} 到 18 × 18 孔 / 厘米 ^{2} 不等③。

湖北江陵凤凰山 168 号汉墓、河北满城西汉墓、广州南越王西汉墓、广西贵县罗泊湾（当时属南越王国范围）1 号墓、山东临沂金雀山周氏汉墓、山

① 陈国安. 长沙马王堆一、三号汉墓服饰述论 [M]// 湖南省博物馆编. 马王堆汉墓研究文集——1992 年马王堆汉墓国际学术讨论会论文选 . 长沙：湖南出版社，1994：211－224.

② 大葆台汉墓挖掘组. 北京大葆台汉墓 [M]. 北京：文物出版社，1989：56－61.

③ 王厉冰. 基于海曲汉墓出土实物的汉代漆纱研究 [D]. 上海：东华大学，2008：59.

东诸城西郊杨家庄汉墓等汉代墓葬中也都有漆纱冠或漆纱残片的出土，据研究，基本可以认定为斜向绞编组织，也被称为漆纱组织或2/2斜向互绞组织[①]。

二、西北地区发现的绞编织物

西北地区发现的绞编结构，目前所知最早的实物出自新疆罗布泊地区的小河墓地和古墓沟墓地。

小河墓地位于若羌县孔雀河南部支流小河东侧约4千米处。最早在1934年瑞典人贝格曼曾在这里进行过调查发掘。2002—2005年，新疆文物考古研究所对其进行了全面发掘，出土各类文物数以千计，其中的纺织品及皮毛制品引人瞩目。纺织品以毛织物为主，主要包括斗篷、腰衣、毡帽及各类毛绳等，时间在公元前2000年左右，属于新疆的青铜时代早期[②]。

关于这批纺织品，李文瑛曾做过研究，并在《新疆青铜时代服饰研究》一文中称："斗篷的组织结构以平纹为主，大面积的斗篷织造几乎均是以平纹为基础。平织的经、纬毛纱均加Z拈，经疏纬密，每平方厘米经线多在4 ~ 7根左右，纬线稀疏的每平方厘米不到10根，细密的在30余根左右……织物显示纹样的技法以'通经断纬'的缂织为主……也有极少数毛织斗篷局部还利用了绞编的技法形成条纹。"[③]

在2013年中国丝绸博物馆举办的《瀚海沉舟——新疆小河墓地出土毛织物的整理与研究》展览中，也有一件毛编制品采用了绞编结构。这件织物（图1－1－5）宽23厘米、残长32厘米，加捻的红色细毛绳用绞编的方法，将较粗

① 纪南城凤凰山168号汉墓发掘整理小组. 湖北江陵凤凰山168号汉墓发掘简报 [J]. 文物，1975(9)：1－8；郑绍宗. 满城汉墓 [M]. 北京：文物出版社，2003：188－190；麦英豪，黄淼章，谭庆芝. 广州南越王墓 [M]. 北京：三联书店，2005：171；广西壮族自治区博物馆. 广西贵县罗泊湾汉墓 [M]. 北京：文物出版社，1988；临沂市博物馆. 山东临沂金雀山周氏墓群发掘简报 [J]. 文物，1984(11)：41；诸城县博物馆. 山东诸城县西汉木椁墓 [J]. 考古，1987(9)：778－785；王厉冰. 基于海曲汉墓出土实物的汉代漆纱研究 [D]. 上海：东华大学，2008：66.

② 新疆文物考古研究所. 2002年小河墓地考古调查与发掘报告 [J]. 边疆考古研究，2004(1)：72；新疆文物考古研究所. 新疆罗布泊小河墓地2003年发掘简报 [J]. 文物，2007(10)：4－42.

③ 李文瑛，康晓静. 新疆青铜时代服饰研究 [J]. 艺术设计研究，2014(1)：69－78.

的土黄色动物毛缕编结在一起，形成粗疏的织物，其用途可能为捆裹在法杖上的装饰织物。

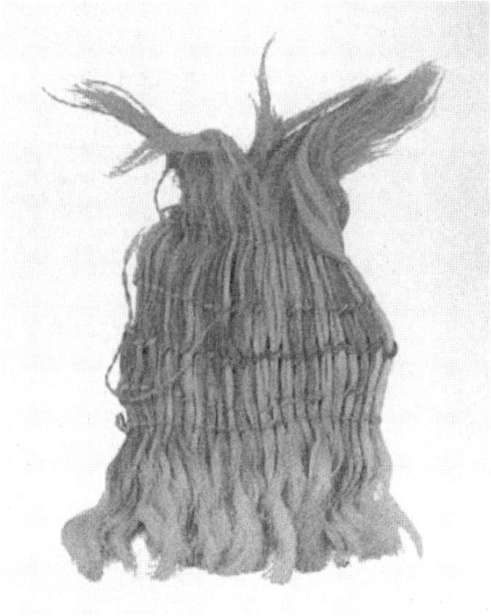

图 1–1–5　毛编制品（新疆小河墓地出土）

古墓沟墓地位于罗布淖尔湖及楼兰古城遗址西北，居孔雀河下游的北岸不足 2 千米处地势较周围稍高的一片小沙丘上。1979 年新疆文物考古工作在这里共发现毛织物 40 余件，主要包括头戴的毡帽、裹身的毛线毯、盖棺的毛线毯及其他一些毡带、毛绳、毛线等，绝对年代可早到距今 4000 年前后[①]。

在古墓沟墓地出土的毛毯上我们发现了多处绞编结构。其中一件编号为“79LQ2M2：2B”（图 1–1–6），“姜黄地、褐色横条纹。残长 52 厘米，宽 45 厘米。织物密度：经密 8 根 / 厘米，纬密 6 根 / 厘米。毛纱捻向：经 S、纬 Z。经线是褐色纱，纬线是姜黄色纱，间或有褐色纱织入，形成褐色条纹”[②]。从刊布的照片看，织物的一端有流苏，似经头部分，在靠近流苏的位置，有两行整齐的白色条带，可判断是绞编结构。

① 王炳华. 古墓沟 [M]. 乌鲁木齐：新疆人民出版社，2014：211.

② 王炳华. 古墓沟 [M]. 乌鲁木齐：新疆人民出版社，2014：213.

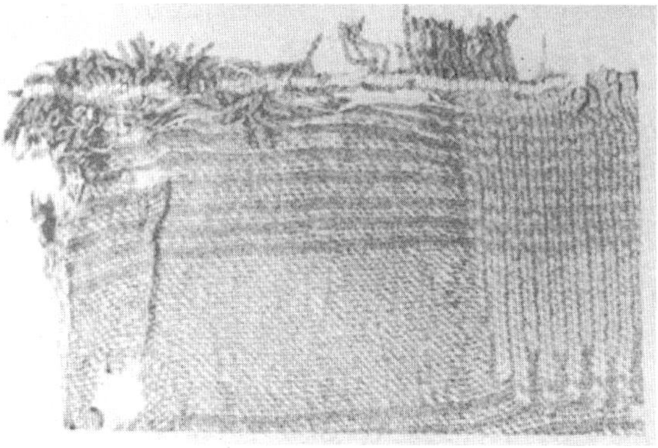

图 1–1–6　毛毯（79LQ2M2：2B，古墓沟墓地出土）
（图片来源：《古墓沟》）

在另外几件毛毯的幅边上，我们也发现了绞编结构。编号为 79LQ2M4：C 的土黄色毛毯（图 1–1–7a），残为 4 块，“大小分别为 43 厘米 ×46 厘米、43 厘米 ×32 厘米、14 厘米 ×14 厘米、13 厘米 ×13 厘米。织物密度：经 6 根 / 厘米、纬 6 根 / 厘米。每块均见幅边，幅边宽 1.5 厘米，为五道绳纹边饰，幅边最外道股线，直径为 0.4 厘米，另四道股线直径为 0.2 厘米”①。从刊布的照片判断，这里的绳纹边饰很可能是绞编结构。同样的情况还可见于编号“79LQ2M11：A”和“79LQ2M11：B”（图 1–1–7b）的两块毛毯。据发掘者判断，这两块毛毯原为一件。据此，整件毛毯的尺寸在 100 厘米 ×160 厘米以上。

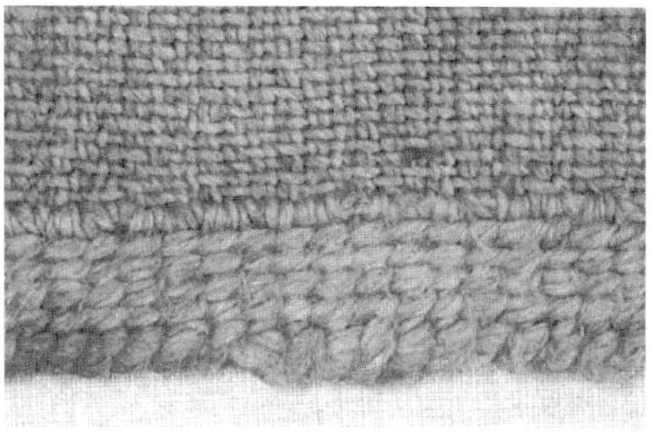

a.79LQ2M4：C

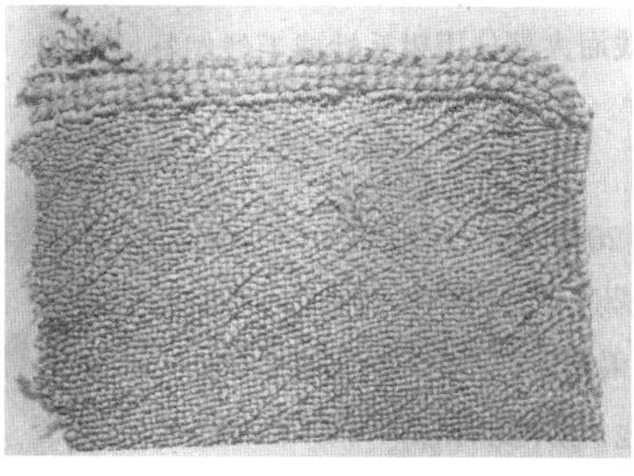

b.79LQ2M11：B

图 1–1–7 毛毯边（古墓沟墓地出土）
（图片来源：《古墓沟》）

① 王炳华. 古墓沟 [M]. 乌鲁木齐：新疆人民出版社，2014：216.

新疆哈密五堡墓地出土的毛织物上发现了大量的绞编结构。五堡墓地位于哈密盆地西南戈壁荒漠中，墓地主体年代在公元前1300—前1000年，属于新疆的青铜时代晚期。墓地出土了大批毛织物，并且保存状况良好。墓地发现的绞编结构可分为四种情况。

第一种是在织物的开始或结束的位置，绞编出宽1厘米左右的几何纹饰，以三角纹居多，也有极少数的菱形四瓣花纹。比如编号为“86HWM36：17”的黄色斜纹毛布残片，长约90.5厘米、宽约41厘米，为2/2斜纹结构，经密为12根/厘米、纬密为75根/厘米。经线为黄色，纬线为黄、褐两色。变换纬线处绞编一行褐、黄相间的小三角纹，宽约0.5厘米（图1-1-8）。

图1-1-8 黄色斜纹毛布残片（86HWM36：17，新疆哈密五堡墓地出土）[①]

这种绞编结构在吐鲁番地区的鄯善县洋海墓地也有发现。其中一件是编号为“03SY Ⅰ M21：23”的毛布长裤，棕色，斜纹组织，“出土时穿在被称为‘萨满巫师’的男性墓主人身上，为直筒裤，裤通长102厘米……两条裤腿在膝盖和裤脚处绞编图案，膝盖处显出勾连纹饰（图1-1-9），裤脚处是两排平行的折线纹，均呈二方连续循环”[②]。

① 笔者参与了五堡墓地纺织品整理。图1-1-8、图1-1-10、图1-1-11、图1-1-12、图1-1-13、图1-2-16、图1-1-20由新疆文物考古研究所提供。

② 李文瑛，康晓静. 新疆青铜时代服饰研究[J]. 艺术设计研究，2014（1）：69-78. 李文瑛的文章中文物编号为“03SY Ⅰ M21：19”，经核对，2019年最新出版的考古报告中这件长裤的编号为03SY Ⅰ M21：23，本文引用考古报告中的编号。

图 1-1-9　裤腿膝盖处的勾连纹（03SY I M21：23，新疆吐鲁番洋海墓地出土）
（图片来源：《新疆青铜时代服饰研究》）

还有一件是编号为“03SY Ⅰ M149：6”的缂毛开襟长外衣，“身长 112 厘米，宽 95.5 厘米，袖长 25.5 ~ 26.5 厘米。袖呈梯形，袖口部分向内折。出土时左右两半身已经分离，两半身所用面料幅宽不同，缂织的图案也有区别……两半身面料均在下摆终端和袖口处，绞编出宽 1 厘米左右的蓝白菱格边饰”[①]。

发掘者认为长裤上的勾连纹、折线纹，开襟长外衣上的蓝白菱格纹均由缂织而成[②]。但根据刊布的照片，笔者认同李文瑛的观点，上述纹样应该是由绞编而成的，与五堡墓地出土毛织物上三角纹的制作方式相同。

第二种也是作为装饰，在织物的一端用不同颜色的纱线绞编出彩带。比如 1978 年 M19 出土的棕褐色斜纹毛布披巾，长 128 厘米、宽 18.5 ~ 21.5 厘米。经线为棕色，纬线为棕、褐、红三色。上面缂织三行蓝色小长方形条状装饰。靠近一端处变换纬线颜色形成宽 2 厘米的红色条带，并在条带上下两侧用蓝、红色纱线绞编出麦穗纹条带装饰。靠近底部绞编一行蓝色条带装饰（图

① 李文瑛，康晓静. 新疆青铜时代服饰研究 [J]. 艺术设计研究，2014（1）：69-78. 李文瑛的文章中文物编号为“03SY Ⅰ M149：1”，经核对，2019 年最新出版的考古报告中这件外衣的编号为“03SY Ⅰ M149：6”，本文引用考古报告中的编号。

② 吐鲁番市文物局，新疆文物考古研究所，等. 新疆洋海墓地 [M]. 北京：文物出版社，2019：903-906.

1-1-10)。与前种情况不同，这里的绞编纱线不参与织物基础组织的交织。

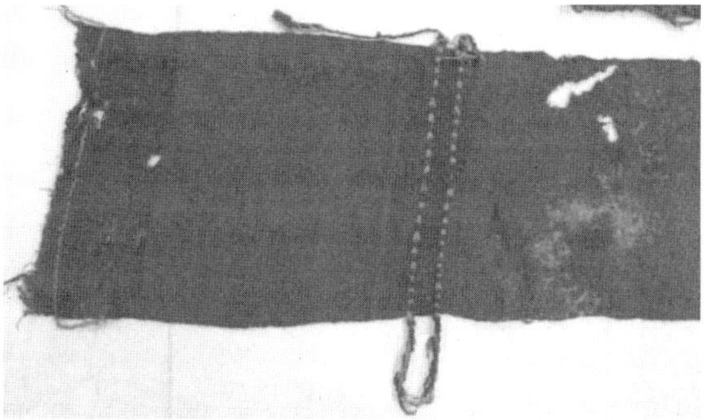

图 1-1-10　毛布披巾(78HWM19，新疆哈密五堡墓地出土)

第三种是 1986 年 M3 出土的帽饰上的绞编结构。帽饰(图 1-1-11)原白色，长 101 厘米。帽围约 44 厘米，由棕色纱线以绞编法将数十根纱线固定而成，呈折线纹。下端散开。帽围的一圈系结 12 个棕色饰穗。

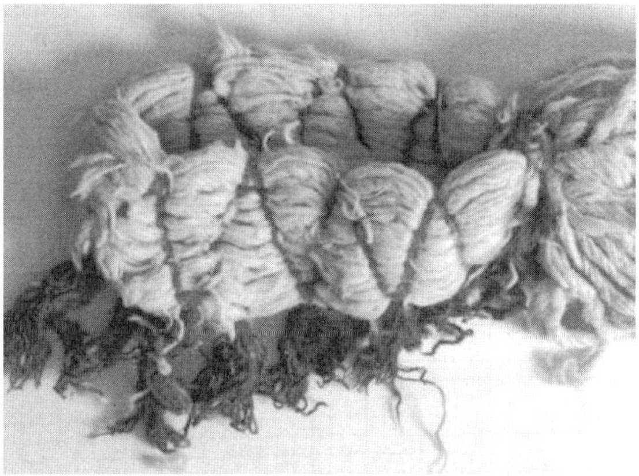

图 1-1-11　帽饰(86HWM3：2，新疆哈密五堡墓地出土)

第四种是斜编与绞编复合的编织带。在五堡墓地只发现了 3 件，一件编号为“78HWM13：3：1”(图 1-1-12)，彩色斜编带，残长 100.3 厘米，宽 2.9 厘米，断为 4 段。褐色地，红、蓝两色交替显折线纹，蓝色褪色严重。褐色经线为 S 捻 3 股线，其中单纱用强 Z 捻。红蓝两色经线为 S 捻双股线，单纱用强 Z 捻。存一侧头端，纱线分多股编结，形成饰穗。另 2 件为彩条纹毛布长衣的袖口装饰。2 只袖口各 1 条，与其他 3 条斜编带缝在一起后，缝于袖口处作为装饰。其中一条宽约1厘米，残长约20厘米，红地，白色波浪纹，靠近一端处，红色纱线换为深棕色（图1－1－13）；另一条宽约1厘米，残长约17厘米，深棕地，白色波浪纹。

图1－1－12　彩色编织带（78HWM13：3：1，新疆哈密五堡墓地出土）

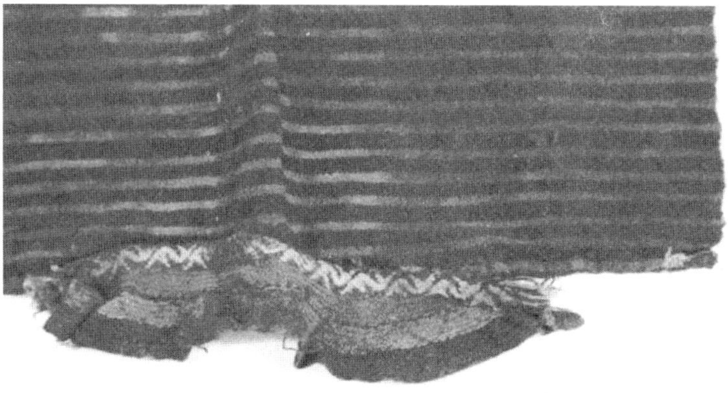

图1－1－13　彩色编织带（新疆哈密五堡墓地出土）

同类斜编与绞编复合的编织带在吐鲁番洋海一号墓地有大量发现。这些带子通常宽2～11厘米左右，显“V”或“W”形折线纹或菱格纹（图1－1－14、图1－1－15），考古报告中称“两股合并编织”[①]。

① 吐鲁番市文物局，新疆文物考古研究所，等. 新疆洋海墓地[M]. 北京：文物出版社，2019：917-921.

图 1-1-14　彩色编织带（03SYⅠM84：7，新疆吐鲁番洋海墓地出土）
图片来源：《新疆洋海墓地》

图 1-1-15　彩色编织带（03SYⅠM208：11，新疆吐鲁番洋海墓地出土）
（图片来源：《新疆洋海墓地》）

新疆且末扎滚鲁克墓地也有斜向绞编织物的发现。贺婧婧对扎滚鲁克一号墓地出土的 82 件毛编带进行了细致的分析。文章中所提到的斜绞（纠）编组织、两面显“V”形纹路的双层斜编带组织中的一部分，均属于斜向绞编结构。根据她的分析，扎滚鲁克墓地出土的斜向绞编结构，主要用于编织带子，带宽通常 1 ~ 2 厘米，色彩丰富，图案有菱格纹、水波纹、三角纹及“V”形折线纹。这些编织带或独立使用，或与其他编织带缝接在一起，做成毛绦裙。比如编号为“85QZⅠM2：38”的编织毛绦裙，残长 30 厘米、残宽 116 厘米，由 27 根编织毛绦横向缝缀连接而成，其中 14 根编织绦由 2/2 斜编而成，剩余 13 条均为斜向绞编带，有两种图案，一种是水波纹，一种是菱格纹，宽度在

1 ~ 1.5 厘米之间（图 1-1-16）[①]。目前所知扎滚鲁克墓地出土的毛绦裙中至少有 4 件使用了斜向绞编绦带。扎滚鲁克一号墓地发现的毛编带均来自二期文化墓葬，年代推测在公元前 8—3 世纪中期。

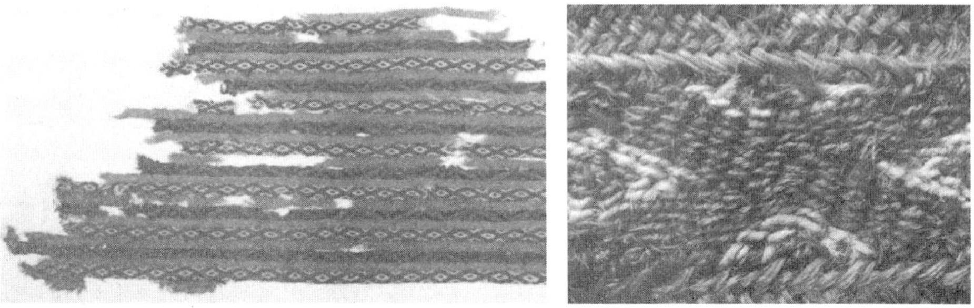

图 1-1-16　毛绦裙（85QZ I M2：38，新疆且末扎滚鲁克墓地出土）
（图片来源：《扎滚鲁克纺织品珍宝》）

新疆克里雅河流域的圆沙古城遗址也发现了毛绦裙残片（96MH1：1），用红色、棕色的斜编毛绦与彩色几何纹斜向绞编毛绦相间缝缀而成。另外一件毛裙残片（96MD4：1）的裙摆处也镶缝有斜编与绞编复合编织的三色卷绳纹毛绦[②]。据推测，圆沙古城遗址的年代不晚于西汉，其中发现毛绦裙残片的 H 墓地的年代上限可能早于西汉[③]。

丝质的斜向绞编织物在西北地区的发现可见于甘肃武威磨嘴子东汉墓出土的 2 件冠纱。考古报告中对漆纱残片的组织描述比较模糊，称粗疏的一块（29 号）为篡组，方孔，空眼密度约为 7 × 7 孔 / 厘米^2；经纬纱直径均为 0.2 毫米，经过了加捻；外表漆膜较厚，呈黑褐色；较细密的一块（16 号）为平纹组织，经纬纱直径均为 0.15 毫米；菱形孔，空眼密度约为 14 × 14 孔 / 厘米^2；外表漆膜均匀，为织后上漆，呈棕褐色[④]。先行编织然后涂漆的漆纱冠中，丝线的包夹和绞转很难看清，外观酷似平纹织物，所以多

① 贺婧婧，王博. 扎滚鲁克毛编带研究 [M]// 文化遗产研究与保护技术教育部重点实验室 . 西部考古　第 10 辑 . 北京：科学出版社，2016：150-195；新疆维吾尔自治区博物馆. 扎滚鲁克纺织品珍宝 [M]. 北京：文物出版社，2016：136-137.

② 赵丰. 纺织品考古新发现 [M]. 香港：艺纱堂 / 服饰出版，2002：22-28.

③ 中法联合克里雅河考古队. 新疆克里雅河流域考古考察概述 [J]. 新疆文物，1997（4）：1-12.

④ 甘肃省博物馆. 武威磨嘴子三座汉墓发掘简报 [J]. 文物，1972（12）：9-23.

年来一直被误认为是梭织的平纹织物。

新疆洛浦县山普拉墓地出土了大量的毛编织物，其中7件是绞编织物。最复杂精美的一件是编号为“84LS Ⅰ M01：388”的菱格纹绞编毛带（图1–1–17）。长28.5厘米，宽1.4厘米。经线红、黄、棕三色，纬线红色。经纬线均S捻，由2根Z捻纱线合股而成。正面图案清晰可辨，棕色地上显套叠菱纹，菱形之间以横线纹分割，形成图案单元。背面主题图案模糊。图案循环2.3厘米。其余6件均原白、棕褐两色，呈简单的方格纹或条纹。其中5件与上述菱格纹绞编毛带同墓出土，宽度在0.5～3.1厘米不等，最短的残长11厘米，最长的残长66厘米（图1–1–18）。最后一件出土于Ⅰ号墓地M49，残长48厘米，宽2厘米。在发掘者公布的材料中，编号为“84LS Ⅰ M01：270”的毛带也被认为是绞编织物，但通过仔细观察，此毛带应该是一件平纹织物，经线密度较大，纬线密度较小，表面基本看不到纬线；而且经线双股，强S捻，表面有较强的绞转效果，所以被误认为绞编而成，实为平纹毛带。山普拉墓地的年代在公元前1世纪至4世纪，相当于历史上的西汉后期至晋[①]。

图1–1–17　菱格纹绞编毛带（84LS Ⅰ M01：388，新疆山普拉墓地出土）

（图片来源：《中国新疆山普拉——古代于阗文明的揭示与研究》）

① 新疆维吾尔自治区博物馆，新疆文物考古研究所. 中国新疆山普拉：古代于阗文明的揭示与研究[M]. 乌鲁木齐：新疆人民出版社，2001：36，157–159.

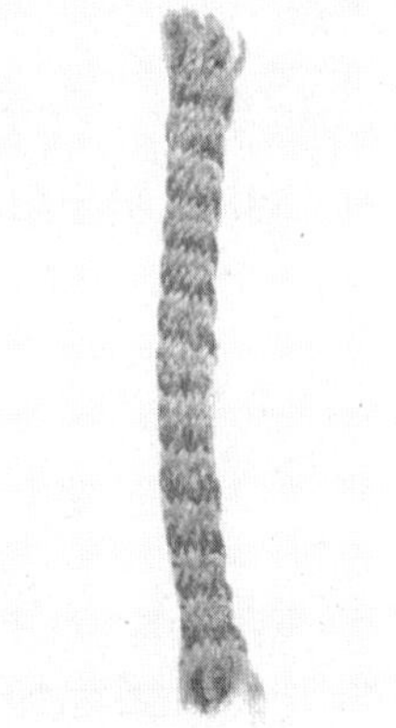

（84LS Ⅰ M01：272）

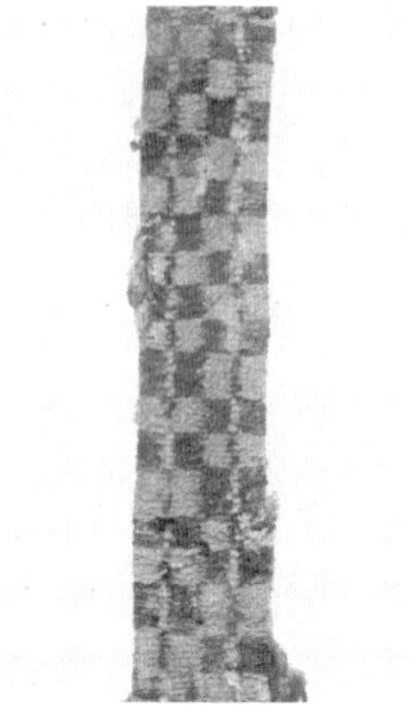

（84LS Ⅰ M01：378）

图 1－1－18　绞编带（新疆山普拉墓地出土）

（图片来源：《中国新疆山普拉——古代于阗文明的揭示与研究》）

20 世纪初，斯坦因在新疆米兰戍堡遗址发现了多件彩色绞编织物。最精美的一件是藏于大英博物馆的编号为“MAS.622”的毛织物残片。它由两片织物缝接在一起：一片蓝地白花，长 27 厘米，宽 3.5 厘米，图案是奔跑的带角兽，每兽长度在 6 厘米左右，一侧有红、黄、蓝色的绞编彩条纹；另一片长 28 厘米，宽 8.5 厘米，以红和粉红相间的彩条纹为地，以蓝色、黄色、绿色显示几何纹图案，其经向循环约 6.8 厘米。两片织物的经纬线均为毛纱，S 捻，由两根 Z 捻纱线合股而成，经纬密度也相同。整件织物都是采用绞编法制作而成（图 1－1－19）。同一件织物的另外一部分收藏在维多利亚与阿尔伯特博物馆，长 28 厘米、宽 19.5 厘米。其余 4 件类似的彩色绞编织物也藏于维多利亚与阿尔伯特博物馆。

（正面）

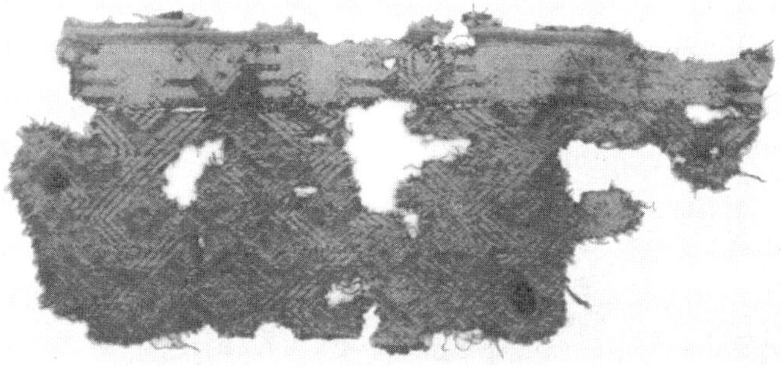

（背面）

图 1–1–19　毛织物残片（MAS.622，新疆米兰遗址出土，大英博物馆藏）

在斯坦因从麻扎塔格遗址带走的纺织品中，有一件粉色毛编织带残片，也采用了绞编结构，制作方式与上述米兰发现的彩色绞编织物相同。毛编织带（图 1–1–20）宽 2.5 厘米，残长约 42.6 厘米，断为 6 段，年代在 5 世纪到 11 世纪。

图 1–1–20　毛编织带（新疆麻扎塔格遗址出土，维多利亚与阿尔伯特博物馆藏）

绞编结构在西北地区出土织物上的另一个重要应用是编织履。斯坦因在甘肃敦煌烽燧遗址曾发现很多汉代的麻鞋，如“MAS 783（T. XIV. a.001）”“MAS 810”和“MAS 811（T. XVIII. iii.002）”，它们的鞋帮都是绞编而成（图 1–1–21）。

图 1–1–21　编织鞋（MAS 783，甘肃敦煌烽燧遗址出土，大英博物馆藏）

新疆各地出土的带有极美丽花纹的汉晋时期的丝履也都是采用绞编法编成的。这类鞋子的代表有斯坦因在楼兰地区发现的丝履“MAS 717（L.B. Ⅳ. ii. 0016）”，圆头，平口，以绞编法制成，鞋头图案自上而下分为三部分，最上端为红色地上显白色几何纹样，中间为白色地上以紫、蓝、浅蓝、黄等色显花，包括朵花纹、王字纹等，最下端亦为红色地上显白色几何纹，鞋帮部分则在黄色地上显白色曲线图案，横向循环约为 2.8 厘米，鞋底以麻线绕编而成。营盘出土丝履的风格与此类似，如 22 号墓出土的一双丝履，鞋面用黄、红色丝线绞编而成，纹样有几何纹和对兽纹，还有汉字“宜孙宜”等①。

还有一件最著名的是吐鲁番阿斯塔那 39 号墓出土的一双有“富且昌宜侯王天延命长”字样的编织履（65TA M39：1，图 1–1–22），根据同墓出土的文书可知其年代约在 367—370 年②。此鞋长 22.5 厘米、宽 8 厘米、高 4.5 厘米，正面织有红色地白花的口沿、白色地红蓝黄三色的铭文“富且昌、宜侯王、天命延长”、红色地蓝点纹和白色地蓝色夔纹，在鞋侧面则是三条不同色彩的茱萸纹色带，上下两条是蓝色地上以红、白、黄三色显示花纹，中间是黄色地上以蓝、白、红三色显花。

① 新疆文物考古研究所. 新疆尉犁营盘墓地 1995 年发掘报告 [J]. 新疆文物，2001（1–2）：20.

② 吐鲁番地区文管所. 吐鲁番阿斯塔那古墓区 65TAM 39 墓清理简报 [M]. 新疆文物考古研究所. 新疆文物考古新收获. 乌鲁木齐：新疆人民出版社，1995：491–495.

图 1-1-22　编织鞋（新疆吐鲁番阿斯塔那 39 号墓出土）
（图片来源：《丝绸之路汉唐织物》）

甘肃敦煌发现的竹编经帙也都采用了绞编结构。较完整的有 5 件，其中 1 件收藏在大英博物馆，3 件收藏于法国吉美博物馆，1 件收藏于法国国家图书馆。此外还有一些小残片分别收藏在维多利亚与阿尔伯特博物馆和旅顺博物馆。这些经帙的编织技术相同，图案风格相似。它们的主体部分以竹篾为纬，以丝线为经，采用绞编组织编成，在编织时以两根不同颜色的丝线为一组，互相绞转，以显花纹。例如，藏于大英博物馆的编号为“MAS.859（Ch.xx.006）”的花卉纹绞编经帙（图 1-1-23），长 43.5 厘米、宽 27 厘米，编织图案呈带状在经帙表面分布，共有 9 条，宽窄相间排列，宽度在 0.9 ~

图 1-1-23　花卉纹绞编经帙［MAS.859（Ch.xx.006），大英博物馆藏］
（图片来源：《敦煌丝绸艺术全集·英藏卷》）

2.4 厘米不等，每条图案区之间间隔约 1 厘米。图案为装饰风格较浓的花卉纹样，丝线有米黄、土黄、棕色、深蓝、浅蓝、深绿、浅绿、草绿 8 种颜色，经密 20 根 / 厘米、纬密 9 根 / 厘米。在经帙一角编有一个褐色方块，内以米色丝线编出一个“阴”字，可能是此经帙的编号①。

法国吉美博物馆收藏的花卉纹绞编经帙（EO.1208），与“MAS.859”非常相似，长 44 厘米、宽 29 厘米，以竹篾为纬，蓝、绿、褐、土黄和米色等彩色丝线为经。中间的竹篾较细，宽约 0.7 ~ 0.8 毫米，两端有较宽的竹片 3 ~ 4 片，宽约 3 ~ 3.5 毫米。编织图案共有九条，五窄四宽，宽度分别为 0.7 厘米和 1.8 厘米，宽窄相间排列，每条图案区之间间隔约 1.2 厘米。该经帙的背面糊裱有唐代文书《令狐怀寂告身》。据考证，这件文书的年代在武后载初元年（690 年）以前，令狐怀寂可能是某次唐朝行军作战中建立功勋的敦煌将士，他的告身在他去世后失去价值，后为寺院所得，糊裱到经帙上面②。

英国维多利亚与阿尔伯特博物馆收藏的两件经帙残片“L.S.100（Ch.iii.0012.a–b）”，分属于两件不同的经帙，均以红褐色竹篾为纬，红、绿、黄彩色丝线为经（图 1–1–24）。残片 a 长 28 厘米、宽 10.3 厘米，编有菱格纹图案。残片 b 长 28.8 厘米、宽 2.4 厘米，编有花纹图案③。与其他经帙的所有丝线均同向绞转不同，这两件经帙的特点是相邻两组编织丝线的绞转方向相反，从而形成麦穗纹路效果。

法国国家图书馆收藏的绞编经帙是一件素面经帙（Pelliot chinois 4509），比较少见。经帙长 21.3 厘米、宽 30 厘米，经丝红、蓝，蓝、蓝，紫、黄，红、红，红、黄两两搭配进行绞编，形成 21 道彩色条纹。背面裱糊纸质文书。这件竹帙虽然简单，但依然精致④。

① 赵丰，王乐. 敦煌丝绸 [M]. 兰州：甘肃教育出版社，2013：165；杨汝林. 中国古代绞编技艺研究：以唐宋经帙为主要对象 [D]. 上海：东华大学，2011：20；赵丰. 敦煌丝绸艺术全集：英藏卷 [M]. 上海：东华大学出版社，2007：92.

② 赵丰. 敦煌丝绸艺术全集：法藏卷 [M]. 上海：东华大学出版社，2010：129；方广锠，许培铃. 敦煌经帙 [J]. 敦煌学辑刊，1995（1）：1–8.

③ 赵丰. 敦煌丝绸艺术全集：英藏卷 [M]. 上海：东华大学出版社，2007：93.

④ 赵丰. 敦煌丝绸艺术全集：法藏卷 [M]. 上海：东华大学出版社，2010：134–135.

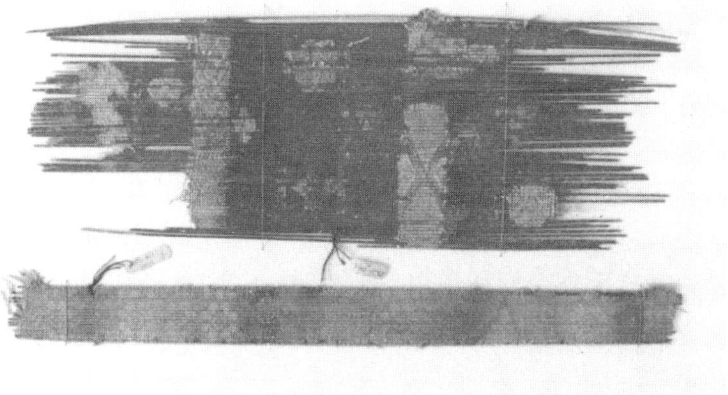

图 1-1-24　竹编经帙［L.S.100（Ch.iii.0012.a-b），维多利亚与阿尔伯特博物馆藏］
（图片来源：《敦煌丝绸艺术全集·英藏卷》）

第二节　绞编织物的结构类型及编织方法

通常情况下，绞编织物指采用两个系统的纱线，一组平行，一组相互绞转，按结构顺序进行连续绞转而形成的织物。其特点是两个系统的纱线相互垂直，系统内的各根纱线相互平行。编织时，其中一组纱线在与另一组纱线的相交处进行左右绞转。这种结构初看起来与绞经织物相似，不同的是绞转的一组丝线永远向着一个方向旋转，因此不可能由绞经机构织出。

斜向绞编织物是斜编与绞编相复合的一种编织物类型，以往的讨论中有人将其归入斜编织物，也有将其作为独立类型进行讨论的。在这里，我们把它归入绞编织物类型，因为广义上的绞编织物指具有绞转结构的手工编织物，在讨论丝绸之路上绞编结构的发展和传播问题时，斜向绞编织物作为一种具有绞转结构的重要编织类型，不可或缺。

中国境内发现的唐代以前的绞编织物很多，从结构特点及其编织制作方法来看，可以分为经向绞编、纬向绞编以及斜向绞编三大类。下面分别就其特点及编织方法做详细讨论。

一、经向绞编

经向绞编指经纬两组纱线相交时，经线绞转，而纬线平行。最基本的结构就是两根经线进行绞转。当相绞的两根经纱颜色不同时，若每编入一根纬线绞转一次，则形成正反两面颜色相反的外观效果。若要形成特殊图案，则可以在需要显色的地方绞转两次（图 1-2-1）。此外还可以三根经线绞转、四根经线绞转等。

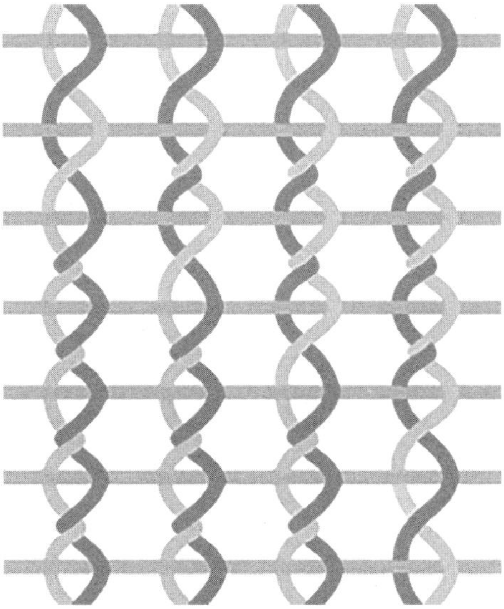

图 1-2-1　二经绞结构示意图

经向绞编结构最巧妙的制作方式是使用带孔的卡片进行编织。其原理是利用卡片的转动，带动经纱上下位置绞转变化，从而形成经向绞转结构。这种编织方法被西方学者称为“tablet weaving”或“card weaving”[①]。利用卡片进行织物制作的方式非常随意，可以将经纱两端固定张紧；也可以一端固定在某处，另一端绑在操作者的腰上；或者一端固定在高处，经纱末端悬挂重锤，使经纱张紧（图 1-2-2）。穿过纬纱时可以用梭子引纬，也可以直接用

① DAVID J. The Cambridge History of Western Textiles[M]. Cambridge：Cambridge University Press，2003；CANDACE C. Card Weaving[M]. New York：Watson-Guptill，1973.

手穿过，视织物的宽度和精细度而定。编织过程中可以有卡片交换顺序位置、改变穿线方向等多种自由变换，整个过程简单易行。

图 1-2-2　现存的卡片编织

目前所知，编织用的卡片有两孔、三孔、四孔及六孔四种，所对应的卡片形状通常为长方形、正三角形、正方形和正六边形（图 1-2-3）。卡片可以用不同的材质制成，如骨头、木头、皮革以及现代的纸版、塑料等。卡片的边长为几厘米，每个角上有孔。

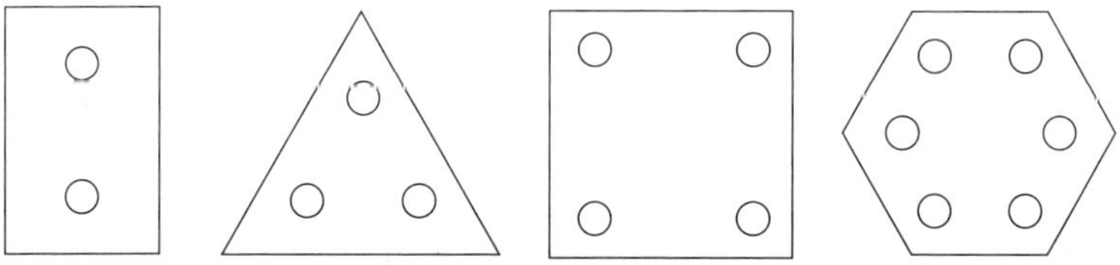

图 1-2-3　卡片编织所用卡片形状示意图

编织时，多根经线分别穿过每张卡片角上的孔，通过前后转动卡片来形成开口。这种编织方法操作极其灵活，变换经线传入卡片的方向、卡片转动的方向和角度及卡片的顺序和位置等都可以产生不同的结构和外观效果。下面我们以四孔卡片为例，对卡片编织的原理、方法及形成的编织结构进行介绍。

卡片编织的原理是利用卡片转动从而带动经线上下运动，来形成织物的开口。与织机上线综提拉开口不同，卡片转动形成的开口是循环的，开口变化的过程中会形成经线的绞转，这是卡片编织最巧妙的地方。

（1）经线穿入卡片的方向

经线穿入卡片的方向有两种。由经纱的前端来看，经纱从卡片的左面穿向右面，用“↗”来表示；从卡片的右面穿向左面，用“↖”来表示（图 1-2-4）。为保证卡片能够顺利转动，同一张卡片中，所有经线的穿入方向必须一致。

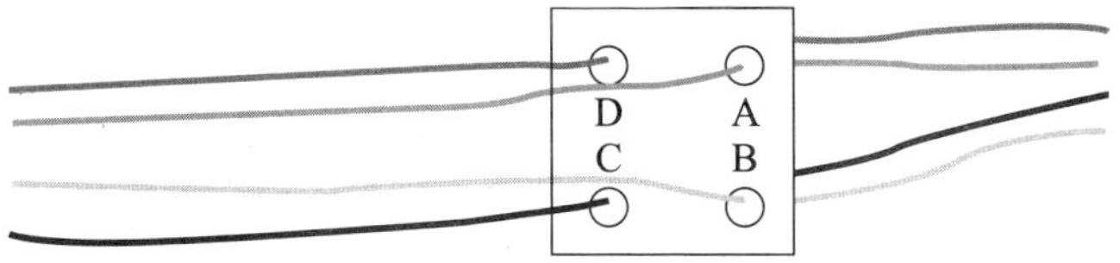

从左面穿向右面“↗”

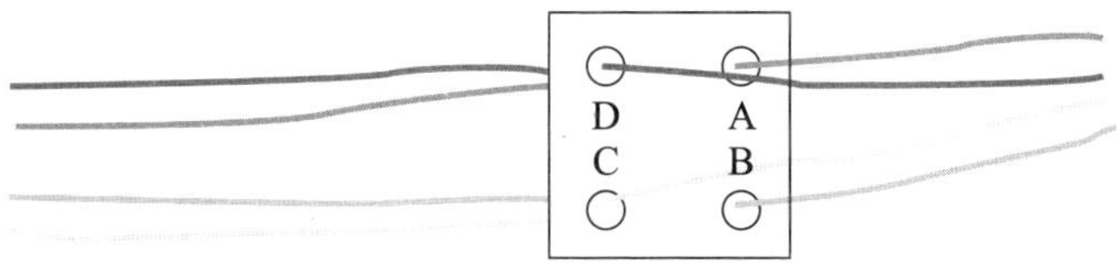

从右面穿向左面“↖”

图 1-2-4　经线穿入卡片的方向示意图

（2）卡片转动方向与角度

卡片转动的方向有两个，由经纱的前端转向经纱后端的方向，称为前转，在这里用符号“f”表示；由经纱的后端转向经线前端的方向，称为后转，在这里用符号“b”表示。通常情况下，卡片的转动以边为单位，即每次转过一个边、两个边或三个边等。对于不同形状的卡片，每次转动的角度不同。以四孔的正方形卡片为例，转动卡片时，可以每次转过 90 度或 180 度穿过一根纬线（图 1-2-5）；而对于六孔的正六边形卡片，则每次可以转过 60 度、120 度或 180 度穿过一根纬线。这样也就形成了不同的编织结构。

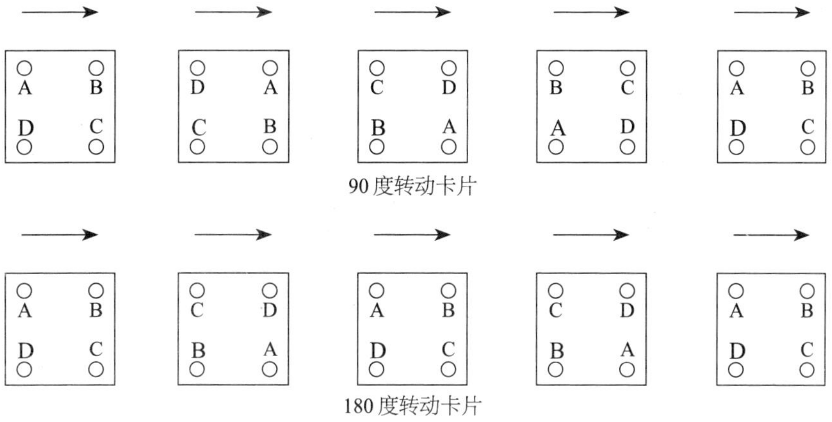

图 1-2-5　卡片转动方向与角度示意图

(3)穿线方向与卡片转动方向的关系

卡片编织中，卡片转动会带动经线通过绞转进行经线上下位置的变换。卡片的转动方向不同，经线位置变换时的绞转方向就不同，这样所形成的经线纹路就会不同。同时，经线纹路还和经线穿过卡片的方向有关（表1-2-1）。

表 1-2-1　　穿线方向与卡片转动方向的关系

穿线方向	↗	↖	↗	↖
卡片转动方向	f	f	b	b
经线纹路	\	/	/	\

即穿线方向为“↗”、卡片转动方向为“f”，与穿线方向为“↖”、卡片转动方向为“b”，所得到的经线纹路走向都是“\”向；穿线方式为“↖”、卡片转动方向为“f”，与穿线方向为“↗”、卡片转动方向为“b”，所得到的经线纹路走向都是“/”向。

(4)形成的编织结构

因为手工编织的随意性，不同的穿线方向、卡片转动方向、卡片转动角度以及卡片开始转动的位置、卡片的顺序位置等都可以产生不同的编织结构和外观效果。

①2/2绞编结构

2/2绞编结构是四孔卡片编织形成的最基础的结构（图1-2-6）。当卡片朝一个方向连续转动90度时，会产生这种结构。经线的穿线方向不同、转动方向不同，又会产生不同的纹路效果。

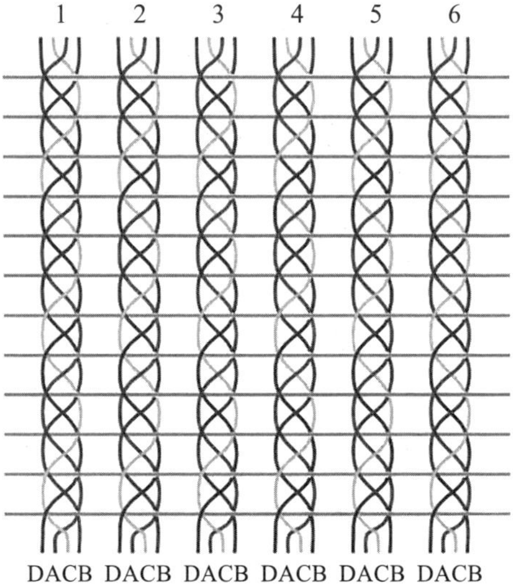

图1-2-6　2/2绞编结构示意图

例如，当相邻两根经线的穿线方向相反，为“↗↖”，并向前以90度连续转动卡片时，会产生图1-2-7 a所示的麦穗纹路；当相邻经线穿线方向一致，均为“↖”，并向后以90度连续转动卡片时，会产生图1-2-7 b所示纹路（图1-2-7）。

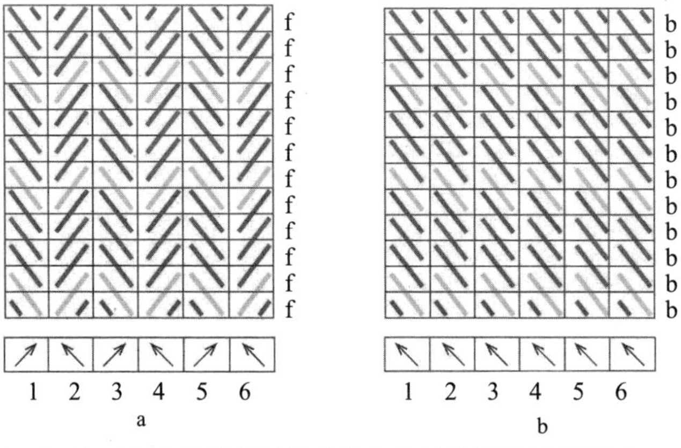

图1-2-7　以90度连续转动卡片产生的纹路效果示意图

在卡片朝一个方向以90度连续转动时，若转动方向发生改变，则会在织物表面形成上下对称的纹路效果，并在卡片改变转动方向的那一纬出现长浮线（图1-2-8）。这是卡片编织特有的技术特点，可以作为判别卡片编织物的重要依据。

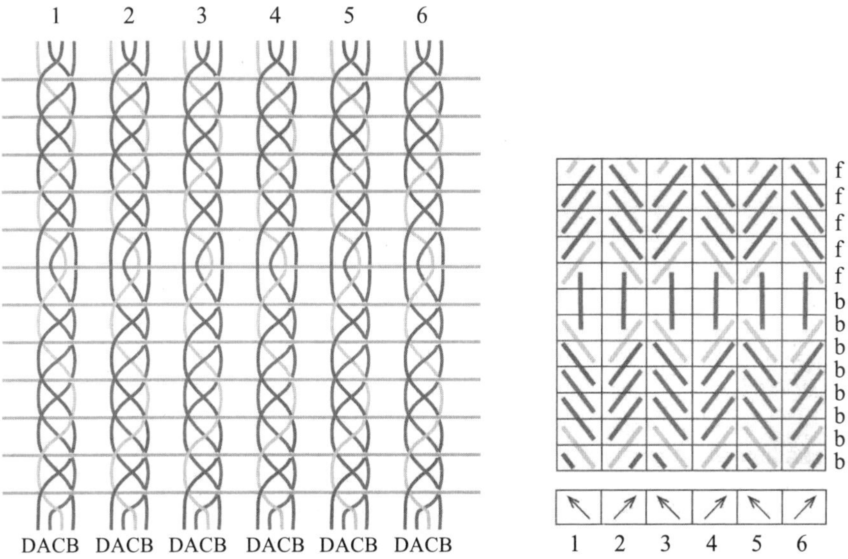

图1-2-8 卡片转动方向改变时产生的绞编结构及纹路效果示意图

②3/1绞编结构

当卡片每连续两次向同一方向转动90度，然后反向转动两次，也就是“f、f、b、b、f、f、b、b……”，这时会产生3/1绞编结构（图1-2-9）。若此时穿过相邻两孔的经纱颜色相同、对角线位置的经线颜色不同，就会形成正反面颜色相反的色彩效果。若我们事先设计好图案，根据显花的需求，变换个别卡片的转动方向，则可以形成正反面图案相同、色彩相反的外观效果（图1-2-10）。

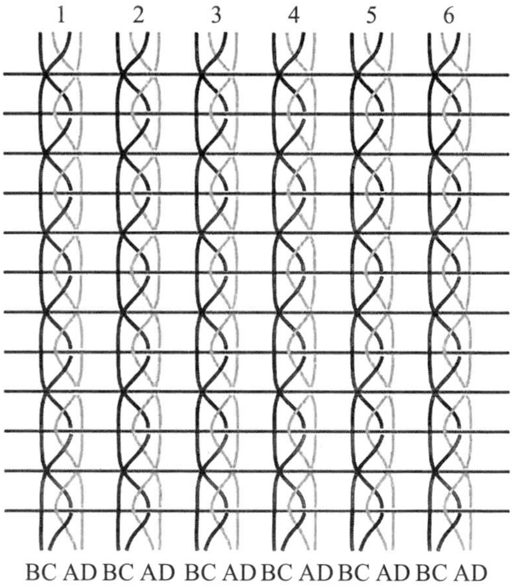

图 1-2-9　3/1 绞编结构示意图

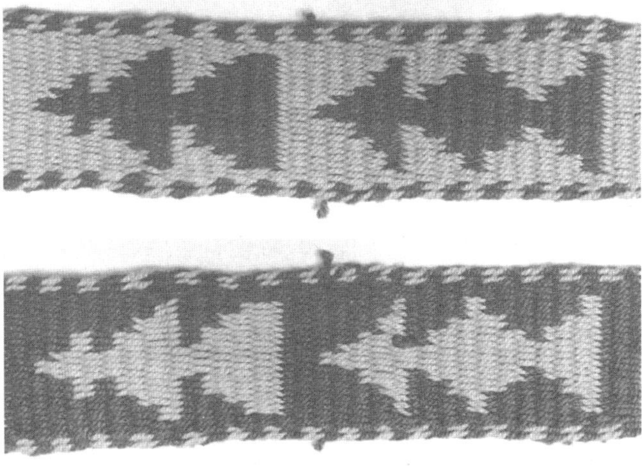

图 1-2-10　正反面图案相同、颜色相反的图案效果

③ 1/1 绞编结构

当卡片每转动 180 度编入一根纬线，并且连续朝同一方向转动时，会形成 1/1 绞编结构，如图 1-2-11 所示。

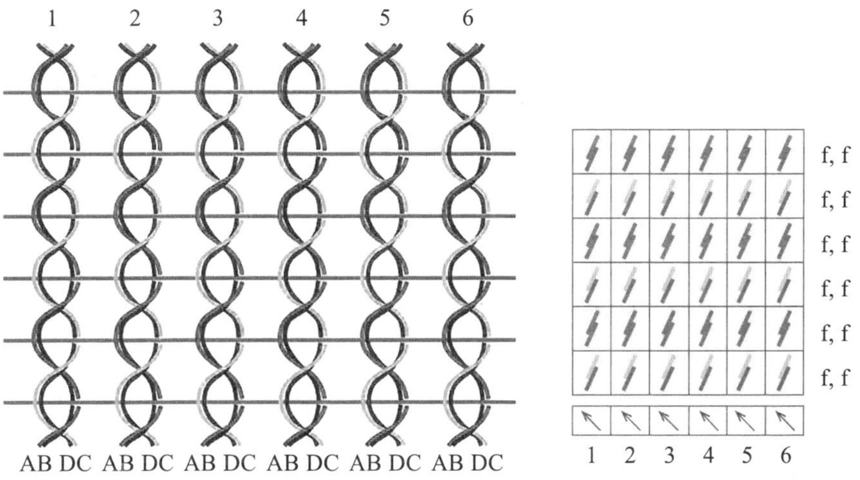

图 1-2-11　1/1 绞编结构及纹路效果示意图

④ 1/1 平纹结构

当卡片每转动 180 度编入一根纬线，并且相邻两纬的卡片转动方向相反时，会形成 1/1 平纹结构，如图 1-2-12 所示。

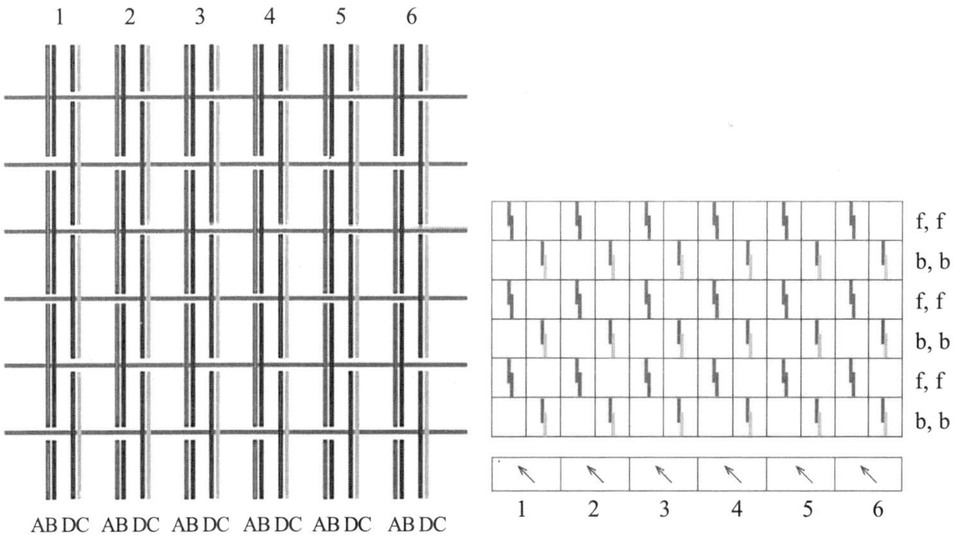

图 1-2-12　1/1 平纹结构及纹路效果示意图

因为手工编织的随意性，四孔卡片编织还有很多的变化，比如编织过程中可以将卡片前后翻转，从而可以改变穿线方向；也可以根据图案、外观的需求改变卡片的顺序位置，从而产生扭转的效果，等等。但是，对于四孔卡片编织而言，最常见的是用来编织 2/2 和 3/1 绞编结构，1/1 绞编结构和 1/1 平纹结构只用于局部的变化，因为它们可以用其他更简单的方法制作出。

使用两孔的长方形卡片和三孔的三角形卡片进行编织，得到的基本结构分别为 1/1 绞编结构和 2/1 绞编结构。使用六孔卡片进行编织时每转动一次卡片，会产生两个开口，需要过两根纬线，因此所得到的织物非常厚实硬挺。

在俄罗斯北高加索地区 20 世纪初的遗存中，我们还发现有一种正方形的六孔卡片（图 1-2-13），推测可能用四角的四个孔制作四经绞的编织物，中间的两孔用来制作二经绞的编织物，这样操作比较方便，也可以充分利用卡片。

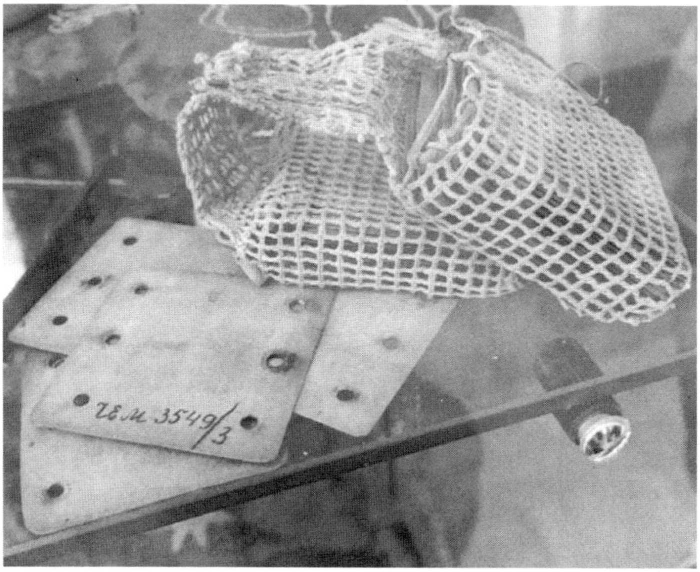

图 1-2-13　俄罗斯北高加索地区的正方形六孔卡片

中国境内发现的早期绞编织物中，可以确定的属于经向绞编并且使用带孔卡片制作的绞编织物，主要来自新疆洛浦山普拉墓地、新疆米兰戍堡遗址以及新疆麻扎塔格遗址三处，他们很可能都使用了四孔卡片制作而成。

新疆洛浦山普拉墓地共出土绞编织物 7 件，其中 6 件属于经向绞编，包括这件最精美的菱格纹绞编毛带（84LS Ⅰ M01：388）。瑞士阿贝格基金会的 Regula Schorta 曾对这件编织带做过简单介绍，认为是用一种卡片编织的技术制作而成①。之后于颖在其博士论文中对这件编织带进行了较为详细的分析②。毛带长 28.5 厘米，宽 1.4 厘米。经线为红、黄、棕三色，纬线为红色。纬向分为 5 个色区，从左至右为红色条带、黄色条带、棕地黄色菱格纹、黄色条带、红色条带，菱格纹的图案循环 2.3 厘米，菱格之间用横线纹分割（图 1–2–14）。整条带子共用经线 120 根，其中红色 48 根、黄色 36 根、棕色 36 根，分为 30 组，每组 4 根进行绞转。因此，这件编织带的结构也可被称为四经绞编。编织时，相邻卡片的穿线方向相反（表 1–2–2），靠左右两侧的 10 张卡片持续向前 90 度转动，中间的 10 张卡片需要根据图案变换转动方向和角度。

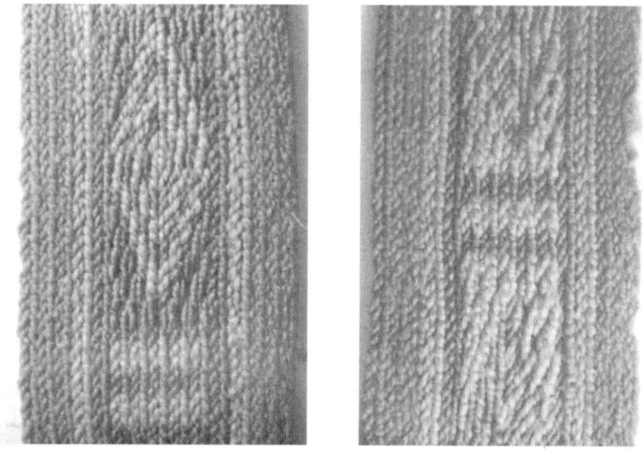

图 1–2–14　菱格纹绞编毛带（84LS Ⅰ M01：388，新疆山普拉墓地出土）局部

① Schorta R. A Group of Central Asian Woolen Textiles in the Abegg-Stiftung Collection[M]//Keller D，Schorta R. Fabulous Creatures from the Desert Sands：Central Asian Woolen Textiles from the Second Century BC to the Second Century AD.Riggisberg：Abegg-Stiftung，2001：100–101.

② 于颖. 山普拉墓地出土毛织服饰和织物研究 [D]. 上海：东华大学，2010：155–157.

表 1-2-2　　菱格纹绞编毛带制作时的穿线方法

卡片编号		1	2	…	5	6	7	8	9	10	11	12	…	19	20	21	22	23	24	25	26	…	29	30
卡片孔洞编号	A	●	●	…	●	●	○	○	◉	◉	◉	◉	…	◉	◉	◉	◉	○	○	●	●	…	●	●
	B	●	●	…	●	●	○	○	◉	◉	◉	◉	…	◉	◉	◉	◉	○	○	●	●	…	●	●
	C	●	●	…	●	●	○	○	◉	◉	○	○	…	○	○	◉	◉	○	○	●	●	…	●	●
	D	●	●	…	●	●	○	○	◉	◉	○	○	…	○	○	◉	◉	○	○	●	●	…	●	●
穿线方向		↖	↗	…	↖	↗	↖	↗	↖	↗	↖	↗	…	↖	↗	↖	↗	↖	↗	↖	↗	…	↖	↗

山普拉墓地出土的其余5件经向绞编带，均毛质，经线原白、棕褐两色，带子较窄，从公布的图片看，都比较粗疏，图案为沿经向的棕、白相间条纹。单从编织带的经线颜色来看有两种，但既可能是二经绞也可能是四经绞①。

新疆米兰戍堡遗址出土的6件绞编织物均属于经向绞编。有学者曾做过分析，认为它们均是用四孔的卡片编织而成，即属于四经绞编织物。其中制作最复杂的是大英博物馆收藏的这件“MAS.622”，跟维多利亚与阿尔伯特博物馆收藏的“LOAN：STEIN.588”同属一件织物。维多利亚与阿尔伯特博物馆收藏的这件较宽，约19.5厘米，由两片缝合在一起，一片宽约3.6厘米，由40张卡片制作而成。外侧的红、黄、蓝等彩色条纹使用11张卡片，从形成的麦穗纹路来看，相邻卡片的穿线方向相反。接下来的蓝地白色动物纹使用29张卡片，每张卡片穿过2根白色纱线，2根蓝色纱线。这样每厘米大约有卡片11张，经密44根/厘米左右。纬密约9根/厘米。另一片宽约15.9厘米，缝合处的边缘完整，另一侧边部缺失。织物以红色或粉红色为地，以蓝色、白色、浅蓝色显示几何纹，红色、粉红色间隔排列，形成彩条纹地。整片织物残存18个色彩区域，每个区域使用10～12张卡片，红色区域的每张卡片穿过2根红色、1根白色、1根蓝色纱线，粉红色区域的每张卡片穿过2根粉色、1根浅蓝、1根蓝色纱线。残存织物共使用卡片180～216张，每厘米大约有卡片12张，经密48根/厘米左右，纬密10根/厘米②。从编织纹路来看，制作时所有卡片的穿线方向相同。

编号为“LOAN：STEIN.589”的织物，图案可分为3个区域，最外面的区域宽约0.5厘米，为彩色条带，由5张卡片朝同一方向连续转动制作而成，同一张卡片所穿经线的颜色相同，由外向内分别为蓝、浅蓝、粉三色。中间区域宽约2厘米，深蓝地上显浅蓝色动物纹，由大约20张卡片制作而成。接下来的区域红色地上显几何纹，残宽7厘米，卡片上的经线配置有两种：粉、红、深蓝、浅蓝各1根，2根红色、1根白色、1根蓝色，共需要卡片70张。整

① 发掘者公布的材料中只提到这几件编织带有原白、棕褐两种颜色的经线。

② 织物的经线密度据根据丹麦学者 Lise Ræder Knudsen 的分析计算所得。

件带子至少需要卡片 95 张。经线为 S 捻的双股线，单纱 Z 捻；纬线棕色、单股、Z 捻。经检测，纱线为牦牛毛与绵羊毛混纺。整件毛编带残长 27 厘米，一端可看出为起始端，纱线不断绞转，逐渐形成图案。

编号为“LOAN：STEIN. 587”的织物，残存 3 片，最大的一片残长 18.3 厘米、残宽 7 厘米，图案为红色、粉红色彩条纹地上显几何纹，边缘缺失。粉色条纹部分卡片上的经线配置为 2 根粉色、2 根蓝色；红色条纹部分卡片上的经线配置为 2 根红色、1 根黄色、1 根蓝色。制作时每厘米需要用卡片 10 ~ 11 张，即经密 40 ~ 44 根 / 厘米、纬密 10 根 / 厘米。这件织物看起来较“LOAN：STEIN. 588”粗糙。经检测，纱线为牦牛毛。

编号为“LOAN：STEIN. 319”的织物，残存 2 片，较大的一片残长 17.7 厘米、残宽 10.8 厘米，分为两个区域，红色部分主要由红、白、蓝三色毛纱绞编而成，显几何纹，宽约 9 厘米。编织时同张卡片上的经线配置为 2 根红色、1 根白色、1 根蓝色。在织物的一侧边角，经线换为蓝、褐两色，这一区域宽约 1 厘米。整件编织带边缘缺失。编织时每厘米大约有卡片 8 张，即经密约 32 根 / 厘米，纬密约 7 根 / 厘米。经线为 S 捻的双股线，单纱 Z 捻，单股，有蓝、棕两色。比较特别的是，这件织物的纬线每次穿过 2 根或 3 根，说明它可能是同其他织物一起制作，这里的绞编结构只是用在织物的边缘部位。经检测，经线是牦牛毛，蓝色纬线是绵羊毛。

最后一件织物编号为“LOAN：STEIN. 436”，残长 6 厘米、残宽 11 厘米，图案分辨不出，只可见红、粉相间的彩色条纹地。红色部分制作时同张卡片上的经线配置是 2 根红色、1 根黄色、1 根蓝色；粉色部分是 2 根粉色、1 根浅蓝、1 根蓝色。存一侧边缘。靠近边缘处有多条彩色条纹，依次为浅蓝、黄、红、粉、蓝，编织时每张卡片穿过 4 根同色经线，相邻两张卡片经线颜色相同、穿线方向相反，编制时连续转动卡片形成麦穗纹路。每厘米用卡片 10 张，即经密 40 根 / 厘米，纬密 9 根 / 厘米①。

新疆麻扎塔格遗址发现的编号为“LOAN：STEIN. 250（M.Tagh.i. 001.D）”

① 根据斯坦因在《西域考古图记》中的描述，这件织物的斯坦因编号可能是“M. I. 0088”.

的毛编织带宽 2.5 厘米，残长约 42.6 厘米[①]。维多利亚与阿尔伯特博物馆公布的资料中未对其进行详细分析，但从公布的图片看，此件编织带为素色的经向绞编织物，没有图案，整件毛带用粉色经线，制作时可能使用了 21 张卡片编织，相邻两张卡片的穿线方向相反，编织时连续朝同一方向转动卡片，形成麦穗纹路。

二、纬向绞编

与经向绞编相反，纬向绞编指的是经纬两组纱线相交时，纬线绞转，而经线平行。通常是两根纬线为一组进行绞转，当相绞的两根纬纱颜色不同时，则会形成彩色图案。中国境内发现的早期纬向绞编结构主要有两种：1/1 绞编和 2/2 绞编（图 1-2-15）。两种绞编结构本质上没有区别，只是每次纬纱包绞经纱的根数不同。

纬向绞编结构出现的时间较早，江苏吴县草鞋山遗址出土的葛织物就属于此类结构。新疆小河墓地出土的毛编制品（见图 1-1-5）、古墓沟墓地出土毛毯（79LQ2M2：2B）上的两行白色绞编条带（见图 1-1-6），采用的都是 1/1 纬向绞编结构，时间在公元前 2000 年左右。

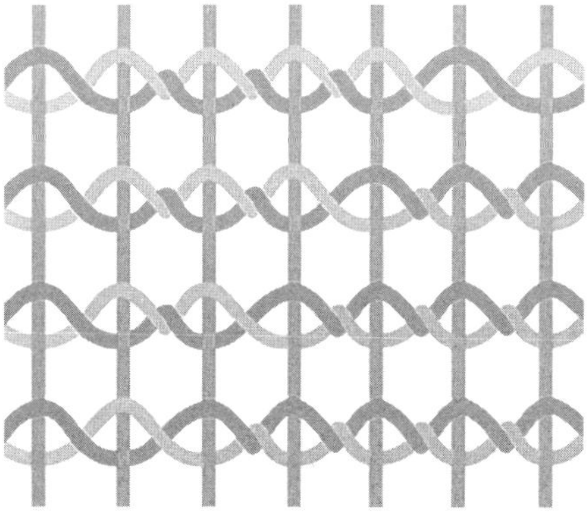

1/1 绞编

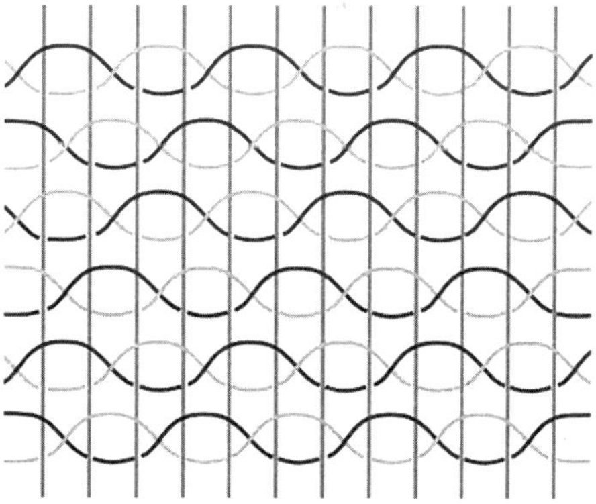

2/2 绞编

图 1-2-15　纬向绞编结构示意图

① 奥雷尔·斯坦因. 西域考古图记第三卷 [M]. 巫新华，等，译. 桂林：广西师范大学出版社，1998：739.

新疆哈密五堡墓地和吐鲁番洋海墓地发现的绞编结构均为纬向绞编，它们分为两种情况。

一种情况是绞编结构作为装饰存在，不影响织物的主体结构，通常沿纬向绞编出条带，浮在织物表面。每次绞转，纬线包夹经线的根数不严格相同，4 ~ 7 根左右不等。每根条带由一组两根纱线绞转而成，颜色有时相同，有时不同。当相邻两组纱线的绞转方向相反，相互绞转的同组纱线颜色不同时，则形成颜色交替的麦穗纹样（图 1–2–16 a）。

另一种情况是绞编结构作为织物整体结构的一部分。织物的主体结构为平纹或斜纹，当织物织出一定长度后，用绞编法编出一段长约 1 ~ 10 厘米的三角纹、折线纹、菱格纹等几何纹饰（图 1–2–16 b）。这时所用的结构通常为 2/2 绞编。这种装饰通常出现在服饰的裤脚、袖口、领口、膝盖等处。

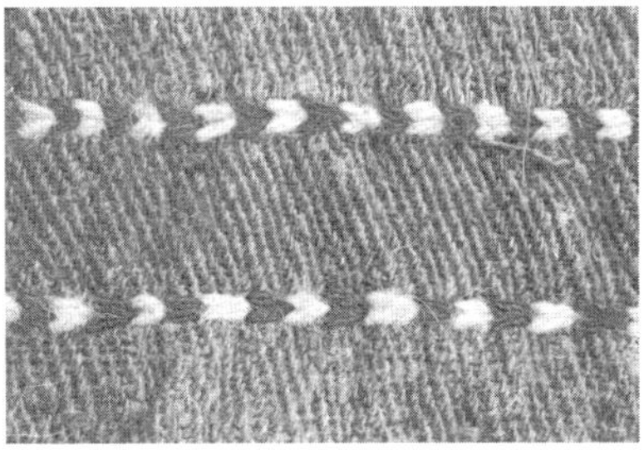

a

b

图 1–2–16　哈密五堡墓地出土毛织物上的绞编结构

上述绞编结构的制作都比较简单，在织物的织造过程中，可以直接用手绞转操作。类似的制作方法可见于马达加斯加现存的传统纺织品生产（图 1–2–17）。

图 1–2–17　马达加斯加传统纺织品上绞编结构的制作

编织履是独立使用绞编技法的实例。关于其编织方法，王矜曾做过研究，他对山东临淄郎家庄一号东周殉人墓出土的丝履残片进行分析后认为："双头的合股丝相当于经线，单根的是纬丝。首先是根据适当的宽度、长度的要求，把加工成统一拈（Z）向捻度的合股丝线严整地单行排好，然后以针引单丝。在这些股线的同一打绞中间穿过（每捻回是一个往返），直到把股线紧紧地缝钉成一块编织物。由于‘经’线具有极大的屈曲度，而‘纬丝’却完全成直线状态，故编织物表面显成强烈的畦纹效果。成品厚实紧密，应是丝履鞋帮的部分。所谓的经向是和鞋底相平行的。”① 在这里，王㐨先生将绞编履看成一种经向绞编织物，并认为是用针引单丝穿过打绞的股线制作而成。这种观点可能是由于丝履残片较小，无法整体判断其编织方法引起的。

从新疆发现的绞编丝履鞋面来看，直线状态的纱线用麻、绞转显花的纱线用丝。仔细观察这些绞编履的纹路，可以发现织物表面经纬纱线的数量是随着鞋面造型有所增减的。从鞋子的整体结构来看，编织时应该是从鞋底开始。鞋底用麻线，编好后将原来编底的粗麻线剩余部分劈分成多股细麻线，用作鞋面的经线，再以彩色丝线为纬，根据预先的设计，一上一下绞转变换丝线位置，形成精美绝伦的图案和汉字铭文。

根据织物组织学的定义，织物的经纬应以织造时纱线的位置状态而定，“在织物内与布边平行的纵向（或平行于织机机深方向）排列的纱线称为经纱（线）。与布边垂直的横向（或垂直于织机机深方向）排列的纱线称为纬纱（线）”②。引用过来，事先布置好的是经线，来回交织的是纬线，故根据编织制作方法，绞编履属于纬向绞编。

春秋时期就已经使用麻缕制作麻鞋，后来发展为编织精美的丝履。丝履仍然使用麻线做经线，除麻的耐磨性外，还有一个原因应该是麻线可以随意劈分、绩接，并且有一定的硬挺度，从而可以增减经线的根数，编出鞋面的立体造型。为了增强鞋面的耐磨性和美观性，鞋子的内里通常加一层用麻线制作的里衬，或为平纹，或绞编而成（图 1-2-18）。

---

① 山东省博物馆. 临淄郎家庄一号东周殉人墓 [J]. 考古学报，1977（1）：83-85.

② 蔡陛霞 . 织物结构与设计：第四版 [M]. 荆妙蕾，修订主编. 北京：中国纺织出版社，2008：1.

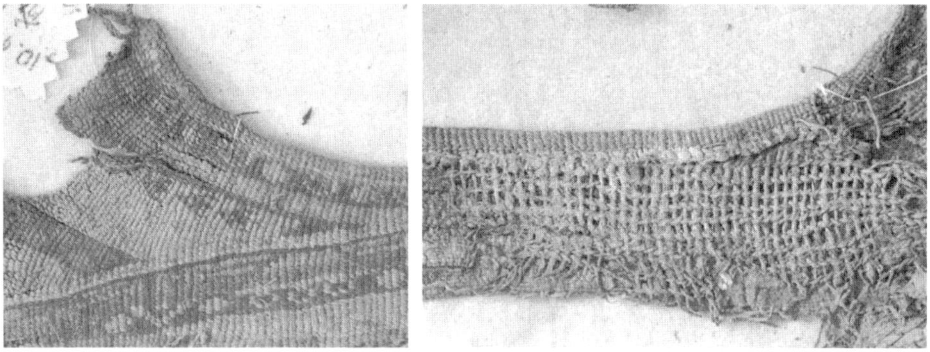

图 1-2-18　新疆营盘墓地出土的绞编履残片

敦煌发现的竹编经帙是唐代以后绞编织物中的一种重要类型，有人认为经帙中的竹篾是以纬线的形式存在、绞转的丝线以经线的形式存在，也就是将其判定为经向绞编的类型。关于它们的编织方法，杨汝林曾以法国吉美博物馆收藏的锦缘花卉纹绞编经帙（EO. 1208）和大智论第一帙（EO. 1200）为例，对它们进行过复原尝试，认为它们可能是先将竹篾固定，借助于缝针穿引纱线来进行绞转编织的。为避免竹篾散乱，使编出来的纹样整齐美观，编织时从中间开始①。这种编织方法具有一定的合理性，同时也说明绞编经帙应该属于一种纬向绞编织物。

另外，前面提到，无论是二经绞编还是四经绞编，最方便的制作方法是使用带孔卡片。但仔细观察绞编经帙实物，可以发现其有两个特点说明不可能是用带孔卡片制作。一是经帙背面的图案模糊，经常出现细线的接头；二是有的区域，丝线在编完一行后会反方向继续编织②。使用卡片编织，纱线张紧，虽然可以接线，但若要根据图案要求频繁更换纱线颜色是不容易操作的。另外，卡片编织也不会产生编完一行后反方向编织的情况。

① 杨汝林. 中国古代绞编技艺：以唐宋经帙为主要对象 [D]. 上海：东华大学，2011：48-58.

② 赵丰. 敦煌丝绸与丝绸之路 [M]. 北京：中华书局，2009：148；杨汝林. 中国古代绞编技艺：以唐宋经帙为主要对象 [D]. 上海：东华大学，2011：56-57.

三、斜向绞编

斜向绞编是斜编与绞编相复合的一种编织类型。其特点是纱线斜向排布，两个系统的纱线之间按一定角度交叉，并进行开合包夹和绞转编织。中国境内发现的早期斜向绞编织物又有两种结构类型：一是纱线在交叉时，两个系统的纱线同时进行开合包夹和绞转编织；另一种是纱线在交叉时，只有一个系统的纱线开合包夹和绞转编织。

前一种结构仅见于漆纱冠、网帻以及冠缨组带。这种结构会产生较大的空隙，织物编好后会进行髹漆，或先用漆髹涂丝线然后进行编织，是古代漆纱的通用组织，所以也被称为“漆纱组织”。江西靖安李洲坳东周大墓发现的褐色编织组带是目前所知最早的实物，时间约为春秋中晚期。两湖地区战国楚墓出土的漆纱组带，湖南长沙马王堆汉墓、北京大葆台汉墓出土的漆纱冠，以及山东日照海曲汉墓、湖北江陵凤凰山汉墓、河北满城西汉墓、广州南越王西汉墓、广西贵县罗泊湾南越王墓、山东临沂金雀山周氏汉墓、山东诸城西郊杨家庄汉墓、甘肃武威磨嘴子东汉墓出土的漆纱残片都是这种结构。

根据丝线每次绞转的次数，漆纱组织又有不同的变化。山东海曲汉墓出土的漆纱组织中，每 2 根一组的丝线在行进过程中，交替进行分、合，每完成 1 次上述动作，两根丝线就相对绞转 1 次，因此，这两根丝线在包夹另一系统丝线时交替在上。河北满城汉墓出土的漆纱组织（图 1－2－19）中，所有丝线在一分一合之间都绞转了 2 次，导致其中一根丝线在包夹另一系统丝线时始终在上，另一根丝线始终在下[①]。

① 郑绍宗. 满城汉墓 [M]. 北京：文物出版社，2003：188－190.

包夹时绞转 1 次　　包夹时绞转 2 次

图 1–2–19　漆纱组织示意图

图片来源：《基于海曲汉墓出土实物的汉代漆沙研究》

漆纱组织看似简单，实际操作起来十分困难。关于其编织方法，王矜和王厉冰曾做过推测和编织尝试。王矜提出了两种可能的操作方法[①]：一是穿编法，先将丝线加轻捻，相交处按照规律穿套，与他提出的编织绞编履的方法相似；二是绞转编法，将丝线一端固定，以木棍缠丝线的另一端，各绞丝棍按照漆纱组织进行穿绞，每次穿绞时，丝棍自行旋转。穿编法因丝线极细、根数繁多，而且预先加捻的丝线组在交错点处的相对位置难以控制，因此可操作性不大。绞转编法的可操作性比穿编法要好，但当丝线根数较多时，会发生丝线混绞和动作错乱。这种方法适合编织丝线根数较少的漆纱带。

王厉冰以绕纱杆、软木板、大头针为辅助工具，用穿套绞转编织法对漆纱组织进行了编织尝试。编织时以横列为单位向前进行，每编织完一个横列需要用丝线勒压或用针固定，具有一定的合理性。同时他对具有立体造型的漆纱冠的编制方法进行了推测，认为最合理的方法是“自上而下悬挂编织法”。编织时从冠顶开始，根据预先设计好的尺寸和形状，控制丝线的退出和回收[②]。

笔者曾对漆纱组织做过编织尝试，认为其编织的难点在于丝线细而且多，

① 赵丰. 王矜与纺织考古 [M]. 香港：艺纱堂 / 服饰出版，2005：111.

② 王厉冰. 基于海曲汉墓出土实物的汉代漆纱研究 [D]. 上海：东华大学，2008.

纱线之间绞转包夹时操作容易混乱，而且孔眼的密度难以控制。编织时如果两人操作，一人负责左经，一人负责右经，会相对容易很多。将丝线一端水平固定，并按尺寸排开。编织时，从最左边的一组经线开始，以左经为固定经线，与右经逐根编织。左经绞转一次，过一根右经，同时每根右经也要根据结构进行相应的绞转和包夹。每绞转包夹一次，形成一个组织点。

从对出土文物的显微镜观察情况来看，漆纱组织中漆液髹涂的方法有两种，一种是编织完成后进行髹涂，第二种是先髹涂丝线然后进行编织。髹漆的方法系采用漆刷进行反复刷涂。从编织尝试来看，漆纱组织中孔眼密度很难控制，很大一部分原因是丝线细且柔软。如果在编织前对丝线进行髹漆，这种情况会改善很多。所以我们推测，有可能所有的漆纱组织在编织前都对丝线进行了髹漆处理，只是有的在编织完成后进行了二次髹涂。目前所发现的这类编织结构都进行过漆液的髹涂，是有其必要性的，一是为了方便编织，二是为了增强编织物的力学性能，有助于冠的编织成型。

第二种斜向绞编结构见于新疆地区发现的毛编织带。哈密五堡墓地、吐鲁番洋海一号墓地、且末扎滚鲁克墓地和圆沙古城遗址出土的斜向绞编织物均属于此类。它们通常宽几个厘米，或单独作为带子使用，或与其他编织带一起拼接成毛裙。时间跨度从公元前 11 世纪左右到 1 世纪左右。这类斜向绞编织物都使用毛纱编织，纱线较粗，编织起来较丝质的漆纱结构简单很多。编织时可采用吊挂式编织方法[①]，将纱线系在横杆上，下端自由编织。

根据所形成图案的特点可分为两种。一种是呈“V”或“W”形纹路编织，整件带子看起来比较整齐。这种比较简单，编织时纱线的行进方向按规律进行，到达边缘后向后折返。在编织带的中间位置，改换成另一系统的纱线包夹和绞转，这样就出现了“V”形转折，如图 1－2－20 所示。若想形成彩色图

① 在《中国纺织科学技术史（古代部分）》中，根据编织物的结构和近现代尚存的编织方法分析，将中国早期的编织方法分为平铺式和吊挂式两种。平铺式编织是将彼此平行的纱线，按照“+”或“×”方向平铺于地，一端固定于一根横木上，以手扯动纱线进行编织，或用骨针或骨梭引线，通过两个系统纱线之间的沉浮交错而编成织物；吊挂式编织是把纱线垂吊于横杆上，每根纱线下端都系以石制或陶制的重锤，使纱线张紧，然后以手操作纱线，使之互相编结。

案，变化纱线颜色即可。第二种是编出菱格纹、水波纹或卷绳纹等图案。编织过程中纱线的行进方向不完全规律，纹路转折点的位置跟据图案形状来设计，并不十分严格，编织者凭经验控制，如图 1-2-21 所示[①]。从出土实物看，编织时可以随时通过接线的方式来变换纱线颜色，线头藏于编织带的背面。

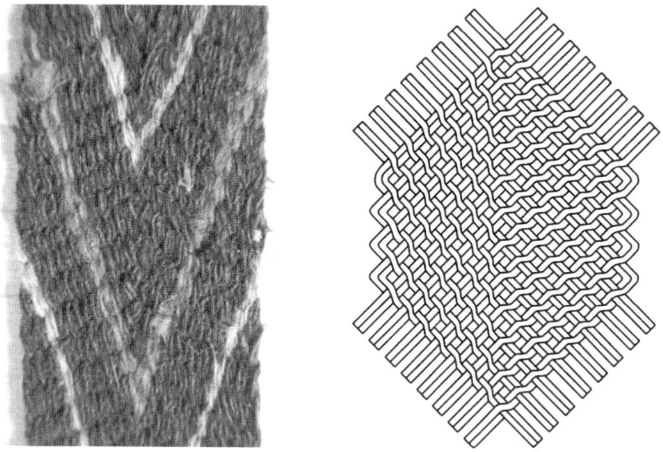

图 1-2-20　“V”形纹斜向绞编带及其结构示意图

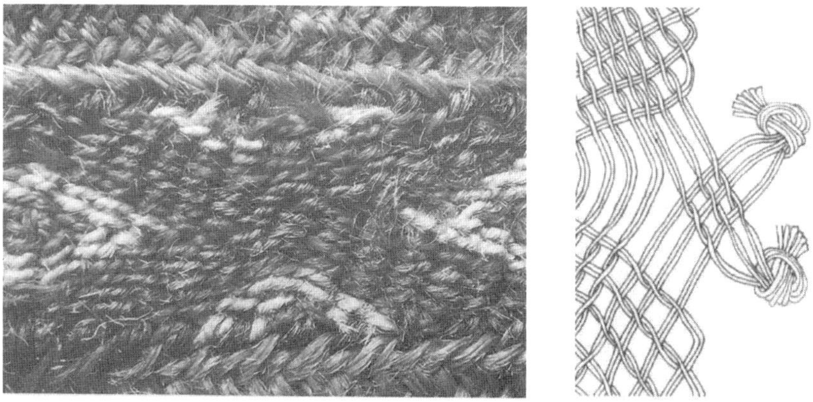

图 1-2-21　菱格纹斜向绞编带及其结构示意图

① 新疆维吾尔自治区博物馆. 扎滚鲁克纺织品珍宝 [M]. 北京：文物出版社，2016：136-137；贺婧婧，王博. 扎滚鲁克毛编带研究 [M]// 文化遗产研究与保护技术教育部重点实验室. 西部考古：第 10 辑. 北京：科学出版社，2016：150-195.

第三节　丝绸之路上绞编技术的传播与发展

除中国以外，在欧洲、近东以及北高加索地区都有大量绞编结构的发现。它们与中国的发现有相似之处也有很多自身的技术传统。梳理这些材料，我们可以看到绞编技术在丝绸之路上的传播与发展。

一、欧亚大陆早期绞编织物

至迟在公元前6000年左右，欧洲和近东地区的纺织品上已经出现了绞编结构。目前所知最早的实例是来自于土耳其中部安纳托利亚的加泰土丘（Çatal Hüyük）。在这里出土的亚麻织物上发现了两种结构，一种是平纹，另一种是两根纱线相互绞转的绞编结构。它们非常粗疏，被用于包裹死者的身体。平纹织物所用纱线为S捻的双股线，单纱Z捻[①]。

另外较早的实例来自欧洲巴尔干半岛的罗马尼亚。在罗马尼亚中西部地区新石器时代和铜器时代遗址出土的陶器上发现了大量绞编织物印痕，时间在公元前5000年左右。从这些印痕来看，当时的绞编结构已有1/1、2/2等多种，除同向绞转外，相邻两根纬线还有反向绞转，形成麦穗纹路。据研究，这些绞编织物都是采用植物纤维编织，有一些是看起来没有进行过加工的原纤维。纱线直径在0.7～3.6毫米。同时，在这些遗址中还发现了单环、重环的环编结构及纠编结构印痕，但它们的时间稍晚，在公元前4000—前3500年[②]。

此外，在瑞士埃戈尔兹威尔（Egolzwil）的新石器时代遗址也曾发现绞编

① Jenkins D. The Cambridge History of Western Textiles[M]. Cambridge：Cambridge University Press，2003：39－43.

② Mazare P. Investigating Neolithic and Copper Age Textile Production in Transylvania（Romania）：Applied Methods and Results[M]//Harlow M，Michel C，Nosch M L. Prehistoric，Ancient Near Eastern and Aegean Textiles and Dress. Oxford：Oxbow Books，2014：1－42.

而成的织物，所用纱线为植物纤维，时间在公元前4260年。从发表图片看，可能是一种纬向绞编结构。在瑞士的新石器时代遗址中，织物的成型方法有两种，一种是使用织机进行织造，一种是绞编，但从出土实物的数量来看，以绞编为主[①]。

在西班牙洛尔卡（Lorca）的Cueva Sagrada发现的公元前2200年的墓葬中，出土了两件亚麻外衣，织物的主体结构是平纹，纱线非常精细，纱线直径0.1 ~ 0.2毫米。在织物的一端有一种加强结构，从公布照片看，像是呈麦穗纹路的绞编结构（图1−3−1），所用纱线直径0.4毫米，S捻，由两股Z捻纱线捻合而成。同墓出土有木质纺轮。在距离Cueva Sagrada不远处的La Salud居民遗址，发现了大量的重锤，时间在公元前3千纪末期，说明当时已有重锤织机的使用[②]。

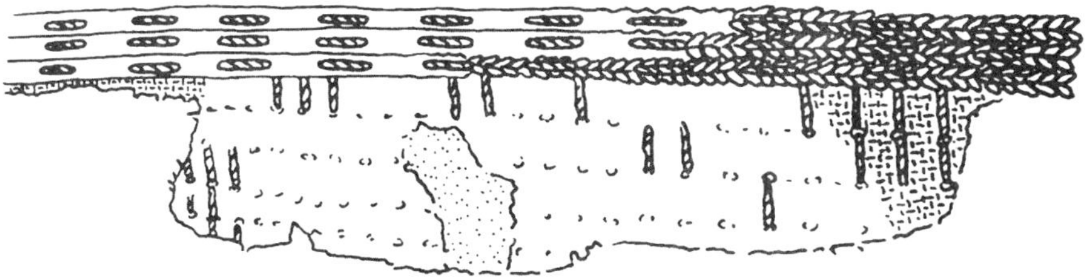

图1−3−1　西班牙洛尔卡发现的亚麻织物上的加强结构示意图

在意大利韦鲁基奥（Verucchio）的伊特鲁里亚人墓葬发现了卡片编织物，时间可追溯至公元前8世纪左右[③]。多件服装的边部结构采用了这种编织技术，它们均为四经绞编，即采用四孔卡片编织而成（图1−3−2）。

① Medard F. Switzerland: Neolithic Period[M]//Gleba M, Mannering U. Textiles and Textile Production in Europe（from Prehistory to AD 400）. Oxford: Oxbow Books. 2012: 368−377.

② Alfaro C. Spain[M]//Gleba M, Mannering U. Textiles and Textile Production in Europe（From Prehistory to AD 400）. Oxford: Oxbow Books, 2012: 334−336.

③ Knudsen L R. The Tablet-woven Borders of Verucchio[M]//Gleba M, Mannering U. Textiles and Textile Production in Europe（from Prehistory to AD 400）. Oxford: Oxbow Books, 2012: 254−263.

其中一件斗篷上保留了弯曲部分，是使用36张卡片编织而成(图1-3-2 a)。斗篷面料的主体是斜纹组织，在边缘部位，斜纹组织的两根或多根纱线合并在一起用作绞编结构的一根纬线。这种绞编的边结构看起来像是与织物主体一起制作，但实际上很可能是织物下机后再编织上去的。在织物主体织造过程中，在边缘留出多余的纱线，编织时，预留出的纱线被包夹在绞经结构当中作为纬线。绞编边结构的经线比斜纹组织的纱线细，经密约为60根/厘米，纬密约为14根/厘米。

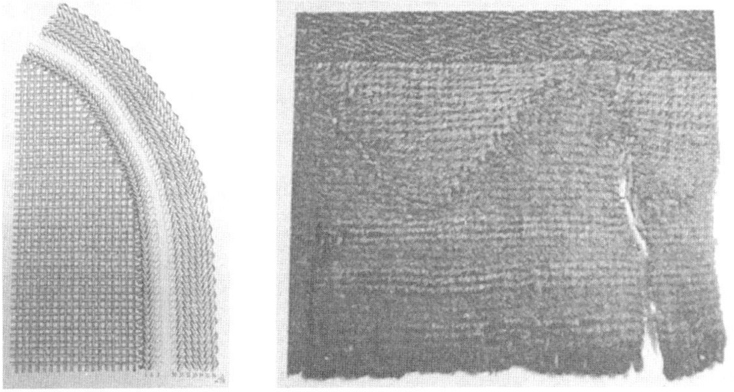

a 弯曲边　　b 直边

图1-3-2　意大利韦鲁基奥墓葬出土斗篷上的绞编边

另一件斗篷的绞编边既保留了弯曲部分，又保留了平直部分。平直部分比较完整，纱线棕色，宽2.3～2.8厘米，编出条纹、三角纹图案(图1-3-2 b)。编织时使用了35张卡片，靠近织物主体的地方用一张卡片，三角形图案由第2到第18张卡片编出，过一次纬线变换一张卡片的转动方向。在变换卡片转动方向的地方，可以看出纬线浮在经线上面，这样就形成了三角形的轮廓。第19到第35张卡片编出条纹，3张卡片为一组，形成图案单元，并隔一定距离使用粗纱线来突出条纹效果。除上述两件斗篷外，在韦鲁基奥还发现了多件衣服的边缘采用了这种绞编结构，有的甚至长达280厘米。可以看出，当时的伊特鲁里亚人对这种绞编技术已经有了一定的了解，能够利用卡片转动方向的变化来形成图案效果。此外，在意大利拉齐奥(Lazio)的一个公元前 8 世纪的船棺内也发现了这种绞编结构的织物边①。

除编织实物外，在意大利还发现了与这种编织技术相关的纺织工具，比如带孔的卡片（图 1－3－3）。在庞贝古城东北部的铁器时代居民遗址 Longola di Poggiomarino 发现了一些小的四孔卡片，尺寸大约 2 厘米 × 2 厘米，有木质，也有骨质，时间在公元前 9 世纪左右。在罗马附近的费卡那（Ficana）也发现了骨质的四孔卡片，尺寸 2 厘米 × 2 厘米，时间在公元前 8 世纪晚期。这么小的卡片特别适用于配合重锤织机制作织物的边结构②。

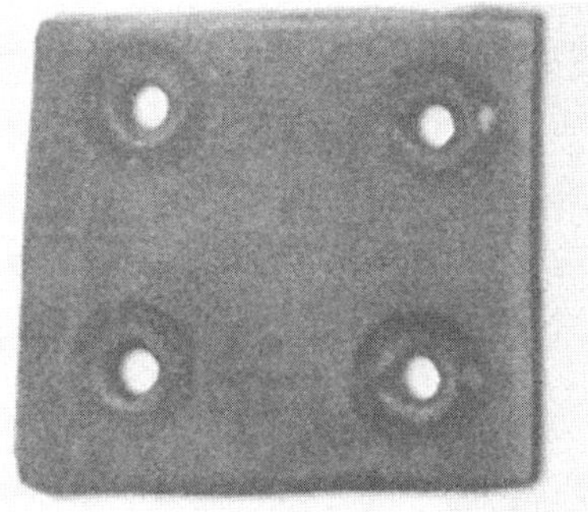

在 Longola di Poggiomarino 的发现

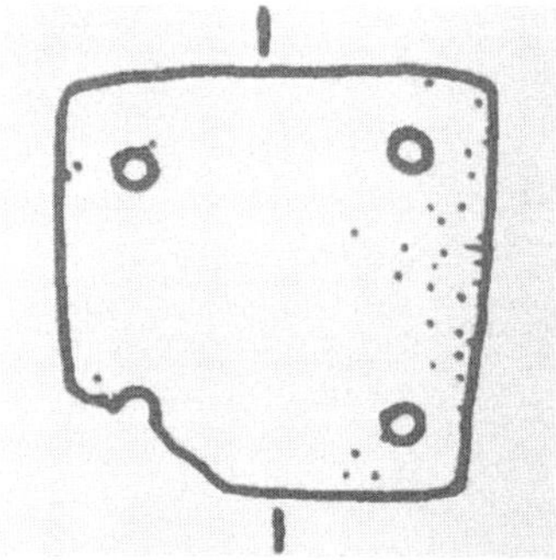

在 Ficana 的发现

图 1－3－3　意大利发现的四孔卡片

在意大利青铜时代晚期至铁器时代早期的墓葬中还曾发现一种比较轻的绕线轴（图 1－3－4），重量在 5 ~ 100 克，其中大部分在 20 ~ 45 克。这样轻的绕线轴很难用作重锤织机上的重锤，很可能是用卡片编织边结构时张紧经线用的重锤。当卡片编织配合重锤织机使用，为了使经线张紧，经线末端必须坠以重物。将穿过同一张卡片的四根纱线绕于一个线轴上，依据纱线的粗细，选择不同重量的线轴。这样既可以为纱线提供很好的张力，也有利于卡片下

① Gleba M, Berghe I V, Boudin M .Iron Age textiles from Sasso di Furbara, Italy: Preliminary results of new scientific investigation[C]//Purpureae Vestes VII. Redefining textile handcraft, structures, tools and production processes. Proceedings of the International Symposium（Granada, 2–4 October 2019）.2020.

② Lipponen S. Textile-making tools from Ficana, Italy[J]. Archaeological Textiles Newsletter, 2007（44）: 2-5; Knudsen L R. Tiny Weaving Tablets, Rectangular Weaving Tablets[M]//Strand E A, Gleba M, Mannering U, et al. North European Symposium for Archaeological Textiles X. Oxford: Oxbow Books, 2010: 150-156.

端经线的松解①。

图 1-3-4　意大利韦鲁基奥墓葬出土的绕线轴

因为气候条件的原因，纺织品在中欧的发现比较少。奥地利比较特殊，在哈尔施塔特盐矿（Hallstatt）及其附近的顿恩伯格盐矿（Dürrnberg）发现了大量青铜时代至铁器时代早期的纺织品，它们因埋藏在盐矿中而被很好地保存下来。这些纺织品以羊毛为主，也有少数几件亚麻织物。其中，在顿恩伯格盐矿发现的公元前 5—前 3 世纪的纺织品中发现了 8 件卡片编织的绞编织物。大部分是单色，采用简单的经向绞编结构，用方形卡片编织出窄小的织物边，并且作为主体织物的一部分。有一件非常特殊，编号为“No.4470”。它是作为一件独立的带子进行编织，宽 1.6～2 厘米，长 25.5 厘米，缝于袖子残片上（图 1-3-5）。带子分 4 个色彩区域，在绿色、蓝色、深棕色地上编织出黄色曲线纹。编织时使用 29 张四孔卡片，靠近袖子的边缘和中间蓝色无图案部分分别用 1 张和 4 张卡片，每张卡片穿过 4 根蓝色经线，穿线方向相同，编织时沿同一方向连续 90 度转动卡片。两个图案部分，分别用 13 张、11 张卡片。两种曲线纹的形状相同，但宽度不同。编织时两个图案区域分别转动卡片。这条带子上有很多细微的错误，而且这些错误在图案循环的地方会有不同，这就说明在编织时，操作者并没有把图案意匠画下来，而是凭借理解和记忆

① Gleba M. Textile Production in Pre-Roman Italy[M]. Oxford：Oxbow Books，2008：140-150.

来编织。经分析，带子的经线使用加有强捻的精细羊毛合股线，纬线使用双根马毛。使用马毛可以增加带子的硬挺度，这在哈尔施塔特盐矿的出土物中也有发现①。

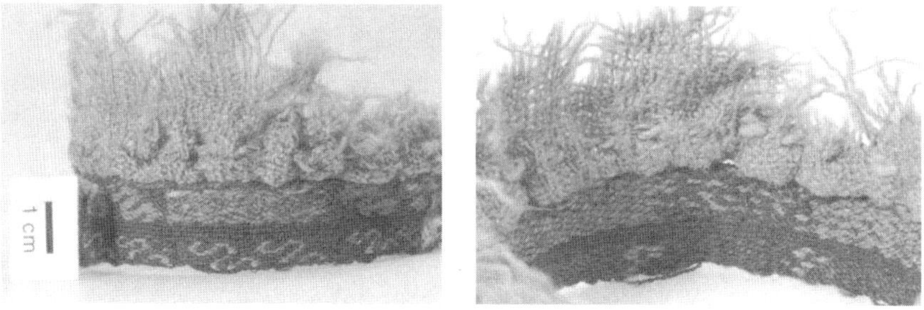

图 1–3–5　顿恩伯格盐矿发现的绞编带（No.4470）

顿恩伯格盐矿发现的这件卡片编织带是目前所知较早的带有图案的实例，时间大约在公元前 3 世纪前半叶。通过纱线颜色的配置以及卡片位置的变化编出精美图案，可以看出当时织工高超的编织技艺。这条带子缝于矿工衣服袖子的边缘，说明这种带子不会非常昂贵，高超的彩色卡片编织技术在当时已较为普及。彩色卡片编织带在哈尔施塔特盐矿也有发现，经线用羊毛，有时单股，有时双股，编织出简单的条纹、三角纹及菱形纹等②。相似的主题和图案组合在当时的陶器上也有出现。

在德国埃伯丁根－霍赫多夫（Eberdingen–Hochdorf）的贵族墓中，也曾发现彩色卡片编织物残片，其中一件带有“卍”纹，时间在公元前 520 年左右③。此外，法国、捷克、匈牙利、瑞士等地的哈尔施塔特文化墓葬中经常可以见到卡片编织物的踪迹。

在德国巴登－符腾堡州（Baden–Württemberg）的荷米歇尔 (Hohmichele)，

① Knudsen L R, Grömer K. Discovery of a new tablet weaving technique from the Iron Age[J]. Archaeological Textiles Review, 2012（54）: 92–97.

② Gromer K. Austria: Bronze and Iron Ages[M]//Textiles and Textile Production in Europe （From Prehistory to AD 400）. Oxford: Oxbow Books, 2012: 27–64.

③ Burgess J B. Case Study: the Textiles from the Princely Burial at Eberdingen–Hochdorf, Germany[M]// Gleba M, Mannering U. Textiles and Textile Production in Europe（From Prehistory to AD 400）.Oxford:Oxbow Books, 2012: 139–150.

属于公元前 6 世纪的墓葬中，发现了目前所知最早的用卡片编织的绞编结构做织物起始边的情况。卡片编织的纬线留出一定的长度作为织物的经线，为在重锤织机上织造做准备，绞编结构起到固定整理经线的作用。除此之外，最直接的证据是在挪威 3—5 世纪的墓葬中，发现了编织完成后尚未上机织造的纱线。纱线的上端有三行用卡片编织而成的条带，带长 75 厘米，绞编结构中留出的纬线长约 138 厘米，纱线散开，下端打结（图 1-3-6）。用卡片编织来制作织物起始边的情况，一直持续到 14 世纪的芬兰仍有发现①。

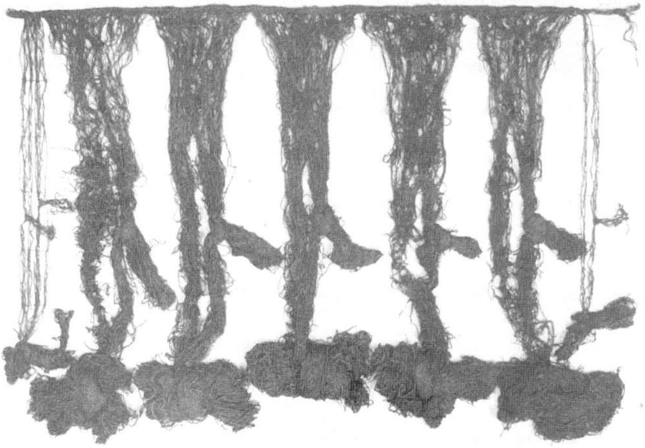

图 1-3-6　挪威发现的卡片编织的起始边

5 世纪左右，具有复杂图案的卡片编织物出现。在挪威 EvebØ-Eide 发现的部落首领墓葬中，出土了一件编有动物和几何图案的经向绞编带（图 1-3-7）。带子缝于外衣的边缘，保存非常好。整条带子分为三个区域，中间是图案区，蓝色地上显红色动物纹和几何纹，动物的形态各不相同，有的腿向下，有的腿向上，很难判断是哪种动物，但可以看出是有四条腿的偶蹄动物。编织时每张卡片穿过 2 根红色和 2 根蓝色经线，对角线位置的经线颜色不同。两侧用蓝色经线编出几道麦穗纹路。中间图案部分根据需要单独转动卡片，形成正反面图案相同、颜色相反的纹样效果。可以看出，这条带子制作前经过了精心的图案设计，通过高度成熟的编织技术实现逼真的图案效果。

① Collingwood P. The Techniques of Tablet Weaving[M]. New York：Watson-Guptill，1982：274-275.

这条带子与新疆米兰发现的编号为“LOAN：STEIN.588”的编织带上的动物纹绞编带有一定的相似性，它们的整体构图和绞编结构相同，都有麦穗纹路的边缘，中间是动物纹，动物的形状相似。挪威的这条带子纱线使用了绵羊毛，推测是在挪威生产[①]。

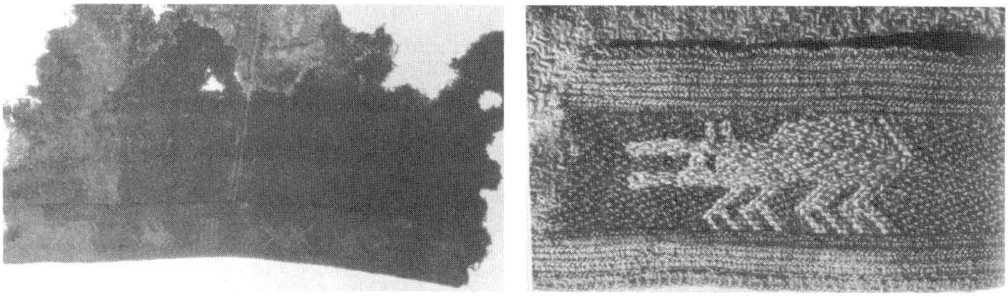

图 1-3-7　挪威 Evebø-Eide 发现的动物纹绞编带

在同一时期的北欧地区，还出现了一种具有凸纹效果的卡片编织带。在日德兰半岛西北部的 Broedbaek 发现的丹麦早期日耳曼铁器时代遗址中，在火葬坑出土的成对铜扣子中间残留有很小的纺织品残片，经分析，很可能是用卡片编织的绞编织物。带子宽约 3.2 厘米，制作时使用 48 张卡片，经线为 S 捻双股线，其中单纱用 Z 捻。带子中部是非常精细的几何纹凸起图案，用 24 张卡片编织，两侧的边各用 12 张卡片编织。图案部分不如边缘紧密，这是因为编织图案的卡片每张穿过 2 根纱线，而编织边缘的卡片每张穿过 4 根纱线。图案的凸出效果则是通过改变卡片的转动方向获得的。在丹麦奥尔堡（Aalborg）附近的 Sejlflod，与 Broedbaek 几乎同时代的墓葬中，发现了同样具有凸纹效果的绞编织带残片，出土时粘附在银挂钩的背面，图案与 Broedbaek 的发现不同，但编织方法相同。此外，在瑞典一处 6 世纪的墓葬中也曾有发现，并且一直到维京时代晚期，在瑞典的哥得兰岛都有这种卡片编织带的生产。它们所用纱线都是同色羊毛，而且非常精细，与中国传统的暗花丝织物

① Knudsen L R. Ancient Running Animals：Tablet-woven borders from China and Norway[M]//Nosch M L，Zhao F，Varadarajan L. Global Textile Encounters. Oxford：Oxbow Books，2014：37-47.

绫有类似的视觉效果①。

北欧发现的较早使用丝线的卡片编织物可见于丹麦的Mammen、Hørning、Hvilehøj地区以及瑞典的Birka地区的10世纪的墓葬。它们通常是经线使用丝线，纬线用麻、毛或者金银线，或许是因为丝线比较昂贵，经线大多时候只是部分用丝②。到13世纪，在丹麦国王埃里克五世（Erik Klipping）的墓室里，仍可见到类似的编织带。发现时用作平纹丝织物的镶边，残长约14厘米，宽0.9厘米。这件编织带使用了绞编和挑花相结合的编织方式。使用两组纬线，一组是绞编结构的纬线，形成编织带的基础组织，起固结作用；另有一组金属纬线浮在带子上面形成图案。发现时地纬已经破损消失，所以带子大部分比较松散。

经分析，这条带子可能用13张卡片制作而成。边上用2张，每张卡片穿过4根丝线。11张卡片编织图案，其中10张分别穿2根丝线和2根亚麻线，最后一张穿1根丝线和3根亚麻线。纱线褪色污染严重，无法辨别颜色。但可以看出边上的纱线颜色较深，而显示图案的纱线颜色较浅。制作时，地纬与花纬交替引入。朝同一方向以90度连续转动卡片，引入地纬，然后根据图案的需要将经线挑起，引入花纬，形成图案。带子的经线为S捻双股线，其中单纱用Z捻。金属纬线由银丝包裹丝线制作而成。通常这类编织带的金属线很粗，能够完全覆盖住带子表面，在表面只能看到固定金属线的经线。但是埃里克五世墓室发现的这条带子的金属线非常细，仅能覆盖住带子的少部分表面，这就很难辨认出图案。类似的编织带在德国的石勒苏益格(Schleswig)也曾有发现，其编织方法、所用材料均与埃里克五世墓室的发现相同，图案是重复排列的横卧S形，时间在11—13世纪③。

① Mannering U, Knudsen L R. A Danish Early Germanic Iron Age grave with tablet woven cuffs[C]//Rast-Eicher A, Windler R. Archaeological Textiles, 2007: 119-123.

② Knudsen L R. Brocaded Tablet-Woven Bands: Same Appearance, Different Weaving technique, Hørning, Hvilehøj and Mammen[M]//Pritchard F, Wild J P. Northern Archaeological Textiles (NESAT VII), 1999: 36-43.

③ Knudsen L R. A silk band from Erik Klipping's grave[M]. Viborg Stiftsmuseums Yearbook, 2006.

在草原丝绸之路西段的北高加索地区，发现了目前所知最早的丝质的卡片编织带，来自于8—9世纪的莫谢瓦亚・巴勒卡墓地（Moshchevaya Balka）。编织带原为腰带的一部分，残长约9.5厘米，宽约2厘米，浅红色地上编出原白色希腊文铭文（图1-3-8）。铭文的内容是颂扬拜占庭的指挥官伊巴诺斯（Protospatharius Ibanos），由此推断这件编织带不可能是流通商品，至于它怎么来到北高加索地区尚需进一步考证。与此同时，在北高加索地区还发现了一件8—9世纪的毛质卡片编织带。带子宽约2厘米，残长约130厘米，经线蓝、白、红三色，可以看出是四经绞结构。带子可以分为三个区域，两侧区域各有三条单色的边缘线，从外向里分别为蓝、蓝、红，两侧对称；中间区域为蓝色地显白色花纹，图案残破不全，像是一些字母（图1-3-9）。这件编织带现保存于卡拉恰伊－切尔克斯共和国历史文化与自然博物馆。

图1-3-8　丝质的绞编腰带（莫谢瓦亚・巴勒卡墓地出土）

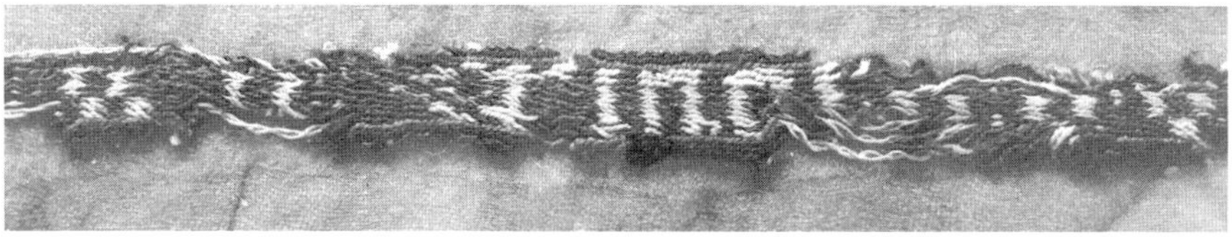

图1-3-9　毛质的绞编带（北高加索地区出土）

二、绞编技术在中国的发展

通过上面的梳理和分析可以看出，早在公元前6000—前4000年左右，欧洲、近东以及中国等地都已经出现了纱线绞转编织的绞编结构。从后世的发展来看，这类结构分为三类：经向绞编、纬向绞编和斜向绞编。最早出现的可能是纬向绞编，无论是江苏吴县草鞋山遗址发现的葛织物、还是土耳其中部安纳托利亚的加泰土丘发现的亚麻织物、再向西到欧洲罗马尼亚发现的编织物印痕、瑞士新石器时代遗址发现的绞编织物，都是纬向绞转结构，而且用的都是植物纤维。与此同时，纬向绞转结构还被广泛应用于新石器时代的篮子、筐子等生活用品。这与这种结构的特点有关，与平编相比，绞编结构用两根纱线去包夹另一组纱线，所形成的结构稳定，不易滑脱，所以早期居民很容易想到用这种方法将植物韧皮或枝条等固结在一起形成简单的生活用品，新疆小河文化墓葬出土的公元前 2000 年左右的纹编篓已非常精美。直到公元前 1300—前 1000 年左右，在新疆的哈密五堡墓地，仍可见到利用这种简单结构的固结作用，将纱线连接起来，制成帽饰的情况。

中国内地出土的唐代以前的绞编织物多以丝为原料，结构为纬向绞编和斜向绞编两类。绞经织物也有发现，如 20 世纪 80 年代河南荥阳青台村遗址出土的浅绛色罗。近年，中国丝绸博物馆利用酶联免疫等技术对河南荥阳汪沟遗址瓮棺内提取的碳化织物的纤维材质和组织结构进行鉴定，根据碳化痕迹孔隙和残留纤维的电镜观察，发现绞经织物，纱线较细，可能是四经绞罗织物碳化后的痕迹。根据酶联免疫检测结果，可以确认绞经织物是丝织品的残存，并认为与青台遗址出土的织物属于同类丝织物，也就是说 20 世纪 80 年代发现的浅绛色罗也有可能是四经绞罗。

现代织物组织学中给纱罗织物下的定义是：纬纱相互平行排列，而经纱则由两个系统的纱线（绞经和地经）相互扭绞。织制时，地经纱的位置不动，而绞经纱有时在地经纱右方、有时在地经纱左方与纬纱进行交织。纱孔就是由于绞经作左右绞转，并在其绞转处的纬纱之间有较大的空隙而形成的①。纱罗织物和绞编织物的区别是，纱罗织物织造时可以用绞综来控制经线的绞转，但绞编织物只能用手编织出来，无法用绞综来实现。这说明距今 5000 多年前，中国的丝绸织造技术已经达到了较高的水平，可能已经使用了简单的绞综。此时以手工编织制作的经向绞编结构可能因为操作不便而没有在丝织

① 蔡陛霞. 织物结构与设计：第四版 [M]. 北京：中国纺织出版社，2008：134.

物上得以发展。

到春秋中晚期，以丝为材料的绞编织物开始大量出现，主要两种形式，一是鞋子的鞋面部分，通常是纬向绞编，鞋底用耐磨的麻线编织，有时也采用这种结构；第二是漆纱冠、漆纱带所用的斜向绞编组织。纱线在交叉时，两个系统的纱线同时进行开合包夹和绞转编织，广泛应用于汉代。虽然斜向绞编组织广泛见于新疆发现的毛编织带，但是它们的编织制作方法完全不同，应是独立起源而发展起来的。它们之间的差异源于两地纺织文化以及自然环境的不同。新疆地区天气寒冷，盛产羊毛，毛织物具有非常好的防寒保暖作用，再加上当时的服装款式多为开襟式长袍，这就需要用腰带来束紧。在新疆史前时期的墓葬中，我们可以看到有大量毛编织带、毛编织绳的出土，除斜向绞编以外，还有大量的斜编，用作腰带、绑腿带等，功能性远大于装饰性。而在中国内地，作为服饰配件的这种组带、纱冠等，则以装饰性为主。漆纱冠在隋代多为皇帝显臣佩戴，至唐代成为官服，沿用至宋、明时期，也就是俗称的“乌纱帽”。

汉晋时期纬向绞编技术继续发展，在两湖地区以及甘肃、新疆发现了大量的绞编鞋子，有麻质的也有丝质的。绞编而成的鞋子是中国的传统，但我们很难想象，楼兰发现的麻鞋全都是士兵们从内地带来的鞋子，更有可能的是士兵们在当地自己编织或购买，因此，这种绞编技法在汉晋时期传至中国西部是完全可能的。再看楼兰、营盘、吐鲁番等地发现的精美丝履，编织所用的丝线虽然来自中原，但其编织很有可能在当地进行，特别是看鞋面上的辟邪纹，更是与斜编绦和新疆当地产绵线锦绦上的辟邪纹基本一致。

唐代很少见纬向绞编在丝履上的应用，而多见于包裹经书用的竹编经帙。中国发现的实物主要来自敦煌，时间在唐至五代（7—10 世纪）。竹制的经帙在当时的敦煌地区十分流行，其使用方法应该类似于织物制成的经帙。竹编经帙四周往往包缝有丝织物或麻织物，以此为缘。为了使其经久耐用，竹帙背面常以纸张糊裱、加固。竹制经帙的制作方式及使用方法与简牍十分相似。简牍是将文字直接书写在木简或竹简上再收卷的，而竹帙是用于包裹经书的，亦采用收卷方法收藏。简牍的制作方式是用麻绳、丝线或牛皮条将简编连在一起，编连方法用的就是绞编技法，为了防止滑脱，通常在编绳穿过的地方刻上三角口。竹帙上的绞编技法较为复杂，除基本的连缀作用外，还借用不同的丝线显花，其装饰性远大于功能性。简牍是纸张普遍使用之前，使用时间最长、使用范围最广的书写材料，至唐代仍有使用[①]。因此，唐代绞编经帙的出现有可能是受到了简牍的影响。敦煌地处西北，本地不产竹子。而敦煌发现的竹帙做工精良考究，有的附有织锦的经名签。因此这些竹帙很可能并非敦煌当地所产，而是从中原传入的[②]。宋代，绞编经帙已不多见，目前所知仅苏州博物馆藏虎丘云岩寺塔发现的素面经帙，长约 47 厘米、宽约 23 厘米，由间距相等的几根丝线绞编而成。经帙外层有织物包裹，织物上有朵云纹样。

经向绞编是绞编技术中非常巧妙的一种，利用带孔的卡片来实现经线的绞转，虽然工具简单，但体现了先民的聪明智慧。每一种纺织技术的出现，最初都是从手经指挂发展起来的，经向绞编应该也不会例外。不难推测，在出现之初，只是利用手工来完成（可以将少数几根纱线一端固定，另一端用手指勾住，相互穿套绞转，另有一人专门负责穿过纬线。这种方法在中亚地区至今仍有使用）。最初只是两根相绞，随着人们对这种技术的熟练掌握，开始利用工具来进行编织，这样不仅可以编出更复杂的结构，还可以解放出一人，由单人完成。

在中国发现的早期丝编织物中，并没有确切的经向绞编的实例。关于卡片编织，有学者称为是综版织，原因是认为带孔卡片与中国织机上的综框有功能上的相似，在中国新石器时代已经发现，并将辽宁省北票丰下商代遗址中发现的织物残片作为是综版织的最早实例，认为这种技术起源于中国。这一论点也一直被其他学者引用。但通过前面的梳理并结合经向绞编技术的特点来看，这种技术可能起源于欧洲地区。它的出现可能是受到起始边处纬向绞编结构的启发。在西班牙洛尔卡发现的公元前 2200 年左右的亚麻织物上

① 李均明. 古代简牍 [M]. 北京：文物出版社，2003：2.

② 方广锠，许培铃 . 敦煌经帙 [J]. 敦煌学辑刊，1995（1）：1－8. 方广锠认为，它们应该是唐王朝御赐之物。唐王朝曾向敦煌御赐过《大藏经》，这些竹帙很可能是随着那批御赐藏经一起到达敦煌的。

呈麦穗纹路的绞编结构是一种加强结构，目的是防止纱线脱散。从图片我们无法判断是两根纱线相绞还是四根相绞。若两根相绞，可以直接用手编出，但若四根相绞，则可以肯定使用了四孔卡片。比较明确的卡片编织配合重锤织机使用制作边结构的证据，是意大利青铜时代晚期至早期铁器时代墓葬中发现的带孔卡片和绕线轴，以及韦鲁基奥的伊特鲁里亚人墓葬中发现的斗篷，时间在公元前9—前8世纪。斗篷上的三角形图案说明经向绞编技术经过一段时间的发展，已经达到了一定的水平。

在中国发现的早期绞编结构中，有一类值得我们注意，那就是新疆古墓沟墓地发现的几件毛毯的幅边，时间在公元前2000年左右。发掘者将这种幅边称为绳状边，有三道、四道、五道等。若只有一道这种绞编的边结构，可以判断是用多余的纬线编织而出，但是多道绞编结构说明在织物的边缘有专门的经线进行绞转编织，来形成这种固结的边结构，类似于意大利韦鲁基奥发现的卡片编织边。关于其制作方法，目前尚不清楚。除这种绞编边结构以外，在孔雀河流域青铜时代墓葬中出土的毛毯、斗篷等纺织品上，我们还可以看到很多与欧洲早期毛织物上的相似之处。比如经头经尾，通常采用相同的编织方式来处理，并留出流苏；再就是织物的幅宽都比较宽，古墓沟墓地和小河墓地发现的毛织物很多幅宽都在1米以上，这种情况比较适合在宽幅竖织机上织造。

至迟到公元前6世纪，人们已经开始利用纱线颜色的配置和卡片转动方向的变化来编出图案。在德国埃伯丁根－霍赫多夫的贵族墓葬中发现的彩色卡片编织带，虽然残片很小，但可以看出编有“卍”字纹，经线方向每隔一定距离花地色彩互换，这就要求编织前预先设计好图案，根据显花的需求，变换个别卡片的转动方向。至迟到5世纪，在斯堪的纳维亚，一种特殊的具有凸纹效果的卡片编织技术被使用。这种凸纹效果的图案与中国传统的暗花丝织物绫有类似的视觉效果。早在公元前5世纪左右，中国的丝绸已通过草原丝绸之路传至欧洲，或许这类绞编织物是用当地材料与技术模仿丝绸生产的一个例子。至迟到8—9世纪，在欧洲人们开始用丝线来编织这类绞编丝带。之后在整个中世纪的欧洲，这种卡片编织带被广泛用于礼拜仪式礼服的装饰和系带。可以看出，经向绞编在欧洲地区的发展是有其技术连续性的。

在中国，明确采用卡片编织而成的绞编织物要到公元前后才出现，见于新疆山普拉墓地的发现。共有 6 件，其中一件可以确定是四经绞，编有菱格纹图案，比较精美。另外 5 件比较粗疏，有学者认为是二经绞，但从发表图片来看，带子两端纱线散开处，纱线既多且厚，也有可能是四经绞，只不过纱线颜色有两种。除 Ⅰ 号墓地 49 号墓出了一件外，其余 5 件均出自 Ⅰ 号墓地 1 号墓。山普拉墓地的年代在公元前 1—4 世纪，相当于西汉后期至晋。

山普拉墓地位于今新疆和田洛浦县境内，地处昔日丝绸之路南要冲，为古于阗国经济文化中心区域。其特殊的地理位置，使于阗文化既受到了北方草原文化的影响，又受到了西邻中西亚希腊罗马风格的影响以及东邻中原文化的影响。表现在毛织物上，出现了大量具有斯基泰草原风格动物形象的缂织毛裙，具有贵霜文化和犍陀罗艺术特征的栽绒毯以及具有中原技术风格的锁绣织物等。根据它们的技术特征，并结合同墓出土的纺织工具，所用毛纤维及染料的分析以及塔里木盆地周缘楼兰、尼雅、扎滚鲁克、营盘等地毛织物的出土情况，山普拉墓地出土的毛织品大部分被认为是本地所产①。对于我们所讨论的绞编带，带有菱格纹图案的这件，其纹样设计及编织方法都显示了娴熟的编织技巧，但是在周边同时期的墓葬中并没有相似的发现，因此被认为可能是外来之物②。而两色绞编带结构简单，似编织技术的初始状态。与此同时，在 Ⅰ 号墓地 1 号墓还发现了一件纬向绞编带，两色，宽 2 厘米，风格与两色经向绞编带相似，可能这两类两色绞编带是对上述菱格纹绞编带编

---

① 张禾. 新疆和田洛浦县山普拉人物栽绒毯艺术特征及风格研究 [J]. 西域研究，2012(4)：105-116；肖小勇，郑渤秋. 新疆洛浦县山普拉古墓地的新发掘 [J]. 西域研究，2000(1)：42-46；李吟屏. 洛浦县山普拉古墓地出土缂毛裤图案马人考 [J]. 文物，1990(11)：72-74；贾应逸，陈元生，等. 新疆扎滚鲁克、山普拉墓群出土(西周至东汉)毛织品的鉴定 [J]. 文物保护与考古科学，2008(1)：18-23；于颖. 山普拉墓地出土毛织服饰和织物研究 [D]. 上海：东华大学，2010.

② Schorta R. A Group of Central Asian Woolen Textiles in the Abegg-Stiftung Collection[M]//Keller D，Schorta R. Fabulous Creatures from the Desert Sands：Central Asian Woolen Textiles from the Second Century BC to the Second Century AD. Riggisberg：Abegg-Stiftung，2001：100-101.

织技术的学习和模仿。

稍晚一点的卡片编织物发现于新疆麻扎塔格遗址和米兰遗址。麻札塔格遗址即唐代的神山堡，位于和田市以北和田河岸边的麻札塔格山上。神山堡南接于阗，北通拨换，东有神山道沟通杰谢镇、戛纳镇，是于阗北方探知、传递敌情的军事据点和情报枢纽。唐代神山设有“神山馆”，是于阗沿和田河北上安西都护府之路上的重要馆驿。到 8 世纪后半叶，当吐蕃人进入塔里木盆地西部和南部，且最终完全征服、取代了北庭（790 年）和库车，神山堡的地位愈发重要，成为吐蕃在于阗的镇防中心。斯坦因曾两次来到这里，带走大批文物，其中包括前面提到的很可能是卡片编织的粉色编织带和大量汉文、于阗文及藏文文书。戍堡出土的大量遗物表明，唐代和吐蕃占领时期是古戍堡的主要使用时期，但根据戍堡的建筑特点，使用时间上限可追溯至两汉。

麻扎塔格遗址地理位置虽然重要，但是由于深处大漠，不可能产生大规模的自然聚落，从唐代到吐蕃统治时期都只是设置军事要塞而已，没有百姓，只有唐蕃镇守士兵和为镇守军所雇佣的外地于阗人，其给养依靠南部和东部地区的物质转运。在斯坦因带走的藏文文书中，有输送大宗青稞、丝绸、白银、黄金、酥油、药草、毛毡等物质的记载[①]。如此来看，麻扎塔格戍堡发现的绞编带可能来自于阗或周边其他地区，时间在 7—11 世纪。

麻扎塔格戍堡发现的粉色绞编带较山普拉墓地发现的两色绞编带更为精细，纹路整齐，说明编织技术有了提高。最令人称奇的是米兰吐蕃戍堡发现的 6 件经向绞编织物，最宽的达 19.5 厘米，虽由 2 件缝合，但其中 1 件的残宽也达到了 15.9 厘米，需要 200 张左右的卡片制作而成，而且编有精美的不规则图案花纹，可见编织技术水平之高。这几件编织物所用纱线原料，

① 奥雷尔·斯坦因. 西域考古图记：第 3 卷 [M]. 巫新华，等，译 . 桂林：广西师范大学出版社，1998：735－742；侯灿. 麻札塔格古戍堡及其在丝绸之路上的重要位置 [J]. 文物，1987（3）：63－75；沈琛 . 吐蕃统治时期于阗的行政地理：兼论神山的地位 [M]// 荣新江 . 唐研究：第二十二卷 . 北京：北京大学出版社，2016：401－422.

经检测大都含有牦牛毛，或单独用作经线，或与绵羊毛混纺使用。

米兰遗址位于今若羌县县城东北约 75 千米、老米兰河西岸、塔克拉玛干沙漠东南缘，地处丝绸之路南道交通枢纽，一直以来都是周边势力的必争之地。自西汉迄唐，遗址延续千余年，曾受到楼兰人、匈奴人、汉人、贵霜人、柔然人、羌人、吐谷浑人、唐人、吐蕃人等不同民族的侵扰与统治。据《旧唐书·吐蕃传》记载，唐初，吐谷浑部落的活动范围东达米兰及其周边区域。贞观十二年（638 年），吐蕃赞普松赞干布发兵大败吐谷浑，吐谷浑王遂败逃至青海北部，自此吐蕃便将米兰及周边地区纳入自己的势力范围，此后一直延续到 9 世纪中叶，帝国由盛转衰，回鹘、沙州地方势力兴盛，吐蕃人退出米兰。遗址现存有汉代居址、东汉至唐代的寺院及戍堡、烽燧等多处遗迹。米兰戍堡属于吐蕃占领时期的遗迹，最早由斯坦因发现，是米兰故城遗址区内一座代表性的军事建筑。在这里曾出土大量珍贵文物，有刀鞘、木弓、铜镜、料珠、漆皮甲片、丝毛织物以及数百件的藏文木简和文书等[①]。斯坦因在米兰所得文物大部分出自米兰戍堡，包括我们讨论的这 6 件绞编织物，年代大约在 8 世纪。

牦牛是产于中国青藏高原及其毗邻地区高寒草原的特有牛种，中国古籍称为“犛牛”，早在公元前 2500 年的中国西藏就已被驯化。1957 年，在青海都兰县诺木洪发现的一处相当于周代早期的遗址中，曾出土过一批毛织物，经鉴定，所用纤维里面有牦牛毛，说明当时青藏高原地区已开始利用牦牛毛充当纺织原料。另外，据《北史·宕昌传》记载，聚居游牧于甘肃西南、四川西部、青海、西藏等地的西羌人，居住用的帐篷都是用犛牛毛和羖羊毛（山羊毛）织成的[②]。可见牦牛毛在青藏高原地区使用之广泛。

---

① 奥雷尔·斯坦因. 西域考古图记：第 1 卷 [M]. 巫新华，等，译. 桂林：广西师范大学出版社，1998：271–289；李亚萍. 汉唐时期米兰遗存与历史角色研究 [D]. 上海：上海师范大学，2018.

② 《北史·宕昌传》载宕昌羌“俗皆土著。居有屋宇。其屋，织牦牛尾及羖羊毛覆之”。

吐蕃是一个畜牧与农业并重的民族，“畜多牦牛、猪、犬、羊、马，……其人或随畜牧而不常厥居”。[①] 进入西域后，依然保持农牧兼营的特点，并将牦牛带入塔里木盆地。麻扎塔格戍堡出土藏文文书《扎勒色呈达赞热书》（斯坦因编号“M.Tagh.a.IV.00128”）记载：“扎勒色致达赞热大人：阁下发出的严格命令尚未执行，如此我将不来此地，我到了萨毗，留下牦牛在彼处，未调训的一群羊，我令牧羊人库护送到仲恐长官处。一些牦牛没有变卖，数量很多……”[②] 可见，在萨毗[③] 地区有牦牛，而且数量很多。

另外，米兰戍堡出土藏文文书《巳年购买牦牛契约》（斯坦因编号“M.I.xiv.109”）记载：“于蛇年夏，对论・莽支来函，卓摩岭节度使盟会急件回复：从官府属民登波勒郎方，奥邦塞星洽购一只公牦牛和两只母牦牛，总三件作价，交付时期是今年仲秋月（闰秋月）的第五天，安排交付地是小罗布。如果交接未按时进行，或未按约定的数量交付，归还数量将翻倍为六件。不准以廉价货物抵偿或拖延时期，以勒郎及其保人兰东孔的无论何种四蹄牲畜，或大麦和米做担保，嘉孜勒赞和泽拉扎吉……附两人私印并画押。”[④] 可见米兰地区在吐蕃统治时期存在牦牛交易。在斯坦因从敦煌带走的藏文文献中也可见到牦牛交易的记载[⑤]。这就说明米兰出土的牦牛毛织物，原料有取自当地的可能性。

在编号为“LOAN：STEIN.589”和“LOAN：STEIN.588”（大英博物馆藏部分编号为“MAS.622”）的两件绞编织物上，边缘的动物纹特别引人注

① 《旧唐书》卷207《吐蕃传上》。

② 杨铭，贡保扎西，索南才让.英国收藏新疆出土古藏文文书选译[M].乌鲁木齐：新疆人民出版社，2014：21.

③ 萨毗城，据敦煌文书《寿昌县地境》记载，“在镇（指石城镇）东南四百八十里，其城康艳典置筑，近萨毗泽。险，恒有吐蕃土谷往来……以前城镇并没吐蕃，亦是胡戍之地也”；杨铭在《吐蕃统治敦煌西域研究》一文中解释为“萨毗城在今南疆若羌县东南约200公里远的地方”。

④ 杨铭，贡保扎西，索南才让.英国收藏新疆出土古藏文文书选译[M].乌鲁木齐：新疆人民出版社，2014：152.

⑤ 斯坦因从敦煌带走的藏文文献《VP 1435号购牛契》记载：“……僧人贝强，从……部落尼贝努悉处购得牦牛一头。”

目。前者残宽9.5厘米，整体编织，动物纹部分宽约2厘米，深蓝色地上显浅蓝色动物纹；动物四腿张开，长长的尾巴下垂，似奔走的骏马（图1-3-10）。后者的动物纹部分单独编织而成，宽约3.6厘米，蓝地上显白色带角的奔跑兽纹（图1-3-11）。所用经纱均为S捻的双股线，单纱Z捻。这类动物纹样常出现于新疆出土的汉晋时期的绵线锦绦上，尤其是编号为"LOAN：STEIN.588"的绞编织物，上面的动物纹样与营盘出土的衣服袖口上的一件绵线锦绦及伦敦私人画廊收藏的一件绵线锦绦上的动物纹极为相似（图1-3-12）。这类锦绦集中发现于楼兰和营盘两地，都有一些共同的特点，就是幅宽只有几厘米，采用平纹经二重组织，纱线用加有Z向强捻的绵线。这类锦绦被认为是新疆当地所产，是对中原平纹经锦的直接模仿[①]。综上，米兰戍堡出土的6件绞编织物很可能是当地所产，同时也说明经向绞编技术在8世纪的新疆已经达到了非常高的水平。这是目前所知同时期卡片编织物中最精美、制作最复杂的几件。

图1-3-10 "LOAN：STEIN.589"上的动物纹（维多利亚与阿尔伯特博物馆藏）

图1-3-11 "LOAN：STEIN.588"上的动物纹（维多利亚与阿尔伯特博物馆藏）

① 贝格曼.新疆考古记[M].王安洪，译.乌鲁木齐：新疆人民出版社，1997：138-143；赵丰.纺织品考古新发现[M].香港：艺纱堂/服饰出版，2002：62-67；新疆文物考古研究所.新疆尉犁县因半古墓调查[J].文物，1994（10）：19-30；赵丰.新疆地产绵线织锦研究[J].西域研究，2005（1）：51-59.

图 1-3-12　动物纹绵线锦绦（伦敦私人画廊藏）

可能是受考古发现的局限，也有可能是因为卡片编织物尚没有受到学界的关注，在中国唐代以后、清代之前的相当长时期内，鲜见卡片编织物的踪迹。故宫博物院收藏的清代领约及荷包上的配绳，采用了卡片编织，宽度仅1厘米左右。另外，在沈阳故宫博物院和新宾永陵保存的清代马鞍上也使用了卡片编织带，而且是用六孔卡片编织而成。目前卡片编织技术在我国多地仍有遗存。西藏日喀则地区的藏民用四孔卡片来编织腰带、绑腿、绳子等用品；贵州的屯堡人用六孔卡片来编织腰带；新疆博尔塔拉蒙古自治州和巴音郭楞蒙古自治州的土尔扈特、和硕特部蒙古族人用两孔或四孔卡片来编织女性袍服上的装饰带；河南登封的居民用六孔卡片来编织练功带[①]。编出的带子最宽的有六、七厘米，纱线多用化纤线或者棉线。

六孔卡片编织是最复杂的一种编织方法。卡片每转动一次，会形成上下两个开口，所以编出的带子非常厚实。根据日本学者鸟丸知子的调查，贵州安顺市西秀区大西桥镇鲍屯村住户有约七百家，现在能制作卡片编织腰带的有十余家。她所调查的编织者鲍中苏先生是鲍家的第二十二代主人，卡片编织的第十二代传人。贵州屯堡人是生活在贵州的特殊汉族居民，他们是明朝军屯户的后代。鲍家第七代主人在明朝早期从安徽省歙县来到贵州并开始定居，第十一代主人返回故乡安徽时带回这一技术。依此来推算，大约在18世纪初（清代早期），安徽地区已经使用六孔卡片进行编织。

① 葛梦嘉，蒋玉秋. 新疆蒙古族卡片编织技艺探析 [J]. 丝绸，2018，55(1)：28-34；葛梦嘉，蒋玉秋，肖爱民，等. 新疆蒙古族两孔综版及四孔综版织造比对研究 [J]. 装饰，2018(12)：112-115；周启澄，赵丰，包铭新. 中国纺织通史 [M]. 上海：东华大学出版社，2017：840-852.

从编织结构特点及制作方法来看，绞编织物可以分为经向绞编、纬向绞编以及斜向绞编三大类。最早出现的是纬向绞编，在公元前6000—前4000年左右的欧洲、近东以及中国纺织品上都曾发现这种结构。使用卡片进行编织的经向绞编技术可能起源于欧洲，最早可能是配合重锤织机使用，制作织物的起始边或幅边，不仅可以起到紧固结构的作用，而且利于经线的布置。从技术发展的特点来看，卡片的使用可能是先从两孔、再到四孔，最后发展到使用六孔卡片。公元前9—前8世纪左右，意大利已经使用四孔卡片进行编织，而且可以利用改变卡片转动方向所形成的长浮线来编出简单花纹，说明这种编织技术在欧洲已经有了一段时间的发展。

使用卡片编织的经向绞编技术至迟在3世纪已传入新疆于阗地区，当地居民开始学习模仿，到8世纪已达到非常高的水平。与此同时在拜占庭，来自东方的丝绸技术与卡片编织技术相结合，出现了丝质的卡片编织物，并沿丝绸之路传入北高加索地区。5世纪左右在斯堪的纳维亚出现的具有凸纹效果的卡片编织带，与中国的暗花丝织物绫有类似的视觉效果，可能是用当地材料与技术对丝绸生产的模仿。在中国尚没有发现唐代以后至明代的卡片编织实物。从民族学调查来看，至迟在清代早期（大约18世纪初），安徽地区已经使用六孔卡片编织腰带，并且被回乡探亲的屯堡人带到了贵州一带，保留至今。

10世纪左右，欧洲开始普遍使用丝线来制作卡片编织带。之后在整个中世纪的欧洲，丝质卡片编织带被广泛用于礼拜仪式礼服的装饰和系带。现代民族学的调查发现，世界各地很多地方都有卡片编织的遗存，从欧洲的意大利、法国、西班牙、保加利亚、挪威、冰岛、俄罗斯北高加索地区、土耳其，到亚洲的以色列、伊朗、乌兹别克斯坦、塔吉克斯坦、中国、印度、也门、尼泊尔、缅甸、印度尼西亚以及非洲的摩洛哥、埃塞俄比亚等地。所用卡片有两孔、三孔、四孔和六孔。编出的成品主要是彩色带子，用作传统服装上的腰带、边饰或系挂东西用的绑带。在乌兹别克斯坦和塔吉克斯坦还存在不使用卡片，两人操作的经向绞编技术，其中一人专门负责穿过纬线。

目前所知最大的卡片编织物来自埃塞俄比亚贡德尔（Gondar）的一个教堂悬挂的丝绸挂帘，一部分收藏在大英博物馆，尺寸是3.06米×0.63米，另一部分收藏在加拿大皇家安大略博物馆，尺寸是5.22米×2.18米，制作时分多幅编织，每一幅都用了超过300张的卡片，采用3/1绞编结构，编织出正反面相同、色彩相反的精美图案，时间在18世纪①。卡片编织是一种非常巧妙的经向绞编技术，经线颜色的不同、卡片孔洞数的不同以及转动方向的不同都可以产生无穷尽的变化和非常复杂的图案。但从现存实物及编织技术来看，19世纪之后，这种技术虽然遍及世界各地，但较之前要简单很多。

中国唐代以前以丝为原料的绞编织物，结构有纬向绞编和斜向绞编两类。纬向绞编结构的应用主要有两种，春秋末至魏晋南北朝时期用于编织鞋子，不仅有丝履还有麻履，到唐代则多用于编制包裹经书用的经帙，唐代以后这类结构就很少使用了。斜向绞编结构则主要用于组带、纱冠等配饰，织物通常做髹漆处理，至迟在春秋中晚期已经出现，汉代普遍使用，一直延续到明代。两种结构在新疆发现的毛织物上也经常出现，但它们的编织制作方法和用途完全不同。毛质的纬向绞编结构在新疆青铜时代早期已经出现，到公元前1000年左右非常流行。它们在织机上编制，作为一种显花手段出现，类似于缂毛，用在服装的某些特殊部位；斜向绞编结构则用于编织毛带，用作腰带或多条拼接在一起做成毛裙。它们之间的差异源于两地纺织文化以及自然环境的不同，应该是独立起源而发展起来的。

绞经结构在距今5000多年前的黄河流域已经出现，可能是复杂的四经绞罗，这种结构可以由织机上的绞综织出。以手工编织为特点的经向绞编结构没有在丝织物上得以发展可能源于两个原因：一是织造技术的发达，复杂的绞经结构可以在织机上织出，效率更高；二是丝线较细，在没有卡片工具之

① Balicka-Witakowska E, Gervers M. Monumental Ethiopian Tablet-Woven Silk Curtains：A Case for Royal Patronage[J]. The Burlington Magazine, 1996, 138: 375-385.

前单纯地用手工操作非常困难。

可以看出，绞编技术在一定地域和时代内都具有传承性的技术传统。这类技术传统与当地服饰文化以及所用编织原料有很大关系。在这种技术发展之初，以毛纤维为原料的纺织文化圈，绞编结构的功能性远大于装饰性。而以丝为原料的纺织文化圈，因为织造技术的发达，再加上丝纤维精细，手工编织操作困难的特点，绞编结构通常用于服饰配件。随着绞编技术的发展以及丝绸之路上纺织技术的传播，各文化中的绞编技术互相渗透影响并逐渐趋同，尤其体现在经向绞编技术上。

第二章

15—17世纪弦表中高精度数值解的比较研究

章前导读

科学知识的迁移扩散

在技术传播的两种基本形式中，与依赖物质环境的扩展扩散型技术传播不同，三角学中弦表数值计算方法的传播体现了典型的迁移扩散的特征。迁移传播是一种原始的，在一定时空范围内能起到立竿见影效果的文化传播方式，如具有某种思想、技术的个人或集团从一个地区迁移到另一地区，结果把这种思想或技术带到了新地区。数学属于数理文化范畴，是研究现实世界的空间形式和数量关系的科学，按照研究者们的理解，科学技术属于社会文化的范畴，其中科学属于精神文化，技术属于物质文化。位于下层的物质文化与自然环境的关系较密切，而位于上层的精神文化与自然环境的关系相对疏远。比如在上一篇关于编织技术的讨论中，可以看到它的传播对受众没有文化水平的要求，但自然环境和生产方式所决定的原材料则是技术存在的必备基础。但本篇即将讨论的数学知识的传播却完全不需要依赖自然环境，仅靠人群或人物个体的迁移就可以达到传播效果。

本篇案例中介绍的阿尔·卡西是一位14世纪出生在波斯（今伊朗）的数学家和天文学家，毕的斯克斯是16世纪德国数学家、天文学家和神学家，中国的《数理精蕴》编撰于18世纪初期，这些相关数学家分别生活在年代不同、环境各异的地方，各自之间相距甚远，但科学知识的传播却跨越了这些界限。由于对受众本人的智商和资质要求较高，以及可能受到文化壁垒的限制，数学知识中精深部分的传播通常只能以迁移扩散的方式进行，即点对点的传播，有时甚至是个人对个人的传授。本章所涉及三角学中弦表数值计算方法在中国的传播正体现了这种特点，当时人们普遍缺乏相关知识基础，也限制了知识的扩散效果。而与此相关的历史背景，即传教士张诚（Jean Francois Gerbillon，1654—1707）和白晋（Joachim Bouvet，1656—1730）给康熙皇帝传授数学知识，同样体现了这些传播特点。如德国数学家莱布尼茨（Gottfried Wilhelm Leibniz，1646—1716）《中国近事》中转载白晋《中国现任皇帝传》中记录康熙皇帝学习数学的情况："用汉语给康熙皇帝讲解主要的数学仪器的用法及几何和算术应用问题。"在后来的讲授中，他又先后介绍了西方数学中的算术、三角与代数的有关内容，并用中文编写了正弦、余弦、正切对数表，提供了一个解三次方程根的算表。其中最重要的欧洲代数学，特别是其中的借根方法，就是这个时候通过这种方式传入的。借根方算法是一种非符号性的代数方法，是当时引进的较为重要的数学知识。这些数学知识在当时的中国仅有极少数人可以掌握，前来传授知识的人也是远隔重洋的传教士，从文化扩散的理论来看，这种迁移扩散的特征是科学信息传播准确，但由于作为知识载体的人的数量太少，所以在迁入地往往形成"知识孤岛"的现象。

数学知识的创造可能是迁移扩散的结果，但数学成果的普及却可以遵循扩展扩散的形式。在文艺复兴后的欧洲，三角学可以广泛应用于航海、推算日历、实地测量等领域，因此相关研究受到许多商人的资助，推动了三角学的快速发展。在中国，由于三角学知识是历法计算的数学基础，所以引起了明末清初中算家的普遍关注，且由于三角函数表在天文、数学计算中应用十分广泛，计算速度和精度都胜于中国传统算法，所以在中国获得了应有的地位。

这些现象说明对现实生活的追求是促发科学知识创造与传播的重要原因，正如赵世瑜、周尚意二位学者对文化传播扩散的解释，可以从三个角度分析科学技术知识扩散的动因："首先，一种文化特性、一个文化因子，甚至一个文化复合体，只要它有价值、有意义，便必会为人学习、仿效、接受。其次，人类对幸福（体现为物质财富和精神财富）的不懈追求，既是创造文化的原动力，又是传播文化的原动力，正是它促进了人类的相互交往。再次，每一次具体的扩散过程都有其具体的原因，如火药的西传大约是因为13世纪以后阿拉伯及欧洲国家战争不断的缘故，而以大炮为代表的新式火器的回传则是因为抗'倭'及明清战争的缘故。"

此外，《数理精蕴》汇集了明末传入中国的西方数学知识，并吸收了当时中算家们的一些研究成果，它的编撰是一种典型的等级扩散现象，这种传播方式在大一统的中国广泛存在，比如建筑、医学、农学等相关技术，都会出现朝廷编撰书籍，向下扩散传播的情况。这种扩散完全适应中国的政治文化，因此通常可以产生很高的传播效率，并收到良好的社会效应。而在弦表计算方法的传播过程中，几个案例的时间相距数百年，这体现了一种明显的时间差，说明了科技知识信息从原有的技术中心区传播到技术边缘区，需要必须面对的时空距离。

第一节　弦表计算传播与发展的背景

三角学（今英文名称 trigonometry），原义三角形测量，是以研究平面三角形和球面三角形的边和角的关系为基础的一门数学分支。在数学史上，古埃及人和古巴比伦人在长期的生产生活中积累了丰富的三角学知识，这可以视为三角学的萌芽阶段；随后希腊学者由于天文学研究的需要确定了三角形边和角的精确关系，标志着这门学科的兴起；进而印度数学家继承了希腊传统，并最先引进了正弦函数；接下来阿拉伯学者在三角学的研究领域取得了长足的发展，这包括三角函数值数表的编制、平面三角形和球面三角形的解法、三角恒等式的建立和推导，他们将三角学从天文学中解放出来，使之成为一门独立的学科；文艺复兴后，欧洲数学家将其进一步深化和完善，研究范围进一步扩大，最终变为以三角函数为主要研究对象，隶属于分析学的独立分支科目。总之，三角学概念和理论的形成起源于人类了解和认识天文现象和规律的尝试，是由天文数值计算的需要而兴起，其发展体现了人类开始用创立的数学概念和理论来更精确地刻画和把握自然规律的过程。

一、远古文明中的三角学萌芽

尼罗河流域的古埃及人用他们的智慧独立创造了灿烂的古代文明。公元前 3500 年之前，他们就已经有了象形文字；公元前 3000 年左右，古埃及就建立了统一的奴隶制国家，在没有外来文明的影响下，发展着自己的文明与科学。现代人对于古埃及的了解主要是通过记录在纸草书、木器或石头上的古埃及文献。同样，对于数学的认识，主要源于用僧侣体写成的纸草书，其中较为著名的是成书于公元前 1650 年的《莱茵德纸草书》。在现存的古代埃及数学文献中并没有发现明确角的概念，也没有系统地表示出一个三角形中边和角的关系，可以说古埃及人只是在实践中掌握了一些粗浅、原始的三角学知识。除了古代埃及文明，两河流域也产生了较早的数学文明。

西亚的幼发拉底河和底格里斯河之间的地带，通常称为美索不达米亚平原。早在公元前4000年，苏美尔人就在此建立了城邦国家并创造了文字。这种文字是用尖芦管在湿润状态的泥板上刻写的楔形文字，随后将泥板晒干或烘干，这样制成的泥板更易于保存。19世纪初至今，该地区已经出土了大约50万块泥板，时间跨越巴比伦许多历史时期，其中约有300块泥板上的内容属于数学知识，包括乘法表、倒数表、平方立方表等，据此可以推断古巴比伦人明显掌握了较高的运算技巧。其中比较著名的“普林顿322”泥板中记载了大量的勾股数组。巴比伦人应用六十进位制记数系统，他们将圆周等分为360份，每一份称为一度；每一度的六十分之一称为一分……后来的希腊学者们延续了这种角度度量值。

总之，古埃及和古巴比伦都是世界上文明发展较早的地区，在长期的生产生活中积累了丰富的实践经验。土地丈量、金字塔建筑、天文观测、商业发展等诸多原因促使他们取得了许多数学成就，其中都蕴含着三角学的萌芽，只不过这些知识是零碎的、片段化的。这是一段在历史发展过程中必不可少的知识酝酿积累时期，为后来希腊学者进一步研究三角学奠定了一定的思想基础。

二、古希腊时期弦表的发展

大多数数学史家通常认为三角学出现的标志是古希腊天文学家、数学家西帕恰斯的工作。他出生于小亚细亚的比提尼亚，在爱琴海的罗德岛度过了大半生，建造了天文台并长期从事天文观测。西帕恰斯发现了“岁差”，绘制了一张包括850颗恒星的星图，并首先引入了坐标系统，开始编制一些有关三角比率的表格。据说西帕恰斯一共编写了12本关于圆内接弦计算方法的书，但遗憾的是他的原著已经遗失，故后世的学者们将注意力主要集中在他的继任者克劳蒂乌斯·托勒密所著《天文学大成》(*Almagest*)上。

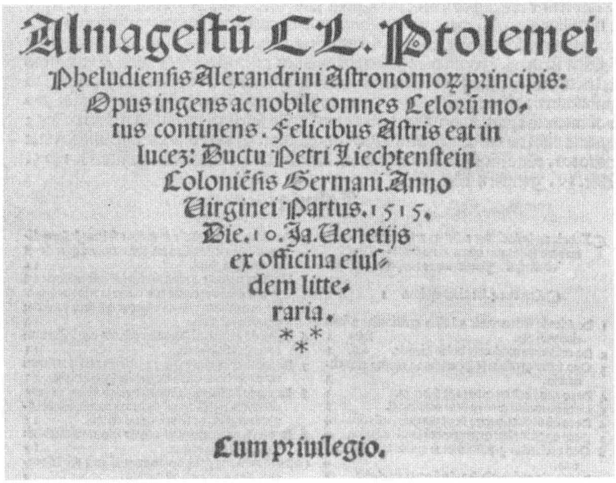
Almagestũ CL. Ptolemei
Pheludiensis Alexandrini Astronomoꝝ principis:
Opus ingens ac nobile omnes Celorũ mo-
tus continens. Felicibus Astris eat in
lucē: Ductu Petri Liechtenstein
Coloniēsis Germani. Anno
Virginei Partus. 1515.
Die. 10. Ja. Venetijs
ex officina eius-
dem litte-
raria.
* * *
Cum priuilegio.

图2-1-1　托勒密《天文学大成》首页书影[①]

希腊天文学家托勒密长期居住在亚历山大，并在那里进行天文观测。与大多数注重纯粹理性逻辑思维的数学家不同，托勒密更注重于实践与应用。他的研究领域广泛，包括天文、地理、音乐、几何与光学等，其中他最负盛名的便是成书于150年前后的《天文学大成》。全书共13卷，对地心说宇宙模型给出了完整的描述，包括太阳、月亮和行星的各种运动参数。该书从问世到16世纪一直都是最有影响力的天文著作。从古希腊到中世纪的伊斯兰，再到文艺复兴前后的欧洲，该书经历多次翻印、翻译、研究，可以说是希腊天文学著作的巅峰。天文学家创造出来的数学化的宇宙模型，可以对自然现象进行定量描述和预测，在长达1400年的时间里，几乎所有的西方、阿拉伯天文学工作都是建立在托勒密的这本著作基础之上。直至16世纪，《天文学大成》在哥白尼（Nicolaus Copernicus，1473—1543）的日心说完善后便失去了它的权威性，虽然它不像《几何原本》那样著名，但是它在历史上的功绩和影响是不可磨灭的。

在该书的开始部分，托勒密对古希腊人的宇宙观念作了简要介绍，随后给出了计算行星位置所必需的相关平面三角学和球面三角学的数学知识。在

① Claudius Ptolemaeus. Almagestum[M]. Astronomy Library of the Vienna University，1515.

该书的第一卷第 10、11 章，托勒密在西帕恰斯的基础上给出了一张完整的弦表。这张弦表给出了以 60 单位为半径的固定圆中从 0° 到 180°，每间隔 0.5° 圆心角所对弦长，即所对圆心角一半的正弦线长度的二倍。同时给出了一种能在已算好的两个值之间的插值方法。托勒密的全部计算是基于巴比伦的六十进制数字。

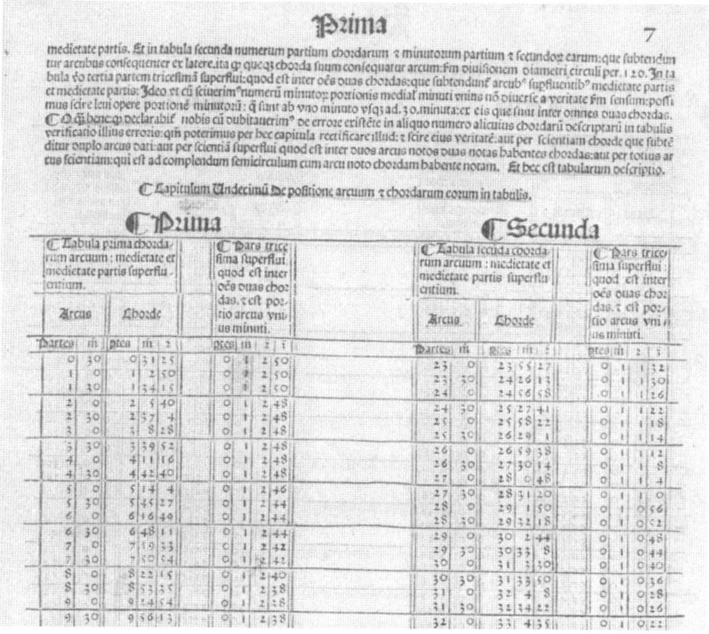
Prima 7

medietate partis. Et in tabula secunda numerum partium chordarum ⁊ minutorum partium ⁊ secundorum earum: que subtendun tur arcubus consequenter ex latere. ita q̄ queq; chorda suum consequatur arcum: sm̄ diuisionem diametri circuli per. 120. In ta bula vo tertia partem tricesimā superflui: quod est inter oēs duas chordas: que subtendunt arcub⁹ supfluentib⁹ medietate partis et medietate partis: Ideo vt cū sciuerim⁹ numerū minutorum portionis medial minuti vnius nō diuerse a veritate sm̄ sensum: possi mus scire leui opere portionē minutorū: q̄ sunt ab vno minuto vsq; ad. 30. minuta: ex eis que sunt inter omnes duas chordas. ℭ Q̄ q̄ bene: q̄ declarabit nobis cū dubitauerim⁹ de errore existēte in aliquo numero alicuius chordarū descriptarū in tabulis verificatio illius erroris: qm̄ poterimus per hec capitula rectificare illud: ⁊ scire eius veritatē: aut per scientiam chorde que subtē ditur duplo arcus dati: aut per scientiā superflui quod est inter duos arcus notos duas notas habentes chordas: aut per totius ar cus scientiam: qui est ad complendum semicirculum cum arcu noto chordam habente notam. Et hec est tabularum descriptio.

ℭ Capitulum Undecimū De positione arcuum ⁊ chordarum eorum in tabulis.

ℭ Prima　　ℭ Secunda

ℭ Tabula prima chordarum arcuum: medietate et medietate partis superfluentium. Arcus		Chorde			ℭ Pars tricesima superflui quod est inter oēs duas chordas. ⁊ est portio arcus vnius minuti.				ℭ Tabula secūda chordarum arcuum: medietate et medietate partis superfluentium. Arcus		Chorde			ℭ Pars tricesima superflui: quod est inter oēs duas chordas. ⁊ est portio arcus vnius minuti.			
Partes	m	ptes	m	2	ptes	m	2	3	Partes	m	ptes	m	2	ptes	m	2	3
0	30	0	31	25	0	1	2	50	23	0	23	55	27	0	1	1	32
1	0	1	2	50	0	1	2	50	23	30	24	26	13	0	1	1	30
1	30	1	34	15	0	1	2	50	24	0	24	56	58	0	1	1	26
2	0	2	5	40	0	1	2	48	24	30	25	27	41	0	1	1	22
2	30	2	37	4	0	1	2	48	25	0	25	58	22	0	1	1	18
3	0	3	8	28	0	1	2	48	25	30	26	29	1	0	1	1	14
3	30	3	39	52	0	1	2	48	26	0	26	59	38	0	1	1	12
4	0	4	11	16	0	1	2	48	26	30	27	30	14	0	1	1	8
4	30	4	42	40	0	1	2	48	27	0	28	0	48	0	1	1	4
5	0	5	14	4	0	1	2	46	27	30	28	31	20	0	1	1	0
5	30	5	45	27	0	1	2	44	28	0	29	1	50	0	1	0	56
6	0	6	16	49	0	1	2	44	28	30	29	32	18	0	1	0	52
6	30	6	48	11	0	1	2	44	29	0	30	2	44	0	1	0	48
7	0	7	19	33	0	1	2	42	29	30	30	33	8	0	1	0	44
7	30	7	50	54	0	1	2	42	30	0	31	3	30	0	1	0	40
8	0	8	22	15	0	1	2	40	30	30	31	33	50	0	1	0	36
8	30	8	53	35	0	1	2	38	31	0	32	4	8	0	1	0	28
9	0	9	24	54	0	1	2	28	31	30	32	34	22	0	1	0	26
9	30	9	56	13	0	1	2	38	32	0	33	4	35	0	1	0	22

图 2-1-2　托勒密《天文学大成》中弦表首页局部表①

托勒密所给弦表有三列数据：第一列是弧长（arcs）；第二列是弧所对弦长（chords）；第三列是为了计算任意“分”度值弧的对应弦时所用的线性插值，其量值等于相邻两弧所对弦长增值的三十分之一。虽然该表是弦表，但是在半径固定的圆中，正弦函数的变化规律与弦长的变化规律相同，即 $\sin\frac{\alpha}{2}=\frac{\frac{1}{2}\mathrm{crd}\alpha}{R}\rightarrow \mathrm{crd}\alpha=2R\cdot\sin\frac{\alpha}{2}$，同理有 $\mathrm{crd}(180^\circ-\alpha)=2R\cdot\cos\frac{\alpha}{2}$，因此该表也被认为是最早的正弦表。

① Claudius Ptolemaeus. Almagestum[M]. Astronomy Library of the Vienna University，1515：7.

托勒密造表的过程大致分为几步：首先构造出特殊角所对弧的弦长，如60°、90°、72°、36°弧的弦长，它们分别是圆内接正六边形、圆内接正四边形、圆内接正五边形和圆内接正十边形的边长，若圆的直径取60，则有：

$\mathrm{crd}(60°)=R=60$；

$\mathrm{crd}(90°)=\sqrt{2R^2}=\sqrt{7\,200}=84(60°), 51, 10$；

$\mathrm{crd}(72°)=\sqrt{\mathrm{crd}^2(60°)+\mathrm{crd}^2(36°)}=\sqrt{R^2+\mathrm{crd}^2(36°)}=70(60°), 32, 3$；

$\mathrm{crd}(36°)=37(60°), 4, 55$。

当然，如果知道一条弧所对弦长，通过勾股定理便可以求出其对应的补弧所对弦，例如 $\mathrm{crd}(36°)=37(60°), 4, 55$，则 $\mathrm{crd}(144°)=114(60°), 7, 37$。随后利用半角公式、两角和与差的正余弦公式，即：

$\mathrm{crd}^2\left(\frac{\alpha}{2}\right)=R[2R-\mathrm{crd}(180-\alpha)]\longleftrightarrow\sin^2\frac{\alpha}{2}=\frac{1-\cos\alpha}{2}$　（西帕恰斯给出）

$120\mathrm{crd}(\alpha-\beta)=\mathrm{crd}\alpha\cdot\mathrm{crd}(180-\beta)-\mathrm{crd}\beta\cdot\mathrm{crd}(180-\alpha)\longleftrightarrow\sin(\alpha-\beta)=\sin\alpha\cdot\cos\beta-\cos\alpha\cdot\sin\beta$；（托勒密定理推出）

$120\mathrm{crd}[180-(\alpha+\beta)]=\mathrm{crd}(180-\alpha)\cdot\mathrm{crd}(180-\beta)-\mathrm{crd}\beta\cdot\mathrm{crd}\alpha\longleftrightarrow\cos\cdot(\alpha+\beta)=\cos\alpha\cdot\cos\beta-\sin\alpha\cdot\sin\beta$；（托勒密定理推出）

这样可计算 $\mathrm{crd}(12°)=\mathrm{crd}(72°-60°)$，$\mathrm{crd}(6°)$，$\mathrm{crd}(3°)$，$\mathrm{crd}\left(\frac{3}{2}\right)°=1(60°), 34, 15$，$\mathrm{crd}\left(\frac{3}{4}\right)°=0(60°), 47, 8$，同时可以求出其他3的整数倍数度弧所对弦值的准确值。但是托勒密需要构造间隔为 $\left(\frac{1}{2}\right)°$ 的弦表，由于《原本》中的方法不能将一个角三等分，故此时 $\mathrm{crd}\,1°$ 和 $\mathrm{crd}\left(\frac{1}{2}\right)°$ 的精确值无法通过 $\mathrm{crd}\,3°$ 和 $\mathrm{crd}\left(\frac{3}{2}\right)°$ 获得，尤其是 $\mathrm{crd}\,1°$ 关系到整张弦表的精度，托勒密在计算 $\sin 1°$ 的值时首先给出一个引理：

若 $\alpha<\beta$，则 $\mathrm{crd}\beta:\mathrm{crd}\alpha<\beta:\alpha$，相当于随着 x 趋于0，$\frac{\sin x}{x}$ 而增加并趋于1。

首先取 $\alpha=\left(\frac{3}{4}\right)°$，$\beta=1°$，

则有：$\mathrm{crd}\,1°<\frac{4}{3}\mathrm{crd}\left(\frac{3}{4}\right)°=\frac{4}{3}(0(60°), 47, 8)=1(60°), 2, 50, 40$；

随后取 $\alpha=1°$，$\beta=\left(\frac{3}{2}\right)°$，

则有：$\mathrm{crd}\,1° > \frac{2}{3}\mathrm{crd}\left(\frac{3}{2}\right)° = \frac{2}{3}$（1（60°），34，15）=1（60°），2，50。

此时相当于给出一个范围：

1（60°），2，50 $=\frac{2}{3}\cdot\mathrm{crd}\left(\frac{3}{2}\right)° < \mathrm{crd}\,1° < \frac{4}{3}\mathrm{crd}\left(\frac{3}{4}\right)°=$ 1（60°），2，50，40。

显然，当计算到六十进制分数值的第三位时，上述式子的上下限相等，托勒密取 crd 1°=1（60°），2，50，$\mathrm{crd}\left(\frac{1}{2}\right)°=$ 0（60°），31，25，进而构造出从 $\mathrm{crd}\left(\frac{1}{2}\right)°$ 到 crd（180）°间隔 $\left(\frac{1}{2}\right)°$ 弧所对弦长表。对此，托勒密在《天文学大成》中这样论述："虽然一般来说并不能准确地确定出此弦的值（crd 1°），但是在弧长较小的情况下，却能得到误差小到可以忽略不计的近似值。"① 虽然希腊人没有角的函数概念，而且计算应用具有一定的局限，但是他们建立了三角形边和角之间的精确关系，为后世三角学的发展与完善奠定了良好的基础。

后世的学者们制作弦表的过程整体上延续了托勒密的传统，而托勒密弦表的主要缺陷在于求解类似于 sin 1° 这样的基准值时所使用的插值算法，这就从理论上限制了整张弦表的精度，而且在更多三角函数产生之后会影响其他三角数表的精度。15—17 世纪代数学中高次方程求解理论的发展，使得数学家们求解弦表中更高精度的基准值成为可能，这样才能提高整个三角数表的精度，以适应天文观测、大地测量等实际需求。下文中将对此问题进行着重分析。

① Glen Van Brummelen，The mathematics of the heavens and the earth：the early history of trigonometry[M]. Princeton：Princeton University Press，2009：140.

第二节　三角学在阿拉伯地区的长足发展

希腊文明逐渐衰亡后，欧洲进入漫长的中世纪，科学技术发展极为缓慢，而在亚洲的印度、阿拉伯和中国等地区，科技却取得了长足的发展。

一、三角学的发展与独立

在三角学方面，印度最先引入了正弦函数。100 年左右，由于罗马贸易的原因，希腊天文学知识传入印度，印度人接受了它们并对三角学进行了研究。与希腊人相比，印度数学家们通过用正弦代替弦——即用两倍角对应的半弦代替整条弦，这更接近于我们今天正弦的概念。目前已知最早的印度三角学著作是成书于 5 世纪的《毗坛摩诃悉檀多》(*Paitāmahasiddhānta*)，书中给出了第一张正弦表，但是其构造并不完整，所以后世学者的目光大都集中在稍晚的阿耶波多(Aryabhata，476—550)所著《阿耶波多历数书》(*Aryabhatīya*)，但其关于正弦表中数据的计算方法和精度不高于托勒密。印度数学家、天文学家婆罗摩笈多(Brahmagupta，约 598—约 660)在三角学领域进一步研究，他的重要著作《婆罗摩修正体系》(*Brāhma Sphuṭa-Siddhānta*)伴随着伊斯兰文明的兴起，于哈里发曼苏尔(Caliphal al-Manṣūr，754—775 年在位)期间的 772 年被翻译成阿拉伯语。当年印度的三角学知识，甚至可能在此之前就通过萨珊波斯帝国的科学中心传入阿拉伯 - 伊斯兰世界。《婆罗摩修正体系》的翻译使得在阿拉伯 - 伊斯兰世界第一次出现“正弦”“余弦”的概念，及一张小规模的正弦表。此外托勒密《天文学大成》也于 8 世纪的最后 25 年间首次被翻译为阿拉伯语，希腊天文学知识开始在阿拉伯数学家们和天文学家们之间传播。[①]

① Fuat Sezgin. Science and technology in Islam[M]. translated by Renate Sarma and Sreeramula Rajeswara Sarma. Frankfurt am Main Institut für Geschichte der Arabisch-Islamischen Wissenschaften an der Johann Wolfgang Goethe-Universität，2011：125-159.

3—7世纪，萨珊波斯帝国（224—651）和拜占庭帝国（395—1453），战乱不断，导致阿拉伯半岛经济衰退、阶级矛盾激化，各阶层都有建立统一国家的愿望。在随后不到一个世纪的时间里，阿拉伯帝国（632—1258）[①]的版图不断扩大。到8世纪中期，阿拉伯帝国成为地跨亚、非、欧三大洲的庞大封建军事帝国。阿拉伯帝国先后经历了四大哈里发时期（632—661）、倭马亚王朝（661—750）和阿拔斯王朝（750—1258，我国史书称之为“黑衣大食”）。此外早在阿拔斯王朝创建之初，倭马亚家族的后裔就在欧洲伊比利亚半岛割据独立，建立后倭马亚王朝（756—1236，我国史书称为“白衣大食”），与阿拔斯王朝分庭抗礼。909年什叶派穆斯林在突尼斯建立法蒂玛王朝（909—1171），先后征服阿尔及利亚、叙利亚、埃及、撒丁岛，973年迁都开罗，我国史书称为“绿衣大食”。1171年，萨拉丁在阿拉伯帝国法蒂玛王朝末代哈里发死后解散法蒂玛王朝，建立了阿尤布王朝（12—13世纪）。从1095年持续到1291年的八次十字军东征削弱了阿拉伯－伊斯兰世界的实力。1252年成吉思汗之孙旭烈兀奉其兄蒙哥汗之命西征。旭烈兀率领蒙古军队征服了波斯、小亚细亚、美索不达米亚和叙利亚，并于1258年摧毁帝国首都巴格达，阿拔斯王朝在西亚地区的统治结束，阿拉伯帝国开始全面衰败。1260年旭烈兀攻占叙利亚首府大马士革并建立了伊尔汗国（1256—1335）。至15世纪，这一地区先后出现了多个政权，其中较大的还有帖木儿王朝（1370—1475）等。随着君士坦丁堡被征服，奥斯曼人取得了阿拉伯－伊斯兰世界最大地区的领导权，至16世纪，阿拉伯－伊斯兰世界的科学创造力明显减缓。给其在世界政治和经济中的主导地位带来严重影响的是11世纪下半叶失去了葡萄牙和包括托莱多在内的大部分西班牙地区，直到1492年格拉纳达最终陷落。

① 我国史书称之为“大食”；西方史书称之为“萨拉森”，“萨拉森”是公元最初的3个世纪古典作家对西奈地区阿拉伯人的称呼，中世纪时成为基督徒对中东地区阿拉伯人的泛称。

727年，阿拔斯王朝将首都迁往巴格达，其第二任哈里发曼苏尔（Caliphal al-Mansūr，754—775年在位）仿效波斯旧制，建立起了完整的行政体制，在建立后的最初一百年的时间里，特别是第五任哈里发哈伦·拉希德（Harun al-Rashid，786—809年在位）和第七任哈里发马蒙（al-Māmūn，813—833年在位）执政时期，是阿拉伯帝国的极盛时期，同时帝国境内的科学文化事业进入了繁荣昌盛阶段[①]。哈里发哈伦·拉希德在巴格达建立了一座图书馆，并从近东地区各类学术机构收集了大量经典文献的抄本，这些机构是由那些为躲避古代雅典和亚历山大学术界迫害的学者们建立的。这些抄本中包括了许多古希腊科学文献，接下来的工作便是把它们翻译成阿拉伯语。哈伦的继承人哈里发马蒙创建了一个名为“智慧宫”的研究所，它一直保存了二百多年。其间大批的叙利亚、伊朗、美索不达米亚和印度等地的学者被邀请或聚集在这里，他们把大量的文献译成阿拉伯文。在翻译过程中，对许多文献重新进行了校订、考证、勘误、增补和注释，其中有欧几里得（Euclid，约前325—前265）、阿基米德（Archimedes，前287—前212）、阿波罗尼奥斯（Apollonius of Perga，约前262—前190）、托勒密、丢番图（Diophantus，约214—284）等著名古希腊学者的数学和天文学著作，还有印度数学家和天文学家的著作。随后，阿拉伯数学家们在翻译、研究这些古代经典的基础之上，在代数学、几何学、三角学等领域都做出了重要贡献。

与希腊和印度三角学的发展情形类似，伊斯兰文明中的三角学也与天文学紧密联系在一起，三角学知识总是存在于天文学著作中的某个章节。除了大地测量和天文学应用以外，宗教信仰也使得阿拉伯学者同样十分注重三角学。在阿拉伯数学史上先后涌现出像巴塔尼（al-Battāni，858—929，引入正余切函数）、比鲁尼（al-Bīrūnī，973—1048）、阿布·瓦法（Abū'l-Wafā，940—998，引入正余割函数）、纳西尔·丁·图西（Naṣīr al-Dīn al-Ṭūsī，

① Robinson F. Cambridge Illustrated History of Islamic World [M]. 安维华，钱雪梅，译. 北京：世界知识出版社，2005：299-302.

1201—1274，将平面三角形和球面三角形知识系统化，使三角学不再只是天文学的附属学科，成为纯粹数学的一个独立分支）等一大批伟大的数学家、天文学家，他们的工作极大地丰富了三角学乃至数学的宝库，补全了我们今天仍在使用的所有三角函数，建立了它们之间的关系，给出了若干重要三角公式的证明，使三角学开始脱离天文学而成为独立的学科。文艺复兴后，阿拉伯人将保留和发展的东西方数学传入欧洲，对后来欧洲人的深入研究并将三角学分析化产生了不容忽视的影响。

在正弦函数表的精确计算方面，阿拉伯数学家们有了进一步发展。托勒密关于弦表的计算方法影响了多位阿拉伯数学家，据史料记载，首先在 $\sin 1°$ 精确解方面有所发展的是10世纪晚期来自埃及的伊本·尤努斯（Ibn Yūnus，约950—1009）。在其所著的《哈基米历》（*Ḥākimī Zīj*）中，尤努斯给出了比托勒密关于 $\sin 1°$ 更为精确的上下限，相当于：

$$1(60°),2,49,40,4=\frac{8}{9}\cdot\sin\left(\frac{9}{8}\right)°<\sin 1°<\frac{16}{15}\sin\left(\frac{15}{16}\right)°=1(60°),2,49,45,10,$$

其中 $1°-\left(\frac{15}{16}\right)°=\frac{1}{2}\left[\left(\frac{9}{8}\right)°-1°\right]$，故尤努斯给出了 $\sin 1°$ 的线性插值：

$$\sin 1°=1(60°),2,49,40,4+\frac{2}{3}[1(60°),2,49,45,10-1(60°),2,49,40,4]=1(60°),2,49,43,28。$$

接下来，尤努斯分别通过二倍角公式，以及在 $\sin 3°$ 基础上利用两角差的正弦公式，分别给出了两个不同 $\sin 2°$ 的值，它们的差值为0（60°），0，0，0，48，利用它对前面所得 $\sin 1°$ 值进行修正，相当于：

$$\sin 1°=1(60°),2,49,43,28-\frac{1}{2}[0(60°),0,0,0,48]=1(60°),2,49,43,4,$$

其中 $\sin 1°$ 的真实值为1（60°），2，49，43，11。最终尤努斯计算出了间隔10′的弧所对正弦表。①

① Glen Van Brummelen. The Mathematics of the Heavens and the Earth : The Early History of Trigonometry[M]. Princeton and Oxford: Princeton University Press, 2009: 141.

与此同时，巴格达的阿布·瓦法给出了自己关于 $\sin 1^\circ$ 精确值的计算方法，他主要是利用公式：

$\sin(\alpha+\beta)-\sin\alpha<\sin\alpha-\sin(\alpha-\beta)$，其中 $\beta<\alpha<\alpha+\beta<90^\circ$。

阿布·瓦法首先求出 $\sin\left(\frac{12}{32}\right)^\circ$、$\sin\left(\frac{15}{32}\right)^\circ$ 和 $\sin\left(\frac{18}{32}\right)^\circ$。应用前面公式得出：

$$\sin\left(\frac{18}{32}\right)^\circ-\sin\left(\frac{17}{32}\right)^\circ<\sin\left(\frac{17}{32}\right)^\circ-\sin\left(\frac{16}{32}\right)^\circ<\sin\left(\frac{16}{32}\right)^\circ-\sin\left(\frac{15}{32}\right)^\circ$$

$$\rightarrow\frac{1}{3}\left\{\left[\sin\left(\frac{18}{32}\right)^\circ-\sin\left(\frac{17}{32}\right)^\circ\right]+\left[\sin\left(\frac{17}{32}\right)^\circ-\sin\left(\frac{16}{32}\right)^\circ\right]+\left[\sin\left(\frac{16}{32}\right)^\circ-\sin\left(\frac{15}{32}\right)^\circ\right]\right\}<\sin\left(\frac{16}{32}\right)^\circ-\sin\left(\frac{15}{32}\right)^\circ$$

$$\rightarrow\sin\left(\frac{15}{32}\right)^\circ+\frac{1}{3}\left[\sin\left(\frac{18}{32}\right)^\circ-\sin\left(\frac{15}{32}\right)^\circ\right]<\sin\left(\frac{1}{2}\right)^\circ。$$

同理有 $\sin\left(\frac{1}{2}\right)^\circ<\sin\left(\frac{15}{32}\right)^\circ+\frac{1}{3}\left[\sin\left(\frac{15}{32}\right)^\circ-\sin\left(\frac{12}{32}\right)^\circ\right]$，这相当于给出了 $\sin\left(\frac{1}{2}\right)^\circ$ 的上下限。阿布·瓦法的方法相当于通过由正弦曲线上的两个已知点引出的直线来确定某一三角函数值的上限或下限，而不像托勒密和尤努斯那样，通过原点向正弦曲线上某点引出的直线而确定上下限，这种精确度可以提高六倍以上。阿布·瓦法计算出 $\sin\left(\frac{1}{2}\right)^\circ=0(60^\circ)$，31，24，55，54，55$(60^{-5})$，直至 60^{-5} 数位上才出现错误。[①] 如果将其化为十进制小数相当于得到 $\sin\left(\frac{1}{2}\right)^\circ=0.008\,726\,536\,673$，而 $\sin\left(\frac{1}{2}\right)^\circ$ 的真实值为 0.008 726 535 498，即直至小数点后第 9 位才出现误差。但是，尤努斯和阿布·瓦法都没有脱离托勒密的插值求解思路。

① Glen Van Brummelen. The Mathematics of the Heavens and the Earth: The Early History of Trigonometry[M]. Princeton and Oxford: Princeton University Press, 2009: 142-143.

二、数学史上的首次突破

在阿拉伯数学史上首先在三角学领域取得突破性进展的是阿尔·卡西，他约1380年生于卡尚（Kāshān，位于今伊朗），1429年6月22日卒于撒马尔罕（Samarkand，位于今乌兹别克斯坦），是伟大的数学家和天文学家。阿尔·卡西在《论弦与正弦》①（*Risāla al-water wa'l-jaib*, *The Treatise on the Chord and Sine*）一书中记载了他所创造的一种求解 sin 1°任意精确值的方法，其本质是利用迭代算法求解一个已知系数的三次方程，这是中世纪阿拉伯数学的一项重要成就，其精巧与优美不亚于西方韦达（François Viète，1540—1603）之后的近似计算。

阿尔·卡西出生时正逢帖木儿（Timur，1336—1405）帝国迅速崛起阶段。连年的征战和帖木儿生前所推行铁血的军事政策，导致帝国内的经济严重衰退，卡西从小便生活于贫困之中。当帖木儿之子沙鲁克（Shāh Rukh，1377—1447）继位后，他大力开展经济建设，并支持人文、艺术、科技的发展，社会环境有了明显改观。卡西的后半生是在撒马尔罕度过的，这是中亚的一座古城，它后来成为帖木儿帝国的首都，沙鲁克及其子乌鲁伯格（Ulugh Beg，1394—1449）成为该城的统治者。乌鲁伯格是一位伟大的科学家，精通天文，而且是科学、艺术的倡导者与保护人，并且试图将撒马尔罕建设成为一个巨大的文化中心。乌鲁伯格于1417—1420年在撒马尔罕创办了一所教授科学和神学的学校——马德拉萨（Madrasa）。马德拉萨建成后四年，乌鲁伯格开始修建一座天文台，其遗址于1908—1948年被发掘。为了马德拉萨和天文台工作的开展，乌鲁伯格邀请了包括阿尔·卡西、卡迪·扎达·鲁米（Qadi Zada al-Rumi，1364—1436）在内的众多当时最优秀的科学家在此任教和工作。在撒马尔罕，卡西继续他在数学和天文学领域的研究，并且参与天文台的组建与《乌鲁伯格历》（*Ulugh Beg*'s *Zij*）的准备工作，但是此书直至卡西去

① Rosenfeld B, Hogendijk J P. A mathematical Treatise Written in the Samarqand Observatory of Ulugh Beg[J]. Zeitschrift für Geschichte der Arabisch-Islamischen Wissenschaften, 2002/2003, 15: 25-65.

世后才得以完成。目前为止已经发现了在此期间卡西给居住于卡尚的父亲写的两封信。第一封信①大约写于 1423 年，可能是卡西认为这封信丢了，所以写了另一封信。在第二封信②中包含了与第一封信相似的内容，除此之外还有一些其他信息③。在两封信中卡西均高度评价了乌鲁伯格的博学及其数学才能，尤其是他具有较强的心算能力。在信中卡西还讲述了一些关于建造天文台和仪器的有趣事情，通过这两封信以及其他的一些史料可以很明显地看出卡西是当时乌鲁伯格最亲密的合作伙伴和顾问之一，同时乌鲁伯格对于卡西疏忽宫廷礼仪，以及缺乏良好的生活习惯亦很包容。在《乌鲁伯格历》的序言中，乌鲁伯格给予了卡西很高的评价：他是一位伟大的科学家，是世界上最优秀的学者之一，他通晓古代科学并且能够推动其发展，他可以解决世界上最困难的问题。

事实上，卡西在来到撒马尔罕之前就已经完成了一些数学、天文学著作，但是他的主要数学著作却是在撒马尔罕完成的。卡西在 1413 至 1414 年完成了《哈加尼历》（*Khaqānī zīj*），在该书的开始部分，卡西表现出对纳西尔·丁·图西的敬意，但同时指出图西所著《伊尔汗历》（*Īlkhānī Zīj*）部分数据不准确，并希望能在此书中将其纠正。卡西在涉及弦表计算时，仍然延续了插值算法，运算过程中全部采用的是六十进制数码，且对精确至分度弧的正弦表中每个数据给出了四位有效数字。1853 年，赛迪悦（L. Sédillot，1808—1875）曾基于卡西的一本《哈加尼历》抄本对卡西关于正弦表的构造进行过初步研究。在该抄本第 32 对开页（图 2-2-1）的左侧，卡西计算得出 sin 1° 约等于 1（60°），2，49，43，15，5（60^{-5}）。另在左侧的边注

① Kenndy E S. A Letter of Jashīd al-Kāshī to His Father[J]. Scientific Research and Personalities at a Fifteenth Century Court. Orientalia，1960，29：191-213. King D A，Kennedy M H. Studies in the Islamic Exact Sciences. Beirut：American University，1983：722-744.

② Bagheri M. A newly found letter of al-Kāshī on scientific life in Samarkand[J]. Historia Math，1997，24（3）：241-256.

③ Petra G，Schmidl P G. Kāshī：Ghiyāth（al-Milla wa-）al-Dīn Jamshīd ibn Mas'ūd ibn Mahmūd al-Kāshī [al-Kāshānī]. Thomas Hockey et al.（eds.）. The Biographical Encyclopedia of Astronomers[M]. Springer Reference. New York：Springer，2007：613-615.

中，卡西指出，前人未发现已知某角正弦值，来求解等于该角度值三分之一的角度精确正弦值的方法，他发明了此种算法并利用其计算出 sin 1°较为精确的结果约为 1(60°)，2，49，43，11，14，44，16，19，16(60^{-9})，但边注中并未给出算法。

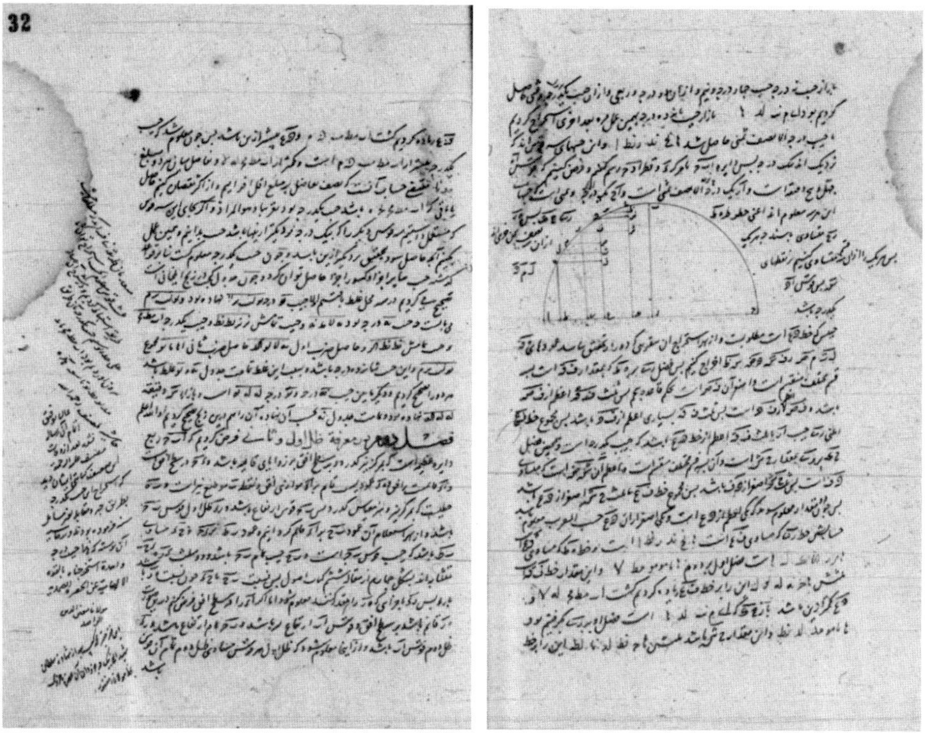

图 2-2-1 《哈加尼历》第 32 页[①]

20 世纪下半叶，随着新史料的发现与解读，学界对此算法有了新的认识。土耳其历史学家哈吉·卡里发(Ḥājjī Khalīfa，1609—1657)曾列出过卡西著作的书目，其中包括《论弦与正弦》。尽管《论弦与正弦》的原本已经遗失，但目前至少有 5 本著作或文章均明确指出卡西曾创造了一种迭代算法可以求出 sin 1°的精确值，它们分别是：卡迪·扎达·鲁米著《如何求

① Glen Van Brummelen. SAW Conference：Al-Kashi's two methods of determining sin(1°)：Finding Roots and Changing Paths. Quest University，2015.

sin 1 °的值》(*Dar bayān–i istikhrāj–i jayb–i yak daraja*, *On the Explanation of the Determination the Sine of One Degree*)、阿尔·古什吉(al–Qūshjī, 1403—1474)著《乌鲁伯格历天文算表评注》(*Sharḥ–i Zīj–i Ulugh Beg*, *The Comentary on Ulugh Beg's Astronomical Tables*)、米林·切列比(Mīrim Chelebī, ？—约 1524)著《天文算表的应用与修正》(*Dustūr al– 'amal wa taṣḥīḥ al–jadwal*, *the Rules of the Operation and Correction of the Table*)、阿里·比里安迪('Abd al–'Alī al–Bīrjandī, ？—1528)著《乌鲁伯格历评注》(*Sharḥ–i Zīj–i Ulugh Beg*, *The Commentary on the Zīj–i Ulugh Beg*)和佚名作者所著《论 sin 1 °值的算法》(*Risāla fī stikhrāj jayb daraja wāhida*, *Treatise on the Determination of the Sine of One Degree*)，故学界通常将 sin 1 °值的精确求法视为卡西《论弦与正弦》一书中的重要内容。《论弦与正弦》成书时间不详，但在卡西于 1424 年所著《论圆周》[①](*Risāla al–muḥiiṭyya*, *The Treatise on the Circumference*)的结语部分对相关内容有所引用，故其应在 1424 年之前完成。其中在上述佚名作者的文章《论 sin 1°值的算法》中大量转引卡西求解 sin 1°值的方法，罗森菲尔德(B. Rosenfeld)和霍根迪耶克(Jan P. Hogendijk)曾撰文[②]对该文章的版本、作者归属等问题进行了研究。目前已经发现该文章的 8 份抄本，分别收藏于柏林、开罗、伊斯坦布尔、德黑兰等地(图 2–2–2)。据罗森菲尔德考证，1881 年伊朗学者可能基于其中的伊斯坦布尔抄本(Istanbul Kandilli Observatory No. 76)将其在德黑兰影印出版。罗森菲尔德以此 1881 年影印本为底本，同时参照柏林抄本(目前收藏于柏林洪保德大学科学图书馆，该抄本是 20 世纪初开罗抄本——National Library, Mustafā Fādil riyāda No. 37——的一个抄本)进行比对校订将其译为英文，同

① Luckey P L. Der Lehrbrief über den Kreisumfang [J]. Abhandlungen der Deutschen Akademie der Wissenschaften zu Berlin, 1953, 6.

② Rosenfeld B, Hogendijk J P. A mathematical Treatise Written in the Samarqand Observatory of Ulugh Beg[J]. Zeitschrift für Geschichte der Arabisch–Islamischen Wissenschaften, 2002/2003, 15: 25–65.

时将1881年德黑兰影印版附于论文[①]之后。在该佚名作者的文章中，较为详尽地转引卡西求解 sin 1° 值的迭代方法，同时给出佚名作者自己的一种改进算法。当涉及卡西的名字时，经常被匿名作者称呼为“亲爱的兄弟”。罗森菲尔德认为该匿名作者可能是卡迪·扎达·鲁米、乌鲁伯格、古什吉中的一位。尽管无法确定，但有一点可以肯定，他必定当时在乌鲁伯格天文台与卡西共事。

Lithograph edition Tehran(j).p.38

图2-2-2 《论 sin 1° 值的算法》德黑兰抄本首页[②]

三、对高精度数值解的数理分析

下面笔者主要基于罗森菲尔德的英译文，同时参照其文章后附阿拉伯文

① A mathematical Treatise Written in the Samarqand.

② A mathematical Treatise Written in the Samarqand，51.

影印图片，并结合卡西现存另两本主要数学著作[①]对卡西求解 sin 1°精确值的数值解算法进行研究。

1. 方程的建立

在《论 sin 1°值的算法》开始部分，卡西转引并证明了托勒密《天文学大成》中的两条几何引理：

引理 1 圆内接任意四边形的两组对边分别构成的矩形面积之和等于其两条对角线构成的矩形面积。

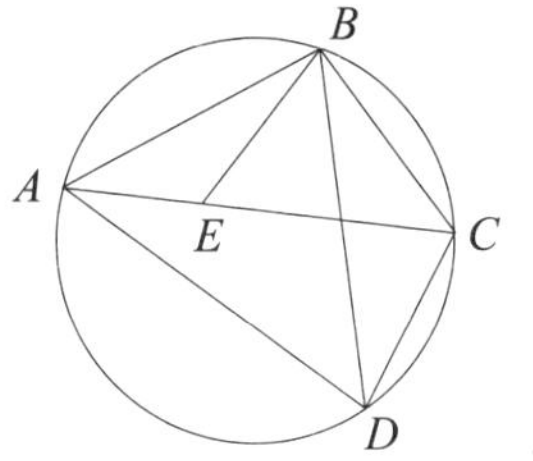

图 2-2-3 《论 sin 1° 值的算法》中卡西转引托勒密引理 1 附图[②]

卡西给出的证明过程利用现代数学语言表述为：

作$\angle ABE = \angle CBD$

$$\left.\begin{array}{l}\triangle BCE \backsim \triangle BDA \rightarrow \dfrac{BC}{CE} = \dfrac{BD}{DA} \rightarrow BC \cdot DA = BD \cdot CE \quad (\text{I}) \\ \triangle ABE \backsim \triangle DBC \rightarrow \dfrac{BA}{AE} = \dfrac{BD}{DC} \rightarrow AB \cdot CD = BD \cdot AE \quad (\text{II})\end{array}\right\} \rightarrow$$

(Ⅰ)+(Ⅱ)：$AB \cdot CD + AD \cdot BC = AC \cdot BD$，故原证成立。

该命题等价于两角和与差的正弦公式：$\sin(\alpha \pm \beta) = \sin\alpha\cos\beta \pm \cos\alpha\sin\beta$。

引理 2 相当于对于圆上任意弧$\overset{\frown}{AB}$，有：

$$\frac{\text{直径} - \overset{\frown}{AB}\text{的补弧弦}(=AD=DG)}{\left(\dfrac{\overset{\frown}{AB}}{2}\right)\text{所对弦}} = \frac{\left(\dfrac{\overset{\frown}{AB}}{2}\right)\text{所对弦}}{\text{半径}}$$

---

①《论圆周》(Risāla al-muḥiṭiyya, The Treatise on the Circumference, 1424)和《算术之钥》(Miftāḥ al-ḥisāb, The Key to Arithmetic, 1429). 卡西三本数学著作中的内容相互渗透，只有全面解读才能更好地理解其中的方程数值解算法。

② A mathematical Treatise Written in the Samarqand, 34.

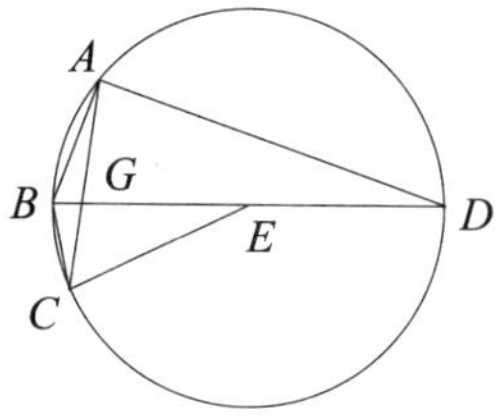

图 2–2–4　《论 sin 1° 值的算法》中卡西转引托勒密引理 2 附图[①]

卡西给出的证明过程利用现代数学语言表述为：

作 $\angle AGD = \angle CAD$，$\widehat{BC} = \frac{1}{2}\widehat{AB}$。$\triangle BEC \backsim \triangle BGC \rightarrow \frac{GB}{BC} = \frac{BC}{CE}$。

该命题等价于正余弦半角公式：$\sin^2\left(\frac{\alpha}{2}\right) = \frac{1-\cos\alpha}{2}$。

佚名作者首先利用上述两条引理建立一个三次方程，如图 2–2–7 所示，在半径为 60 的单位圆中，AD 为 6° 弧所对弦，$AB = BC = CD = x = 2\sin 1°$，利用现代数学语言将此过程表述为：

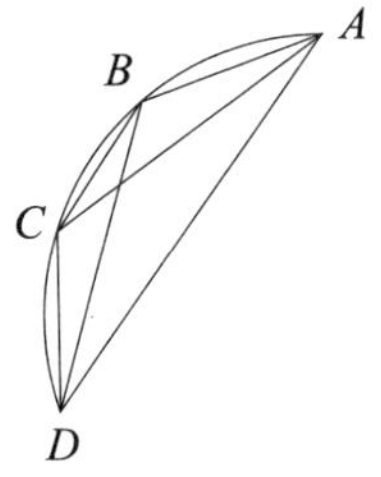

图 2–2–5　《论 sin 1° 值的算法》中建立三次方程图示[②]

$$\left.\begin{array}{l}\text{引理 1}\quad AB^2 + AD \cdot x = AC \cdot BD \rightarrow x^2 + AD \cdot x = AC^2 \\ \text{引理 2}\quad \widehat{AC}\text{的余弦} = 120 - \frac{AB^2}{60} \rightarrow 120^2 - \widehat{AC}\text{的余弦}^2 = AC^2 = x^2 + AD \cdot x\end{array}\right\}$$

$$\rightarrow 4x^2 - \frac{x^4}{3\,600} = x^2 + AD \cdot x$$

$$\rightarrow 3x = AD + \frac{x^3}{3\,600}$$

$$\rightarrow 10\,800 \cdot x = 3\,600 \cdot AD + x^3。$$

---

① A mathematical Treatise Written in the Samarqand，36.

② A mathematical Treatise Written in the Samarqand，39.

佚名作者在后续的计算中取 AD 为 6° 弧所对弦，即 $2\sin 3° \approx 6(60°)$，16，49，7，59，8，56，29，40（60^{-8}），随后利用卡西迭代算法的改进算法计算得出 $x = 2\sin 1° \approx 2(60°)$，5，39，26，22，29，28，32，52，33（60^{-9}）。

接下来佚名作者转引了卡西所述有关代数学的一些基本概念，并对卡西建立并求解方程的过程进行了转引。在图 2-2-7 中卡西取单位圆半径为 30，[①] 则有弦 $AB = BC = CD = x = \sin 1°$，$AC = \sin 2°$，$AD = \sin 3°$，建立方程过程利用现代数学语言表述为：

$$\left.\begin{aligned}&\text{引理 1}\quad (\sin 2°)^2 = x^2 + \sin 3° \cdot x\\ &\text{引理 2}\quad \cos 2° = 60 - \frac{x^2}{30}\end{aligned}\right\} \rightarrow x^2 + \sin 3° \cdot x = 4x^2 - \frac{x^4}{900}$$

$$\rightarrow 2\,700 \cdot x = 900 \cdot \sin 3° + x^3。$$

卡西在计算中取 $\sin 3° \approx 3(60°)$，8，24，33，59，34，28，14，29（60^{-8}），随后利用迭代算法得出 $x = \sin 1° \approx 1(60°)$，2，49，43，11，14，44，16，19，16（60^{-9}）。[②] 在佚名作者的解题过程中，以及他转引卡西的解题过程中均未给出 sin 1°、sin 3° 高精度的选取原则以及方程系数 sin 3° 的解法，似乎这些内容是当时数学家们熟知的知识无须讨论。艾鲍（A. Aaboe）认为 sin 3° 是通过 sin（18-15）° 求出[③]；罗森菲尔德认为任意圆中内接正五边形的边长为其 72° 圆心角所对弦，内接正六边形边长为其 60° 圆心角所对弦，其中 $(\text{crd}\,72°)^2 = \frac{1}{2} \cdot (5 - \sqrt{5}) \cdot r^2$，$\text{crd}\,60° = r$。通过前面引理 1 可求出 12°（=72° - 60°）圆心角所对弦；通过引理 2 可求出 6° $\left(= \frac{12°}{2}\right)$ 圆心角所对弦，此即为 2sin 3°，[④] 但两人均未作出进一步说明，也未给出相关数值高精度的选

---

① 卡西此处并没有明确表述单位圆的半径为 30，佚名作者仍认为卡西同样取半径为 60，随后的术文表明他并未完全理解卡西所列方程的过程。

② 佚名作者指，出由于卡西 sin 3° 取值不准确，导致三次方程根 sin 1° 值不准确。此处 sin 3° 最后一位的准确值应为 50（60^{-8}）；sin 1° 的最后两位的准确值应为 26（60^{-8}），18，佚名作者的计算结果是准确的。

③ Asger Aaboe, Al-Kāshī's Iteration Method for the Determination of Sin 1°, Scripta mathematica. 1954, 20: 24-29.

④ A mathematical Treatise Written in the Samarqand, 39.

取原则。笔者发现在卡西 1424 年成书的《论圆周》一书中给出了上述问题的答案，关于此可以参见笔者的一本著作①，此处不再赘述。

2. 方程的求解

卡西在给出托勒密的两条几何引理后介绍了一些代数学的基本概念。其中卡西提到了一位名为马苏德的数学家，原文如下：

> ……古代的数学家们及其继任者们解释了当问题最终转化为这六类问题之一时如何求解未知数，事实上这也局限了他们。由于其他类型的问题太难、太深，且很少有实际问题可以导致其他类型的问题，故后世的数学家们除了这六类问题很少会求解其他类型的问题。直至毛拉·萨拉夫·丁·穆罕默德·伊本·马苏德·马苏迪（Mawlā sharaf al–Dīn Muḥammad ibn Mas‘ūd al-Mas’ūdī）的出现才解决了另外 19 个问题……②

卡西同样在 1427 年成书的《算术之钥》（*Miftāḥ al–ḥisāb*，*The Key of Arithmetic*）第五卷第 1 章第 7 节的相关内容中③提及了马苏德的名字，关于他的信息我们了解得很少，仅有 17 世纪土耳其史学家哈吉·卡里发曾经记载过马苏德是一位 13 世纪的数学家，此处卡西指的应该是他的著作《论还原与对消》（*Risāla al–Jabr wa'l–muqābala*，*Treatise of Algebra and Almucabala*）。

接下来卡西构造了半径为 30 的单位圆中连续三边为 2° 圆心角所对弦的圆内接四边形（其第四条边为 6° 圆心角所对弦），设 2° 圆心角所对弦长为 x（=2° 弧弦 =2sin 1°），由前可知卡西通过两条几何引理容易推导出关于 x 的方程：$2\,700 \cdot x = 900 \cdot \sin 3° + x^3$，即 $45(60^1) \cdot x = 15(60^1) \cdot \sin 3° + x^3$。据现有史料，《论弦与正弦》一书是卡西现存数学著作中，唯一载有利用迭代数值解方法求解形如 $\sum_{i=0}^{3} a_i x^i = 0$ 的方程完整运算过程的作品。

① 郭园园. 阿尔卡西代数学研究 [M]. 上海：上海交通大学出版社，2017.

② A mathematical Treatise Written in the Samarqand，38.

③ Jamshid al–Kāshī. Miftah al–Hisab（Key to Arithmetic）[M]. A S al–Demerdash. M H al–Cheikh（eds）. Cairo：Dār al–kātib al–‘ arabī，1967：199.

下面笔者结合卡西所给图 2-2-6 中算表对此迭代算法进行说明。

算表中的第一行为结果行，即

$x=\sin 1°\approx 1(60°), 2, 49, 43, 11, 14, 44, 16, 19, 16(60^{-9})$；

第二行为常数项所在行，卡西称之为“数行”，即

$15(60^{1})\sin 3°\approx 47(60^{1}), 6, 8, 29, 53, 37, 3, 37, 15(60^{-7})$。

	1	2	49	43	11	14	44	16	19	16			
47	6	8	29	53	37	3	37	15					
	1												
2	7	6	12	8									
		14	12	1									
	37	2	39	2	23	46	49						
		16	21	4	0	50	26						
		32	2	21	25	22	13	55	8				
			23	25	26	12	40	10	8				
					36	11	5	26	23	45	44	31	11
			8	26	2	23	45	36	31	45	44	31	11
				11	2	23	45	36	31	45			
					0	46	3	12	30	55			
				11	3	9	48	49	2	40			
					33	2	24	44	22	12			
					33	12	13	33	24	52			
							0	52	37	57			
						12	14	26	2	49			
								1	2	30			
							14	27	5	19			
								12					
45	45	45	45	45	45	45	45	45	45				

图 2-2-6 《论弦与正弦》中卡西求解三次方程算表①

接下来卡西对运算过程有完整的叙述。笔者此处结合图 2-2-6 中右侧数表对此过程进行简要说明。

①将数行首位数字 $47(60^{1})$ 除以底行一次项系数（卡西称其为“根的数”）得 $45(60^{1})$ 到的商 $x_0=1(60°)$，余数 $2(60^{1})$。其中 $x_0=1(60°)$ 即为所求根 $x=\sin 1°$ 的首位，写在结果行；随后将余数 $2(60^{1})$，加上数行中剩余

① 由于阿拉伯语的书写和阅读顺序是从右至左，故左侧利用“驻马拉”数码运算的算表也是按照从右至左的顺序进行运算；右侧算表则是罗森菲尔德利用阿拉伯数码将其按照从左至右的顺序进行转写。

数字的第二位数字6(60°)，再加上x_0^3，得到2(60^1)，7。[①] 将底行根的数45(60^1)向右移动一位变为45(60°)。

上述过程相当于求解方程：

$$ax = b + x^3 \to x = \frac{x^3+b}{a} \to x_0 = \left[\frac{b}{a}\right],$$

常数的剩余部分为$r_0 = b - ax_0 = b - a \cdot \left[\frac{b}{a}\right]$，新的常数$d_0 = r_0 + x_0^3$；

②将前面所得和2(60^1)，7除以底行根的数45(60°)，得到的商为x_1=2(60^{-1})，余数37(60°)。其中商2$(60)^{-1}$写在结果行第二位，此时得到的结果为$x_0 + x_1$=1(60°)，2，计算$(x_0 + x_1)^3 - x_0^3$=1(60°)，6，12，8−1(60°)=6(60^{-1})，12，8。随后将余数37(60°)，加上数行中剩余数字相应数位[②]数字8(60^{-1})，29，53，再加上$(x_0 + x_1)^3 - x_0^3$ = 6(60^{-1})，12，8，得到的和为37(60°)，14，12，1。将底行根的数45(60°)向右移动一位变为45(60^{-1})。

上述过程相当于：$x_1 = \left[\frac{d_0}{a}\right]$，常数的剩余部分为$r_1 = d_0 - ax_1 = d_0 - a \cdot \left[\frac{d_0}{a}\right]$，新的常数$d_1 = r_1 + [(x_0 + x_1)^3 - x_0^3]$；

③将37(60°)，14，12，1除以底行根的数45(60^{-1})，得到的商为x_2=49(60^{-2})，余数29(60^{-1})，12，1。在实际运算中是被除数的前两位，即37(60°)，14除以45(60^{-1})，商为49(60^{-2})，余数29(60^{-1})，被除数中剩余的12(60^{-2})，1保持不变。现将余数29(60^{-1})，加上被除数中的剩余部分12(60^{-2})，1，加上数行中与$(x_0+x_1+x_2)^3 - (x_0+x_1)^3$相对应数位数字37($60^{-4}$)，3，37，加上$[(x_0+x_1+x_2)^3 - (x_0+x_1)^3]$=2($60^{-1}$)，39，2，23，46，49，得到的和为32($60^{-1}$)，21，4，0，50，26。

上述过程相当于：$x_2 = \left[\frac{d_1}{a}\right]$，常数的剩余部分为$r_2 = d_1 - ax_2 = d_1 - a \cdot \left[\frac{d_1}{a}\right]$，新的常数$d_2 = r_2 + [(x_0+x_1+x_2)^3 - (x_0+x_1)^3]$。

① 阿拉伯开方运算的传统是利用一幅幅分散的开方算表，据现有史料卡西第一次将这些数表整合在一张数表中，其目的是便于运算和检验。此处所得和“2(60^1)，7”上方的横线表示其上方的数字在原来分散的数表中将被擦去，但在整合数表中被保留。

② 此处指为适应“$(x_0 + x_1)^3 - x_0^3$”的加法运算的相应数位，以下同理。

随后重复前面的运算过程，此处笔者不再展开论述。但应指出的是卡西在计算[1(60°)，2，49，43]^{3}与[1(60°)，2，49]^{3}的差时，本应等于2(60^{-2})，21，25，22，13，55，8，7(60^{-9})，此处卡西将7(60^{-9})略去，佚名作者指出这与卡西在后面计算[1(60°)，2，49，43，11]^{3}与[1(60°)，2，49，43]^{3}的差不符。但事实上卡西在数行中15(60^1)sin 3°时也缺少单位60^{-9}上的数字，这表明他要在此终止运算而非要求出此数位上的结果。

卡西所给算法的描述清晰准确，其本质是利用迭代算法，使得每次运算能够准确求出未知数从高到低每一位上的数字，随后构造减根变换方程继续运算。① 尽管建立方程求解 sin 1°的思想是卡西首创，但是具体求解算法早已有之。据现有史料，在阿拉伯数学史上首先在此领域取得突破性进展的是萨拉夫・丁・图西(Sharaf al-Din al-Muzaffar al-Tusi，1135—1213)②。笔者认为卡西并不知晓图西的相关工作，至于卡西所提及13世纪数学家马苏德・马苏迪所给三次方程数值解算法还有待于进一步研究，但至少可以肯定的是由于相对完善和发达的代数学理论，12世纪末至15世纪初不止一位阿拉伯数学家掌握了三次方程数值解算法。

此外应注意的是，上述并非完整的算法过程，其中关于[$(\sum_{i=0}^{n} x_i)^3-(\sum_{i=0}^{n} x_{i-1})^3$]的运算过程并未体现出来，而是直接给出结果。无论是卡西还是《论 sin 1°值的算法》的佚名作者，皆未为对此作进一步解释，但在卡西1427年成书的《算术之钥》③ 一书中载有相关完整的算法。下面笔者按照《算术之钥》第一卷中的方法将上述求解[$(\sum_{i=0}^{n} x_i)^3-(\sum_{i=0}^{n} x_{i-1})^3$]的主体过程复原。接下来以{[1(60°)，2($60^{-1}$)]^3−[1(60°)]^3}为例：

---

① 佚名作者的算法是在卡西算法的基础上进行了局部改造，算法思想及主体运算步骤没有发生改变，此处不再展开。

② 关于图西方程数值解的研究可以参考笔者的另一篇文章：郭园园. 萨拉夫・丁・图西三次方程数值解研究 [J]. 自然科学史研究，2015，34(2)：142-163.

③ Jamshid al-Kāshī，Miftah al-Hisab. Key to Arithmetic[M]. A S al-Demerdash，M H al-Cheikh，eds..Cairo：Dār al-kātib al-ʿarabī，1967.

1. 将结果行数字加到根行上；
将结果行数字与根行数字的乘积加到平方行；
将结果行数字与平方行数字的乘积加到数行，得到 1^3（60°）；
2. 再次将结果行数字加到根行上；
将结果行数字与根行数字的乘积加到
平方行，得到 3×1^2（60°）；
3. 第三次将结果行数字加到根行上，得到 3×1（60°）；
⟹

结果行　1（60°）
数行[①]（三次方）
平方行（二次方）
根行（一次方）

将结果行中新得到的数字 2（60^{-1}）加到根行上；
将结果行数字 2（60^{-1}）与根行数字的乘积加到平方行；
将结果行数字 2（60^{-1}）与平方行数字的乘积加到数行上，
得到 [1（60°），2（60^{-1}）$]^3$，剩余过程同前。
⟹

结果行　1（60°），2（60^{-1}）
数行　1^3（60°）
平方行　3×1^2（60°）
根行　3×1（60°）

结果行　1（60°），2（60^{-1}）

数行　$1^3(60°)+\{3\times1^2(60°)+[3\times1(60°),2(60^{-1})]\times2(60^{-1})\}\times2(60^{-1})$
$=[1(60°),2(60^{-1})]^3$

平方行　$3\times1^2(60°)+[3\times1(60°),\ 2(60^{-1})]\times2(60^{-1})$

根行　$3\times1(60°),\ 2(60^{-1})$

① 在卡西求解 $\sqrt[n]{a}$ 的开方算法过程中，数行本应是被开方数字 a，每次通过“随乘随加”机械算法得到的数行结果 $(\sum_{i=0}^{n}x_i)^3$ 应从被开方数字 a 中减去，随后构造减根变换方程。

通过上述“随乘随加”的机械算法在每一个数行中均可求得$(\sum_{i=0}^{n} x_i)^3$，进而得出每一个$[(\sum_{i=0}^{n} x_i)^3-(\sum_{i=0}^{n} x_{i-1})^3]$，这样将其从构造减根变换方程的整体迭代算法中分离出来可以大幅缩减算表的篇幅。而据现有史料，这种利用“增乘”方式进行高次开方的算法也并非卡西所创，早期的奥马尔·海亚姆（Omar Khayyam，1048—1131）和萨玛瓦尔（al-Samaw'al，约 1130—约 1180）在各自的著作中均使用过此法。①

总之，阿拉伯人建立了较为完整的平面三角学和球面三角学体系，他们的工作极大地丰富了三角学内容并对后来欧洲人的深入研究以及三角学的分析化产生了不容忽视的影响。

第三节 欧洲三角学体系的复兴与繁荣

6 世纪，随着希腊文明的衰落，欧洲社会坠入漫长的中世纪，欧洲文化在长达数百年的时间里几乎停滞不前。

一、西方研究的复兴

12 世纪是欧洲文明发展史上的一个重要转折期，正如科学史家萨顿（George Sarton，1884—1956）所说：12 世纪是一个传递与折衷的时代，也是一个吸收与融合的时代。正是从这时起，相互冲突的各种文化才极为紧密地联系起来，尤其是基督教和伊斯兰教，它们之间的相互影响构成了新欧洲的坚实核心。② 美国历史学家哈斯金斯（C. H. Haskins，1870—1937）认为，12 世纪文化复兴有两个重要源泉：一部分是根植于已在拉丁西方显现的知识

① 郭园园. 阿尔卡西代数学研究 [M]. 上海：上海交通大学出版社，2017：55-63.

② G. Sarton. Introduction to the History of Science[M]. New York：Robert E. Krieger Publishing Company，1975：2.

和思想，另一部分依赖于新学问和从东方流入的文献。[①] 这很大程度上要归功于翻译运动，希腊古典科学和东方实用科学通过阿拉伯人传入欧洲。13 世纪后，欧洲逐渐走出封闭落后的状态，进入发展和繁荣时期，在促使这一划时代转变的种种因素中，东西方文化的交流无疑起到了重要的作用。下面简要介绍这一时期西方世界接纳和吸收伊斯兰知识的三条地理路径。

第一条最古老且著名的路径显然是伊比利亚半岛。从 711 年开始，在短短 20 年的时间里，该地区几乎完全落在阿拉伯人统治之下。随后的 150 年间，这里的统治者同阿拉伯－伊斯兰世界中心的那些开化政权一样，追求着科学真理。这里的众多图书馆中很早就形成了伊斯兰教信徒、基督教徒和犹太人间融洽合作的学术氛围，出现了 12 世纪上半叶以托莱多（Toledo）为中心的将阿拉伯文献翻译为拉丁文和希伯来文的浪潮。其中比较著名的翻译先驱有巴斯的阿德拉德（Adelard of Bath，约 1116—1142）、克雷莫纳的杰拉德（Gerard of Cremona，约 1114—1187）等。这一时期包括亚里士多德（Aristotle，前 384—前 322）、欧几里得等众多学者的数学、天文、医学著作被翻译并在临近地区广为流传。

西西里岛和意大利南部由于地理上的优势也是早期积极吸收东方科学文明的桥头堡，此即第二条路径。特别是东方数学帮助意大利人摆脱了笨拙的罗马记数和计算系统，记数和计算系统上的进步加速了 13 世纪地中海商业革命的进程，从而为意大利文艺复兴做好了必要的物质与经济准备。欧洲数学从意大利开始复兴，随后变成了一种趋势向欧洲其他地区传播，到文艺复兴时期整个欧洲数学开始繁荣，最终成为现代数学的摇篮。这一时期的代表人物是斐波那契（Fibonacci，1175—1250），他在阿拉伯－伊斯兰世界旅行与经商途中，学习到了印度－阿拉伯十进制位值制记数法及计算方法，在与当时欧洲所使用的罗马数字记数和计算系统进行比较后，发现印度－阿拉伯数字更便于计算和商业使用。于是，斐波那契回到比萨后以印度－阿拉伯数字为基础编写了《计算之书》（*Liber Abaci*）。这本书内容丰富、流传广泛，为印

① 查尔斯·霍默·哈斯金斯. 12 世纪文艺复兴 [M]. 夏继果，译. 上海：上海人民出版社，2005：225.

度－阿拉伯记数和计算系统在欧洲的传播起到了极大的作用。斐波那契被认为是当时西方基督教世界第一位伟大的数学家，主要是由于比起其他的欧洲数学家，斐波那契拥有更高的数学水平，这一方面得益于他在阿拉伯－伊斯兰世界相对长时间的生活，使他更熟悉哪些数学知识还尚未传播到欧洲；另一方面，他可以直接与北非的数学家群体接触，这可以提升他对问题的理解，并最终完成了这本富有创造性的作品。

第三条路径是从阿拉伯－伊斯兰世界的中心和东部地区到拜占庭，并从那里再到欧洲。例如，直至今天都家喻户晓的寓言集《卡里姆与笛木乃》（*Kalīla wa-Dimna*）就是通过这一路径被欧洲人所知，当然这条路径的重要性绝不仅局限于伊斯兰文学作品的传播，这意味着位于东阿拉伯地区的当时最先进的科学技术可以无时间差地传播到西方。这条路径恰好也与本章的主题有关，纳西尔·丁·图西的《论完全四边形》（*The Complete Quadrilateral*）也是通过这一路径传至欧洲，这本让三角学成为独立学科的著作大部分收录在了雷乔蒙塔努斯（Regimontanus，1436—1476）所著的《论各种三角形》（*De Triangulis Omnimodis*）一书中。

伴随着欧洲文艺复兴进程的展开，世界学术中心从东方移到西方。文艺复兴后，人类摆脱了中世纪束缚思想的精神枷锁，迎接一个崭新时代的到来，包括三角学在内的各种自然科学都取得了进一步的发展。三角学广泛应用于航海、推算日历、实地测量等领域，许多商人开始资助学者的研究，进而推动了三角学的迅速发展。欧洲第一部完全论述三角学的著作就是德国数学家雷乔蒙塔努斯所著的《论各种三角形》。1450年他在维也纳大学注册，师从奥尔格·冯·波伊尔巴赫（Georg von Peuerbach，1423—1461）学习天文学。1461年跟随约翰·贝萨里翁（Bessarion，1403—1472）来到罗马，并于1463年完成了《天文学大成概论》（*Epitome*），该书中体现了众多阿拉伯天文学家的研究成果。随后他意识到需要一本书来论述平面和球面三角形中边角关系的法则，这样有利于学生更容易深入理解托勒密的表格。他认为学习三角学法则是阅读《天文学大成》的前提，这些知识是通往整个天文学和某些几何问题的必经之路。因此他于1464年完成了《论各种三角形》一书，如前所述，该书汲取了纳西尔·丁·图西《论完全四边形》的精华，是欧洲第一本使三角学脱离天文学而正式成为数学的一个独立科目的系统著作，为完善的三角学在平面和球面几何中建立牢固的基础，成为欧洲三角学发展的源头。1476年，雷乔蒙塔努斯英年早逝，但他的《论各种三角形》影响了哥白尼和乔治·雷蒂库斯（Georg Joachim Rheticus，1514—1574），哥白尼在研究天文学时参考过这本书。

奥地利数学家、天文学家雷蒂库斯于1539年到波兰弗劳恩贝格（Frauenberg）向著名科学家哥白尼学习，并于1543年参与出版了哥白尼的《天体运行论》（*On the Revolutions of the Heavenly Spheres*）。哥白尼去世后，雷蒂库斯发现当时天文学观测日益精密，推算更精确的三角数表已经刻不容缓，他便从天文学转向三角学研究，于1551年出版了《三角准则》（*Canon doctrinae triangulorum*），其中包含正余弦、正余切和正余割6种三角函数表。他的创新之处在于重新定义了三角函数，即三角函数为直角三角形边与边的比，从而脱离了过去那种必须依赖圆弧的作法。雷蒂库斯晚年一直致力于完成一份更为精确的三角函数表，他已经意识到利用高次方程数值解法计算某些特殊角函数值，故1545年他去意大利拜访当时著名代数学家卡尔达诺（Gerolamo Cardano，1501—1576）。正是这一年卡尔达诺发表了可以求解三次和四次方程的著作《大术》（*Ars Magna*）。可惜雷蒂库斯无功而返，① 直到去世也未能完成。之后，雷蒂库斯的学生奥托（Lucius Valentin Otho，约1550—1605）等5人又用了12年时间，最终于1596年在腓特烈四世（Frederick IV，1574—1610）的资助下出版了《三角数表》（*Opus Palatinum*）。

16世纪欧洲三角数表的建构是首先编造正弦表、余弦表，再利用函数间的基本关系，造出其他函数表。因正切、正割值以余弦值为分母来计算，在余弦值接近0，即角度接近90°时，正切、正割值非常大。因而在此数值附近，余弦值的小误差会导致正切、正割值非常大的误差。雷蒂库斯的造

① Brummelen G V. The Mathematics of the Heavens and the Earth：The Early History of Trigonometry [M]. Princeton：Princeton University Press，2009：280.

表程序是：首先构造出从 0° 到 90°，每隔 45′ 的正弦表，其中每个函数值都精确到小数点后 15 位；然后从 sin 45′ 和 sin(55.5)° 入手，连续应用半角公式求出 sin 30″ 的值，由于运算过程中的错误，这虽然对弦表中的数值没有影响，但在正切表中角度接近 90° 时的累积误差已经较大，例如根据雷蒂库斯三角数表计算出 tan 89° 59′ 50″=20 626.488 281 576 2，但是真实值为 tan 89° 59′ 50″=20 626.467 032 717 7，其中 15 位有效数字出现 9 位误差；[①] 接下来雷蒂库斯继续从 sin 30″ 入手，仿照前面连续应用半角公式求出 sin 5″，进而求出 10″、20″、30″、40″ 和 50″ 的正弦值，并最终构造出以 10″ 为间隔的三角函数表。

当时欧洲许多数学家都在从事三角函数表的计算工作，当奥托修订的三角数表一经问世便经受了最为严格的检验，阿德里安斯·罗马纳斯（Adrianus Romanus，1561—1615）率先指出雷蒂库斯的数值错误。晚年奥托疾病缠身无力修改，这个任务最终落到腓特烈四世的皇家牧师、数学家巴托洛梅乌斯·毕的斯克斯身上。毕的斯克斯根据罗马纳斯的意见，在雷蒂库斯数表的基础上，重新计算出 0° 到 7° 精确到小数点后 20 位的正弦值，然后利用这些数值修正了奥托所计算的正切和正割数表，并于 1607 年重新出版了雷蒂库斯的三角函数表《三角学精义准则》（*Magnus canon doctrince triangulorum*）。1613 年他又出版了一个更为精确的三角函数表（*Thesaurus mathematicus*），被欧洲学术界誉为“无与伦比的权威”，这个修订版的雷蒂库斯三角数表成为后来多个领域内的标准数表，一直被使用到 20 世纪初。[②]

二、数学家们交流合作的成果

毕的斯克斯是 16 世纪德国数学家，天文学家和神学家。他出生于西里西亚的绿山城，卒于海德堡。他于 1595 年在海德堡用拉丁文出版了著作《三角

① Brummelen G V. The Mathematics of the Heavens and the Earth: The Early History of Trigonometry [M]. Princeton: Princeton University Press, 2009: 281.

② Brummelen G V. The Mathematics of the Heavens and the Earth: The Early History of Trigonometry [M]. Princeton: Princeton University Press, 2009: 282.

法》(*Trigonometriæ*),该书是16~17世纪欧洲三角学体系构建过程中非常重要的一部著作。后来又有修订版(1609)和第三版(1612)(图2-3-1)。全书共5卷,卷1有74个命题,论述几何知识;卷2有53个命题,论述三角学概念及三角数表编制方法;卷3、4讨论平面及球面三角形解法;卷5论证公式;在书末附有三角数表。现在英文中的"trigonometry(三角学)"一词即源于此书名。该书在1614和1619年分别被译为英文和法文。

图2-3-1 毕的斯克斯《三角法》1612年拉丁文版首页

毕的斯克斯在《三角法》中特别提及他是从约斯特·布尔金(Jost Bürgi,1552—1632)那里学到一般高次方程的数值解法,并应用到造三角函数表中的数值求解。约斯特·布尔金是一位当时活跃于卡塞尔和布拉格宫廷的瑞士钟表匠,同时也是一位天文仪器制造者和数学家。黑森卡塞尔公国(Hesse-Kassel)德威廉四世(William IV,1567—1592年在位)称赞他是"第二个阿基米德"。1604年,布尔金来到布拉格服务于鲁道夫二世(Rodulph II,1576—1612年在位),因此结识了开普勒(Johannes Kepler,1571—1630)。1586年,布尔金使用了多种算法可以将正弦表计算到任意精度,其中一种算法他称为“Kunstweg”，很可能被用到正弦表《*Canon Sinuum*》的计算中，可惜这张正弦表遗失了。《三角法》(1609 年版)中转引了布尔金算法，其中就有求二分、三分和五分角算法。毕的斯克斯在书中记载布尔金新算法的一个重要原因是：布尔金与开普勒达成约定，即开普勒在其著作中引用的布尔金所创新算法必须在之前布尔金的书中或是他人的书中发表过的。①

17 世纪，数学从运动的研究中引入了一个基本概念——函数。正余弦函数是一对起源于圆周运动，密切配合的周期函数，它们是解析几何和周期函数分析学中最基本和重要的函数；其中正余弦函数的基本性质是圆的几何性质的直接反应。牛顿(Isaac Newton，1643—1727)和莱布尼茨给出了三角函数的级数展开式。接下来，约翰·伯努利(John Bernoulli，1667—1748)等人在和差公式的基础上推导了解析三角的一般恒等式。随后欧拉(Leonhard Euler，1707—1783)的《无穷小分析引论》(*Introductio in analysin infinitorum*)把三角学作为一门关于三角函数的科学进行研究，对三角学作解析的叙述，并从不多的几个基本公式推导出全部三角公式。这使得三角学从静态的只是研究三角形解法的狭隘天地中解放出来，可以去描述现实世界中一切能用三角函数反应的运动或变化，从而使三角学成为一门具有现代特征的分析学分支。18 世纪数学家们广泛研究了三角函数，特别是在天文学之中。19 世纪法国数学家傅里叶(Fourier，1768—1830)发现相当广泛的一类函数都可以展开成为三角级数：$f(x)=\sum_{n=0}^{\infty}(a_n \sin nx + b_n \cos nx)$，这一发现使得三角函数成为一般函数的基础。20 世纪末，数学家们发现三角函数作为基础还有待改善，于是使用各种“小波”代替正弦波和余弦波，取得了更好的效果。如今，三角学随着现代数学的综合性趋势加强，其中的一些内容已分属数学的其他学科，如三角函数可归于分析学，三角函数的恒等变形可归于代数学，三角测量可归于几何学等。

---

① Clark K. Jost Bürgi's Arithmetische und Geometrische Progress-Tabulen (1620) [M]. Springer New York, 2015: 9.

三、对高精度数值解的数理分析

接下来分析毕的斯克斯在《三角法》中给出求 $\sin 1°$ 的方程数值解法。①

1. 方程的建立

《三角法》全书共五卷，毕的斯克斯利用代数方程求解 $\sin 1°$ 的相关内容集中在第二卷问题 1－7，如下：

问题 1 已知弧的正弦，求其余弦。方法：将已知（正弦）值的平方从半径平方中减去，剩余差的平方根即为所求余弦值。

问题 2 已知弧的正弦、余弦，求二倍弧的正弦。方法：将此弧的正弦值乘以余弦值，随后把所得乘积除以半径，所得即为二倍弧正弦值的一半。

问题 3 半圆上的弧所对弦及二倍弧所对弦均已知，求三倍弧所对弦。方法：将弧所对弦的平方从二倍弧所对弦的平方中减去，把所得差除以该弧所对弦，所得商即为所求三倍弧所对弦。

问题 4 半圆上的弧所对弦已知，其二倍弧所对弦和三倍弧所对弦已知，求五倍弧所对弦。方法：将二倍弧所对弦的平方从三倍弧所对弦的平方中减去，把所得的差除以已知弦，所得即为所求五倍弧所对弦。

问题 5

（1）已知弧的正弦和余弦，求二分之一弧的正弦。方法：将该弧正弦的平方，加上其正矢（等于半径减去余弦）的平方，所得和的平方根即为该弧所对弦，其二分之一即为二分之一弧的正弦。

（2）类型（1）是通过正弦来求解，现在通过弦来求解。方法：将已知弧的补弧所对弦从直径中减去，把所得差乘以半径，所得即为二分之一弧所对弦的平方。

（3）利用布尔金的代数方法求解。

如图 2－3－2 所示，在⊙E，CF 为直径，$AB \perp CF$，毕的斯克斯构造二次方程过程用现代数学符号表示如下：

① 笔者在接下来的数理分析部分主要是基于《三角法》1612 年拉丁文版，同时参考了该书 1614 年的英文译本。

由$\triangle EFB \sim \triangle ACB \rightarrow \frac{EF}{FB}=\frac{AC}{AB} \rightarrow \frac{1}{\sqrt{4-x^2}}=\frac{x}{AB} \rightarrow AB^2=4x^2-x^4$。

而后毕的斯克斯将$AB=10^7$代入上述方程，有$X^2+10^{14}=4X$，并利用布尔金所创的方程数值解法得到$X \approx 0.267\ 949\ 192\ 431\ 12$。毕的斯克斯在问题5、6、7中连续给出了一道二次、三次和五次方程完整的数值解运算过程。

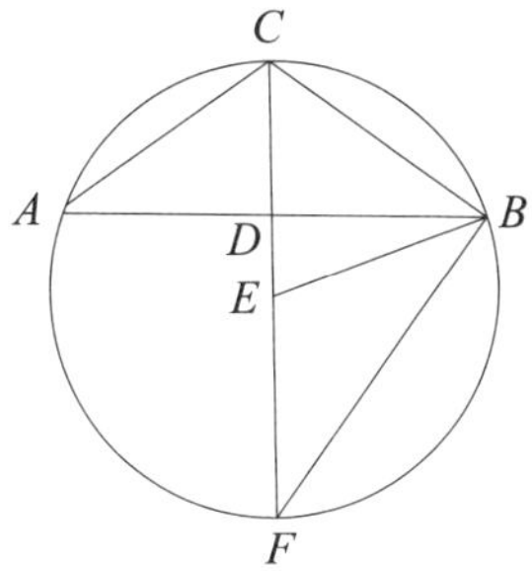

图2-3-2　《三角法》第二卷问题5中构造二次方程图示

问题6

（1）一条弧所对弦已知，求三分之一弧所对弦。方法：取已知弦的三分之一，假设一个稍大值按照问题3中的方法求出原弧所对弦。如果与已知值相等，则此假设值即为所求；如果不等，则将二者的差值写出，另外再次假设一个数值重复相同的运算，并写出差值，随后利用（双）假设法运算：$3x-x^3=0.517\ 638\ 1$（其中$0.517\ 638\ 1=2\sin 15°$），首先假设$x_1=0.173$代入$3x-x^3=0.513\ 822\ 3$，计算差值$0.517\ 638\ 1-0.513\ 822\ 3=0.003\ 815\ 8$；随后假设$x_2=0.174$代入$3x-x^3=0.516\ 732$，计算差值$0.517\ 638\ 1-0.516\ 732=0.000\ 906\ 1$。利用（双）假设法运算：

$$\frac{0.174\times 0.003\ 815\ 8-0.173\times 0.000\ 906\ 1}{0.003\ 815\ 8-0.000\ 906\ 1}=\frac{0.000\ 663\ 949\ 2-0.000\ 156\ 755\ 3}{0.002\ 909\ 7}$$

$$=\frac{0.000\ 507\ 193\ 9}{0.0029097}\approx 0.174\ 311\ 4。$$

（2）通过代数方程的方法求解。

如图2-3-3所示，弦AD已知，$AB=BC=CD=x$为所求，按照问题5中的方法可知$AC=BD=\sqrt{4x^2-x^4}$。另圆内接四边形$ABCD$两组对边乘积之和等于对角线之积，则有：$AB \cdot CD + BC \cdot AD = AC \cdot BD \rightarrow BC \cdot AD = AC \cdot BD - AB^2 = 3x^2 - x^4 \rightarrow AD = 3x - x^3 \rightarrow 3x - x^3 = 0.517\,638\,1$，其中 $0.517\,638\,1 = 2\sin 15° \rightarrow x \approx 0.174\,311\,4 = 2\sin 5°$。[①] 事实上方法（1）中通过双假设法继续运算有：$\frac{0.000\,507\,193\,9}{0.002\,909\,7} \approx 0.174\,311\,4(066\,742\,28)$；而真实值 $2\sin 5° \approx 0.174\,311\,4(854\,953\,16)$。

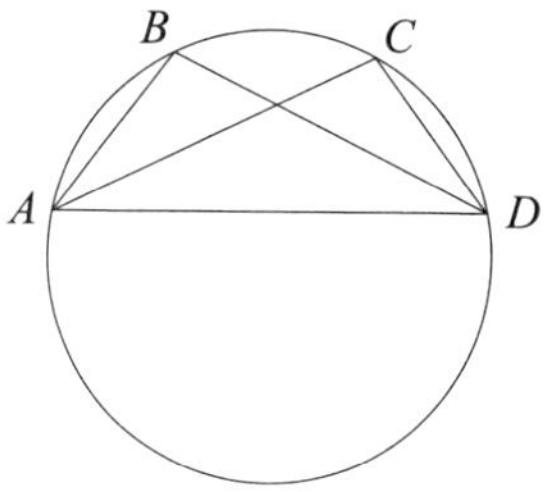

图 2-3-3 《三角法》第二卷问题 6 中构造三次方程图示

问题 7

（1）已知任意弧所对弦，求五分之一弧所对弦。方法：取比已知弦的五分之一稍大的值作为所求弦，按照问题 4 中的方法，求出已知弦。如果二者相等，则假设值即为所求。如若不然，则取二者差值，随后再取另一个假设值重复计算并得出差值。接下来按照问题 6 中的（双）假设法计算。证明与问题 6 相同。

毕的斯克斯首先取 $2\sin 5° = 0.174\,311\,4$，设 $x_1 = 0.034\,9$ 代入 $x^5 + 5x - 5x^3 = 0.174\,287\,5$，$0.174\,311\,5 - 0.174\,287\,5 = 0.000\,024$；设 $x_2 = 0.034\,91$ 代入 $x^5 + 5x - 5x^3 = 0.174\,337\,3$，$0.174\,337\,3 - 0.174\,311\,5 = 0.000\,025\,8$。

随后计算：

$$\frac{0.034\,9 \times 0.000\,025\,8 + 0.034\,91 \times 0.000\,024}{0.000\,025\,8 + 0.000\,024} = \frac{0.000\,000\,900\,42 + 0.000\,000\,837\,84}{0.0000498}$$

$$= \frac{0.000\,001\,738\,26}{0.000\,049\,8} \approx 0.034\,904\,8。$$

（2）通过代数方程的方法求解。

如图 2-3-4 所示，AF 为弧 AF 所对弦，弧 CD 为弧 AF 的五分之一，CD 为所求。设 $CD = x$，则由前可知 $AC = DF = \sqrt{4x^2 - x^4}$，$AD = CF = 3x - x^3$。在

① 方程完整数值解过程将在下文中分析。

四边形 $ACDF$ 中，有 $AF \cdot CD + AC \cdot DF = AD \cdot CF \rightarrow x \cdot AF + (4x^2 - x^4) = (3x - x^3)^2 \rightarrow AF = 5x - 5x^3 + x^5$。

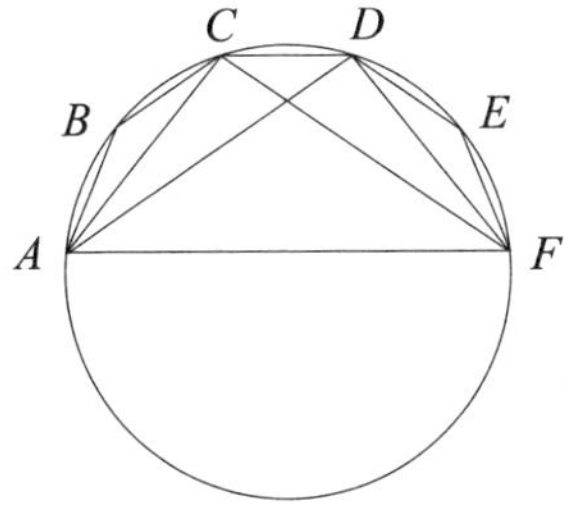

图 2-3-4 《三角法》第二卷问题 7 中构造五次方程图示

毕的斯克斯所给方程 $x^5 + 5x = 5x^3 + 0.174\,311\,4$（其中 $0.174\,311\,4 = 2\sin 5°$），计算得 $x \approx 0.034\,904\,8$（$=2\sin 1°$）。事实上方法（1）中通过双假设法继续运算有：$\dfrac{0.000\,001\,738\,26}{0.000\,0498} \approx 0.034\,904\,8(192\,771\,08)$；而真实值 $2\sin 1° \approx 0.034\,904\,8(128\,745\,67)$。

毕的斯克斯此处主要目的是示范性地给出由 $r\sin\alpha$ 推导出 $r\sin\dfrac{\alpha}{2}$，$r\sin\dfrac{\alpha}{3}$，$r\sin\dfrac{\alpha}{5}$ 的方程求解方法，进而从 $r\sin 60°$ 入手，依次求出：

$$r\sin 30°\left(=r\sin\frac{60°}{2}\right),\ r\sin 15°\left(=r\sin\frac{30°}{2}\right),\ r\sin 5°\left(=r\sin\frac{15°}{3}\right),$$

$$r\sin 1°\left(=r\sin\frac{5°}{5}\right),\ r\sin 30'\left(=r\sin\frac{1°}{2}\right),\ r\sin 10'\left(=r\sin\frac{30'}{3}\right),$$
$$r\sin 5'\left(=r\sin\frac{10'}{2}\right),\ r\sin 1'\left(=r\sin\frac{5'}{5}\right),\ r\sin 30''\left(=r\sin\frac{1'}{2}\right),$$

$$r\sin 10''\left(=r\sin\frac{30''}{3}\right),\ r\sin 5''\left(=r\sin\frac{10''}{2}\right),\ r\sin 1''\left(=r\sin\frac{5''}{5}\right)。$$

由前可知 15 世纪初波斯数学家阿尔·卡西也给出了与《三角法》问题 6 中类似的三次方程数值解法求解 sin 1°。由于毕的斯克斯问题 5、6、7 中 3 道方程求解方法完全一致，为了便于与卡西三次方程数值解进行比较，仅用问题 6 中三次方程数值解过程与卡西类似方法进行比较。

2. 方程的求解

《三角法》第二卷问题 6 中所给方程为：

$$3x-x^3=0.517\ 638\ 1（其中 0.517\ 638\ 1=2\sin 15°）。$$

随后书中给出数值解法计算得 $x \approx 0.174\ 311\ 4（=2\sin 5°）$。其整体运算过程体现在图 2－3－5 的算表中，毕的斯克斯对于这些数值解法并没有单独的文字说明，但可以结合书中三个方程的所有算表对此处运算过程进行分析。

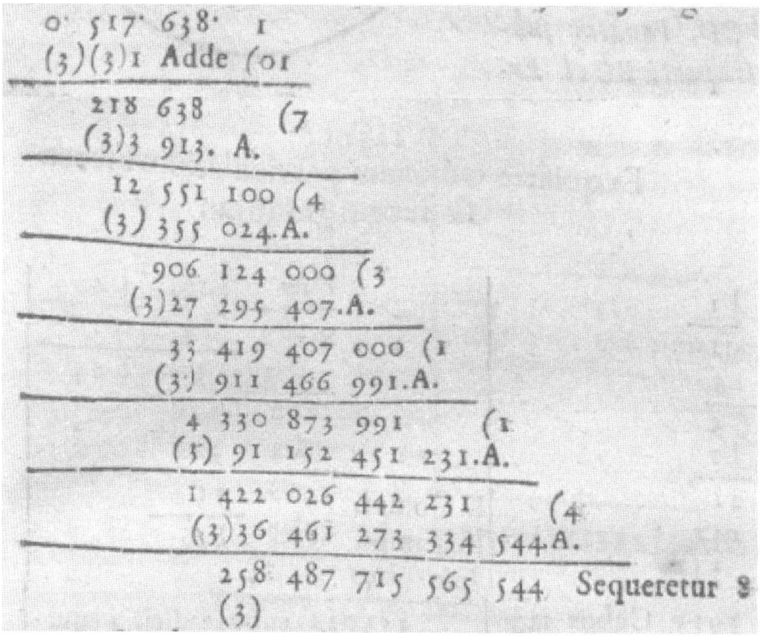
0· 517· 638· 1
(3)(3)1 Adde (01
218 638 (7
(3)3 913. A.
12 551 100 (4
(3) 355 024.A.
906 124 000 (3
(3)27 295 407.A.
33 419 407 000 (1
(3) 911 466 991.A.
4 330 873 991 (1
(5) 91 152 451 231.A.
1 422 026 442 231 (4
(3)36 461 273 334 544.A.
258 487 715 565 544 Sequeretur 8
(3)

图 2－3－5 《三角法》第二卷问题 6 中三次方程算表 1

（1）将最上行数字，即方程的常数项 0.517 638 1 从小数点右侧第一位开始每三位分节断开。将第一节 0.517 除以一次项系数 3，得到商 0.1，余数 0.217。随后将其加上构造新减根变换方程产生的常数 $0.1^3=0.001$。上述过程相当于 $0.517-0.1\times 3+0.1^3=0.218$，其中减法运算不体现在算表中，仅加法运算体现出来。算表第二行数字由左到右分别为除数，即方程一次项系数 3；加数 1，其实际表示 $0.1^3=0.001$；初商 0.1。第一、二两行数字下方有分割线表示上方两个数字对应相加，得到的和218写在其下方，其实际表示0.218。随后将方程常数项中的第二节三位数字638写在218的右侧，其实际表示0.218 638作为第二次估商运算的新被除数。

（2）将第三行数字0.218 638继续除以一次项系数3，得到商0.07，余数0.008 638。随后将其加上构造新减根变换方程过程中产生的常数$0.17^3-0.1^3=0.003\ 913$，运算过程在另外的算表中计算，对此下文会说明。上述过程相当于$0.218\ 638-0.07\times 3+0.003\ 913=0.012\ 551$。算表第四行数字由左到右分别为除数，即方程一次项系数3；加上3 913，其实际表示0.003 913；次商7，其实际表示0.07。第三、四行数字的下方有分隔线表示上方的两个数字对应相加，得到的和12 551写在其下方，其实际表示0.012 551。随后将原方程常数项中第三节唯一剩余数字1写在12 551的右侧，再添加两个0，相当于0.012 551 100作为第三次估商运算的新被除数。

（3）将第五行数字0.012 551 100继续除以一次项系数3，得到商0.004，余数0.000 551 100。随后将其加上构造新减根变换方程过程中产生的常数$0.174^3-0.17^3=0.000\ 355\ 024$，其运算过程同样在另外的算表中体现。上述过程相当于$0.012\ 551\ 100-0.04\times 3+0.000\ 355\ 024=0.000\ 906\ 124$。算表第六行数字由左到右分别为除数3；加上355 024，其实际表示0.000 355 024；第三次估商4，其实际表示0.004。第五、六两行数字的下方有分隔线表示上方的两个数字对应相加，得到的和906 124写在下方，其实际表示0.000 906 124。随后在其右侧添加三个0，相当于0.000 906 124 000作为第四次估商运算的新被除数。下面重复上述过程。

接下来，毕的斯克斯利用图2-3-6、2-3-7和2-3-8中的算表来计算图2-3-5算表中的第4、6、8、10、12和14行数值，即：

17^3-10^3，174^3-170^3，$1\ 743^3-1\ 740^3$，$17\ 431^3-17\ 430^3$，

$174\ 311^3-174\ 310^3$，$1\ 743\ 114^3-1\ 743\ 110^3$。

图2-3-6中左侧的算表是在连续计算：

0.1^2，0.17^2，0.174^2，$0.174\ 3^2$，$0.174\ 31^2$，$0.174\ 311^2$，$0.174\ 311\ 4^2$。

此处以前两条水平分割线之间的数据为例说明其运算过程：第一条水

平分割线下方数字001，表示其上方0.1与0.1的乘积，即0.01；第一条水平分割线下方第二行数字27，表示1×2×10+7，此时将27与其上方数字7相乘得到189，写在对应数位的下方，相当于0.018 9；随后将其与上方的0.01相加，得到0.028 9写在第二条水平分割线的下方，得到了0.17^2。以下同理。

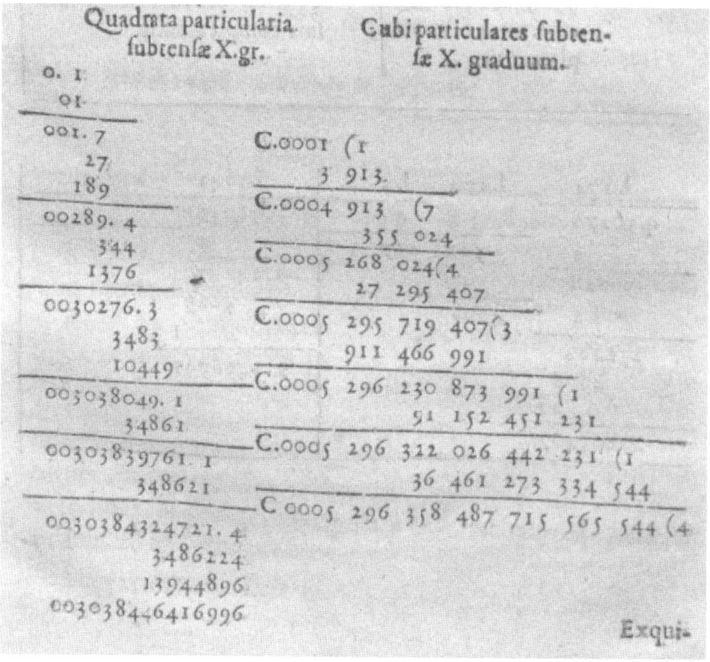

Quadrata particularia
subtensæ X.gr.
0. 1
01
001. 7
27
189
00289. 4
344
1376
0030276. 3
3483
10449
003038049. 1
34861
00303839761. 1
348621
0030384324721. 4
3486224
13944896
003038446416996

Cubi particulares subten-
sæ X. graduum.
C.0001 (1
3 913
C.0004 913 (7
355 024
C.0005 268 024(4
27 295 407
C.0005 295 719 407(3
911 466 991
C.0005 296 230 873 991 (1
91 152 451 231
C.0005 296 322 026 442 231 (1
36 461 273 334 544
C.0005 296 358 487 715 565 544 (4
Exqui-

图2-3-6　《三角法》第二卷问题6中三次方程算表2

图2-3-6中右侧的算表是在连续计算：

0.1^3，0.17^3，0.174^3，$0.174\ 3^3$，$0.174\ 31^3$，$0.174\ 311^3$，$0.174\ 311\ 4^3$。

此处以第一条水平分割线之上数据为例说明其运算过程：第一行数字0 001，表示0.1^3；第二行数字3 913，相当于0.003 913，表示$0.17^3-0.1^3$，将第一条水平分割线上方的两个数字相加得到0.004 913，表示0.17^3，写在第一条水平分割线下方，以下同理。但是右侧算表中偶数行中数字表示连续立方的差值，即$0.17^3-0.1^3$，$0.174^3-0.17^3$，…，$0.174\ 311\ 4^3-0.174\ 311^3$的运算过程则体现在图2-3-7、图2-3-8的算表中。

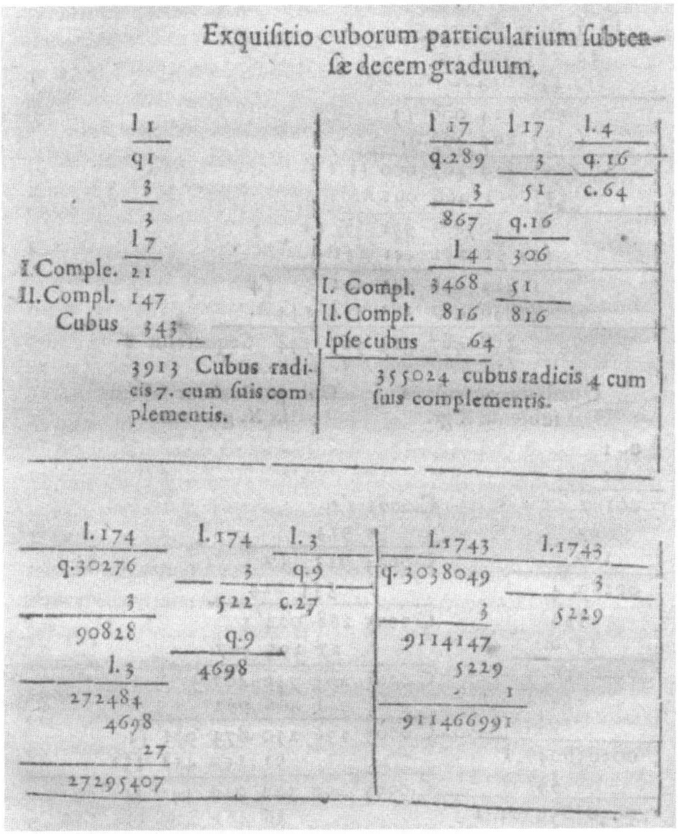

图 2-3-7　《三角法》第二卷问题 6 中三次方程算表 3

图 2− 3− 7 左上方的算表相当干计算:

$17^3-1^3=7\cdot 7\cdot 100+3\cdot 7^2\cdot 10+7^3=3\,913$;

图 2− 3− 7 右上方的算表相当于计算:

$174^3-17^3=3\cdot 17^2\cdot 4\cdot 100+3\cdot 17\cdot 4^2\cdot 10+4^3=355\,024$;

图 2− 3− 7 左下方的算表相当于计算:

$1\,743^3-174^3=3\cdot 174^2\cdot 3\cdot 100+3\cdot 174\cdot 3^2\cdot 10+3^3=27\,295\,407$;

图 2− 3− 7 右下方的算表相当于计算:

$17\,431^3-1\,743^3=3\cdot 1\,743^2\cdot 1\cdot 100+3\cdot 1\,743\cdot 1^2\cdot 10+1^3=911\,466\,991$;

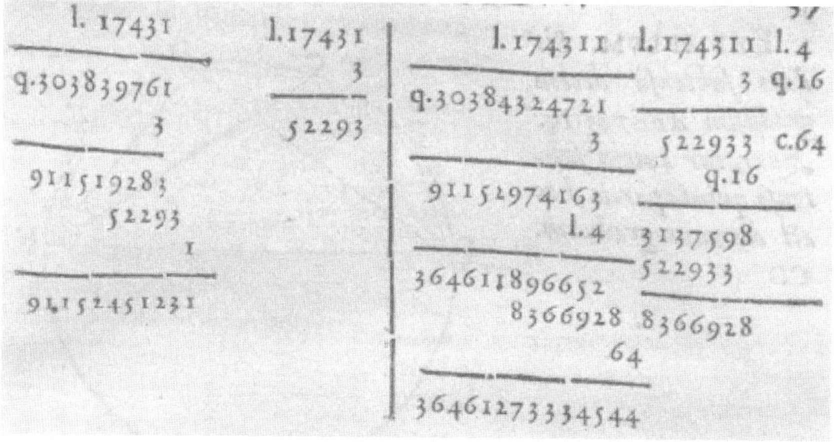
1.17431
9.303839761
3
911519283
52293
1
91152451231

1.17431
3
52293

1.174311
9.30384324721
3
91152974163
1.4
364611896652
8366928
64
3646127334544

1.174311 1.4
3 9.16
522933 c.64
9.16
3137598
522933
8366928

图2-3-8 《三角法》第二卷问题6中三次方程算表4

图2-3-8左侧算表相当于计算：

$174\ 311^3-17\ 431^3=3\cdot 17\ 431^2\cdot 1\cdot 100+3\cdot 17\ 431\cdot 1^2\cdot 10+1^3=$

$91\ 152\ 451\ 231$；

图2-3-8右侧算表相当于计算：

$1\ 743\ 114^3-174\ 311^3=3\cdot 174\ 311^2\cdot 4\cdot 100+3\cdot 174\ 311\cdot 4^2\cdot 10+4^3=$

$36\ 461\ 273\ 334\ 544$。

如图2-3-9所示，毕的斯克斯随后将前面求出的方程根 $x\approx 0.174\ 311\ 4(8)$ 代回原方程一侧 $3x-x^3$ 得到 $0.517\ 638\ 0(9)$，对原方程进行检验，求解过程结束。

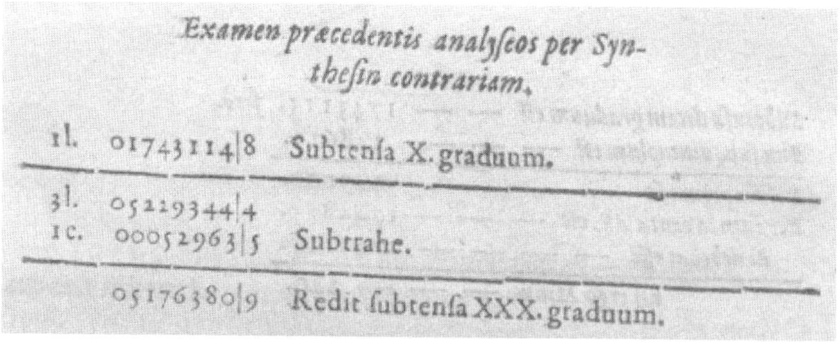
Examen praecedentis analyseos per Synthesin contrariam.

1l. 01743114|8 Subtensa X. graduum.

3l. 05229344|4
1c. 00052963|5 Subtrahe.

05176380|9 Redit subtensa XXX. graduum.

图2-3-9 《三角法》第二卷问题6中三次方程算表5

此处所载毕的斯克斯关于 $\sin 1°$ 精确解的算法本质是一种方程数值解法，

该问题曾一度困扰欧洲学界长达半个世纪之久，它的成功解决使得高精度三角数表的构造成为可能。由此可知，阿尔·卡西与毕的斯克斯在处理相同问题——求解正弦表高精度数值解时采用了相似的算法，下面将二人求解 sin 1° 方程数值解法的运算过程列入表 2-3-1 进行比较。

表 2-3-1　　卡西与毕的斯克斯求解 sin 1° 方程数值解法的运算过程比较表

<table>
<tr><th>运算顺序</th><th>阿尔·卡西《论弦与正弦》
（1424 年之前）</th><th>毕的斯克斯《三角法》
（1609 年）</th><th>是否相同</th></tr>
<tr><td>1. 建立方程</td><td>$x^3+15(60^1)\sin 3°=270\ 0x$
$x=\sin 1°$
系数与结果均为 60 进制数码；
得：$\sin 1° \approx 1(60^{-1})$，2，49，43，11，14，44，16，19，16</td><td>$1=4x-x^2 \rightarrow x(=\tan 15°)$
$3x-x^3=0.517\ 638=2\sin 15° \rightarrow x=2\sin 5°$
$x^5+5x=5x^3+0.174\ 3114=2\sin 5° \rightarrow x=2\sin 1°$
系数与结果均为 10 进制数码；
得：$\sin 1° \approx x \approx 0.017\ 431\ 14(8)$</td><td>不同</td></tr>
<tr><td>2. 是否采用双假设法</td><td>卡西没有采用双假设法，且他在《算术之钥》中明确指出双假设法不能用于非线性问题的精确求解。</td><td>毕的斯克斯在第二、三两个方程求解之前均首先使用双假设法。</td><td>不同</td></tr>
<tr><td>3. 方程数值解的本质</td><td colspan="2">均是首先估算出方程根的首位数字，随后构造减根变换方程。接下来采用迭代算法重复运算，可以求出方程任意精度的值。</td><td>相同</td></tr>
<tr><td>4. 算表算法</td><td colspan="2">将整体运算过程整合在一张算表中，便于直观掌握运算过程和检验。同时利用表格每列对应数位的特点，简化运算。</td><td>相同</td></tr>
<tr><td>5. 估商方法</td><td colspan="2">每次估商均是利用常数除以方程另一侧某项系数。</td><td>相同</td></tr>
<tr><td>6. 算表分离</td><td colspan="2">在构造减根变换方程时，新产生常数的运算过程不体现在整体算表中，需要单独运算。</td><td>相同</td></tr>
<tr><td>7. 分离算表计算减根变换方程常数</td><td>利用“增乘”的方法计算：
$\left(\sum_{i=1}^{n+1} a_i\right)^2-\left(\sum_{i=1}^{n} a_i\right)^2$
（a_i 为每次估商）</td><td>累加计算：
$C_n^1\left(\sum_{i=1}^{n+1} a_i\right)^{n-1} a_{i+1}+$
$C_n^2\left(\sum_{i=1}^{n+1} a_i\right)^{n-2}(a_{i+1})^2+\cdots+$
$C_n^{n-1}\sum_{i=1}^{n+1} a_i(a_{i+1})^{n-1}+(a_{i+1})^n$</td><td>不同</td></tr>
</table>

通过对阿尔·卡西与毕的斯克斯所给出复杂而成熟的算法进行比较可知，二者在算法上表现出极大的相似性，但还是略有区别。虽然我们对毕的

斯克斯所引布尔金算法的来源并不确定，但可以肯定的是布尔金在数学史上并非首次给出这种算法，其是否受到阿拉伯数学的影响还有待进一步研究。

事实上，这条以问题——由于构造高精度弦表而引发的方程数值解为载体的数学知识跨文明传播交流的脉络并没有停止，下面我们将目光转向 17 世纪初的中国。

第四节　古代中国三角学相关研究的变化与发展

中国古代三角学是直观的、经验的，角的函数概念没有出现，人们只是利用已知的勾股定理，通过对直角三角形的研究，解决三角学范围内的一些实际问题。《九章算术》（成书于公元前 1—1 世纪）最后几章内容涉及基本的测量问题，3 世纪数学家刘徽在评注《九章算术》时增加了一个附录用来处理更加复杂的测量问题，名为《海岛算经》，其全部内容是关于高度和距离的各种测量法——“重差术”理论。

8 世纪，发源于印度的佛教在中国盛行，两国有许多僧徒互访，唐朝引进了一些印度的科技知识，于 718 年编成的《九执历》中包含一张半径为 3 438′，间隔 3°45′ 的正弦表。僧一行编订的《大衍历》自唐开元十七年（729 年）起施行了 29 年，其中含有一张相当于今天正切表的圭表影长表。尽管《九执历》和《大衍历》都在中国被保留，但是三角学的思想并非对中国传统思想的继承，三角学在中国的发展止步不前。

一、传教士带来的问题

当西方经历文艺复兴的时候，中国明代数学开始逐渐落后于欧洲。包括三角学在内的西方初等数学在明末由传教士传入我国，从此中国古典数学开始了融入世界统一数学的艰难历程。

明代初中期，严禁私下教授历法知识和私编历法。明朝廷使用的《大统历》

实为元朝《授时历》，其自元朝至元辛巳年（1281 年）起用，到明万历年间（1523—1620 年）已近 300 年，袭用越久，积差越大。郑王子朱载堉（1536—1611）于万历二十三年（1595 年）向朝廷进献《历书》并上《进历书疏》用以报告《大统历》出现差错。不久河南佥事邢云路（？—1622/1623）于万历二十四年（1596 年）上《议正历元奏疏》请修正《大统历》。在朱、邢二人上疏而掀起改历风波的同时，1597 年来华传教士利玛窦（Ricci Matteo，1552—1610）于 4 至 8 月行至南京，苦苦寻觅进京觐见万历帝的机会以打开在中国传教的方便大门。在获悉这场改历风波之后，他坚信参与朝廷修订历法是在中国传教的最佳捷径，故至信欧洲教廷对耶稣会士在中国以“科学”传教。随后西班牙传教士庞迪我（Didacus de Pontoja，1571—1618）、意大利耶稣会士熊三拔（Sabbathinus de Ursis，1575—1620）先后于 1599 年、1606 年来华，他们都携带了西洋历书和仪器。在朱载堉卒后约半年（1612 年），明朝廷开始搜罗人才、增添仪具、修整观象台，筹划中西人士合作翻译西方天算书籍，这正是后来开设“崇祯历局”的前奏。[①]

三角学正式传入我国，始于明崇祯四年（1631 年），由徐光启（1562—1633）推荐，传教士开始参与历法改革工作，作为 16、17 世纪欧洲天文学基础的三角学内容自然被耶稣会士引入中国。崇祯二年（1629 年）徐光启受命组织历局，从事改历工作，最终编订《崇祯历书》（图 2-4-1）。《崇祯历书》包括 46 种，共 137 卷，是第一部在中国比较全面的介绍欧洲天文学知识的著作，由徐光启、李之藻（1565—1630）、李天经（1579—1659）、汤若望（Johann Adam Schall von Bell，1592—1666）等中西人士共同编译，从明代崇祯二年（1629 年）到崇祯七年（1634 年），历时 5 年。书中引进了哥白尼的《天体运行论》，明确引入了“地球”的概念，在计算方法上，介绍了球面和平面三角学，在坐标系方面介绍了黄道坐标系。

① 戴念祖. 朱载堉和明代一场改历风波 [J]. 广西民族大学学报：自然科学版，2017，23(1)：26-31.

图 2-4-1 《崇祯历书》首页书影（牛津大学藏本）

《崇祯历书》中介绍三角学的著作主要有邓玉函（Jean Terrenz，1576—1630）的《大测》、《割圆八线表》和罗雅谷（Giacomo Rho，另一说为 Jacques Rho，1593—1638）的《测量全议》，其中《大测》为中国第一部系统介绍西方三角学的译著。邓玉函来华之前在欧洲已经是一位受人尊敬的博学者，精通数学、哲学、神学等学科，与伽利略（Galileo Galilei，1564—1642）、法贝儿（Johannes Faber，1574—1629）、切西（Federo Cesi，1585—1630）等人相交往，并成为猞猁学院的成员。正因为邓玉函对 16—17 世纪欧洲科学发展有清楚的了解，所以他将当时西方最新、最重要的三角学成果传入中国。1618 年 4 月 16 日，邓玉函随金尼阁（Nicolas Trigault，1577—1629）在里斯本启程赴东方，1619 年 7 月 22 日抵达澳门。同行的传教士还有汤若望、罗雅谷、傅泛际（Francisco Furt ado，1589—1653），1621 年到杭州传教。崇祯二年（1629 年），邓玉函由徐光启推荐到历局同修历法，翻译诸术草表稿八卷，于崇祯三年（1630 年）病逝于北京。崇祯四年（1631 年）春，徐光启第一次进历书一套，其中包括属法原（天文历法的有关理论）部的《大测》（图 2-4-2）。据白尚恕先生考证，邓玉函编译《大测》之依据为毕的斯克斯《三角法》和斯蒂文（S. Stevin，1548—1620）的《数学记录》（*Memories Mathematiques*，1608 年）。[①] 斯蒂文（明末多译为西门或西满），1548 年出生于比利时，1577 年定居于荷兰，其以机械制作和工程建筑闻名于世，是一位博学多产的学者。他于 1583 年进入莱顿大学就读，毕业留校担任莱顿大学数学教师，拿骚（Nassau）的莫里斯王子是斯蒂文的学生之一。《数学记录》原文以荷兰文所著，1605 至 1608 年出版，共包含三本数学著作，即《三角学》《测量学》《透视学》，该书基本包含了斯蒂文教授莫里斯王子的数学课堂笔记，堪称当时的数学百科全书。《数学记录》并有拉丁文与法文本。毕的斯克斯的《三角法》、斯蒂文的《数学记录》均由耶稣会士带到中国，藏于北堂图书馆。邓玉函在编译《大测》时是以 1612 年版《三角法》为底本，同时参考了《数学记录》中的内容。[②]

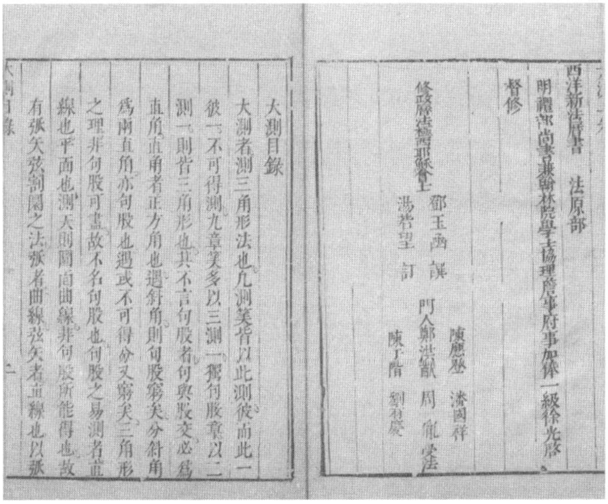
西洋新法曆書　法原部
明禮部尚書兼翰林院學士協理詹事府事加俸一級徐光啓
督修
修政曆法西洋耶穌會士　鄧玉函　譔
湯若望　訂
門人鄭洪猷　陳應登　潘國祥　周胤　陳于階　劉有慶

大測目錄
大測者測三角形法也凡測案皆以此測彼而此一
彼一不可得測九章算多以三測一獨句股章以二
測一則皆三角形也其不言句股者句與股交必爲
直角直角者正方角也遇斜角則句股窮矣分斜角
爲兩直角亦句股也遇或不可得分又窮矣三角形
之理非句股可盡故不名句股也句股之易測者直
線也平面也測天則圓面曲線非句股所能得也故
有弧矢弦割圓之法弧者曲線弦矢者直線也以弧
大測目錄

图 2-4-2　《大测》首页书影（日本国立公文书馆藏本）

邓玉函指出“大测者，测三角形法也”，为“测天者所必须，大于他测，故名大测”。《大测》共两卷。第一卷包括“因明篇”（介绍平面、球面三角

① 白尚恕. 介绍我国第一部三角学：“大测” [J]. 数学通报，1963（2）：48-51。

② 董杰，陈建平. 中国第一部三角学译著《大测》的底本与版本研究 [J]. 中国科技史杂志，2017（2）：176.

形的一般知识)、"割圆篇"(介绍三角函数表及其性质)和"表原篇"(介绍"六宗")三部分。第二卷包含"表法篇"(介绍"三要法""二简法")、"表用篇"(介绍如何使用三角数表)和"测平篇"(介绍"四根法",相当于正弦定理、余弦定理和正切定理)三部分。当时"大测"的名称并不通行,徐光启所编的三角函数表叫作《割圆八线表》(六卷)。"八线"是指八种三角函数:正余弦、正余切、正余割、正余矢[①]。上世纪初"八线"的叫法仍然比较流行,后来正余矢废弃不用,只剩下六线,实际常用四线(正余弦和正余切)。1935年,中国数学会名词审查委员会将"trigonometry"定为"三角学"(或"三角法""三角术")[②]。1956年,中国科学院编译出版委员会编订的《数学名词》(科学出版社)仍"三角学""三角法""三角术"并用。1974年,《英汉数学词汇》才统一定名为"三角学"[③]。邓玉函在翻译时并没有按照《三角法》的内容一一对应翻译,而是根据中国已有数学知识结构和传统,将原书中的知识总结成"六宗""三要""二简法""四根法",由此构成《大测》主体知识。为了助于中国历算家的理解与接受和改历的需要,邓玉函略去《三角法》中大量的一般性解说,直接用简洁的语言和图形给出数学命题。尤其是《大测》中的造表程序成为清代造表法的主流模式,这与邓玉函等人的编译工作密不可分。

《崇祯历书》在1634年编完之后并没有立即颁行,新、旧历的优劣之争一直持续了10年。在《明史·历志》中记录了发生过的8次中西天文学的较量,包括日食、月食、木星、水星、火星的运动,最后崇祯帝"已深知西法之密",并在崇祯十六年(1643年)八月下定颁布新历的决心,但颁行《崇祯历书》的命令还没有实施,明朝就已灭亡。1646年,由留在北京城中的汤若望删改《崇祯历书》至103卷,并由顺治帝将其更名为《西洋新法历书》,进呈清政府后被采用,改名《时宪历》,正式颁行。1673年,南怀仁又删去"西洋"二字,

① 《大测》中使用的汉译名词:弦、正弦、切线、割线、矢、余弦、余切线、余割线、余矢等至今仍在使用。

② 国立编译馆. 数学名词 [M]. 上海:正中书局,1945.

③ 中国科学院数学研究所. 英汉数学词汇 [M]. 北京:科学出版社,1974.

将其改名为《新法历数》。乾隆时编纂《四库全书》，但因避乾隆（弘历）讳，易名为《新法算书》。故《大测》主要版本有《崇祯历书》本、《西洋新法历数》本、《古今图书集成》本、《新法算书》文渊阁本、《新法算书》文津阁本以及丁氏补抄本。而《崇祯历书》每一次变动，并非之前认为仅根据政治因素更换书名、增减编纂人员那么简单，应有通晓历算学的编纂人员参与。他们在繁重的抄写、编纂过程中，尽可能对书中具体数学内容、计算过程与结果进行核准。①

明朝末年传入的三角学知识都是依附于天文学知识，这样传入的知识既不完整也不系统。对于当时的中国学者而言，中国传统数学的勾股术与欧洲平面三角在很多方面可以互通。《崇祯历书》在处理一般三角形问题时，大多将其分为两个直角三角形，再利用直角三角形的公式来进行计算，这与中国传统数学中相关问题的处理方法一致，可以使中算家从中发现他们所熟悉的方法和内容。明清之际，中国天文学家和数学家意识到了三角函数公式在天文历法计算方面的重要性，并开始应用这些公式。但是他们并不只是简单地引用这些公式，而是对其进行了检验和证明。清初，薛凤祚（1599—1680）与波兰传教士穆尼阁（Jean Nicolas Smogolenski，1611—1656）合作，在《历学会通》中更为系统地介绍了三角学知识。梅文鼎（1633—1721）早年所著《平三角举要》对三角形的几何性质和有关三角术的算法作了系统的整理，可以被视为中算史上第一部三角学教程。同治十二年（1873年），华蘅芳（1833—1902）与英国人傅兰雅（John Fryer，1839—1928）合作翻译了英国人海麻士（John Hymers，1803—1877）所著的《代数术》和《三角数理》，这是三角学第二次系统地传入我国。这两本书最为重要的是引入了利用代数符号处理三角学问题的方法。但是当时大多数中算家并未立即接受新的三角函数概念，仍然用八线的概念阐述三角函数。清末，随着近代三角函数知识系统的传入，中国传统数学的研究方法和内容逐渐从三角函数的研究中剥离出来，三角学

① 董杰，陈建平. 中国第一部三角学译著《大测》的底本与版本研究[J]. 中国科技史杂志，2017(2)：183.

研究恢复了其纯粹西方数学知识的面目。

由于三角学知识作为历法计算的数学基础，故其引起了明末清初中算家的普遍关注。梅文鼎指出："不明三角则历书佳处必不能知，其缺误亦不能正矣。"三角函数表在天文、数学计算中应用十分广泛，其计算速度和精度都胜于中国传统算法。虽然三角函数表在天文、数学计算中使用非常方便，但是明末传入的造表知识存在颇多疏漏。《大测》将造表所需的"六宗率""三要法""二简法"一一交代，不过"六宗率"中圆内接正五、正十边形作图法需要参考尚未译出的《几何原本》第13卷；"二简法"以及"多罗某定理"也没有给出证明。这些弊端，严重影响了数学知识的学习、传播、研究和进一步发展与完善。清初数学家薛凤祚、王锡阐（1628—1682）、李子金（1622—1701）、杨作枚（17—18世纪）、梅瑴成（1681—1764）等人的工作先后圆满解决了上述明末传入的三角函数造表法中众多疏漏之处，完善了三角学知识。①

前面提过邓玉函在《大测》中提出的三角函数表造表程序成为清代造表法的范式，并引发了多位清代数学家的后续工作。但邓玉函并非严格意义上的翻译，而是根据需要进行编译，例如，毕的斯克斯的利用方程求解 $\sin 1°$ 数值算法并未收入邓玉函所编译《大测》中，这使清初历算学家独立探索正弦表中数据高精度方程数值解问题，从而取得一系列成果。在《大测》中 $\sin 45'=130\ 896$（$r=10^7$），以半角公式求得 $\sin 11'15''=32\ 724.5$，据"三率法"算得 $\sin 1°=174\ 540$。若取常用 $\sin 1°=174\ 524.064\ 3$（真实值），则相对误差为 $9.13\times10^{-3}\%$，其精度还有很大提升空间。因无论是平面三角形还是球面三角形，边角互求都需要用到三角函数值，"三角即勾股之精理，八线乃勾股之立成也，平三角弧三角不离八线，则皆勾股之术而已"，所以提高三角函数表的精度势在必行，清初中算家们在此领域确实取得了许多成果。

斯蒂文在《数学记录》中求解 $\sin 1°$ 的方法如下：$\sin 1° = \frac{1}{2}\Big[\Big(\frac{1}{3}\sin 45' +$

① 董杰.《解八线割圆之根》三角函数造表法疏释 [J]. 科学技术哲学研究，2013，30(2)：86-93.

$\sin 45'\Big)+\Big(\frac{1}{3}\sin 1°30' - \sin 45'\Big)+\sin 45'\Big]=\frac{174\ 528+154\ 721}{2}=154\ 724$。薛凤祚在其代表作《历学会通》法数部正弦一卷中参考斯蒂文《数学记录》中的方法将 sin 1°的精度进一步提高：$\sin 1°=\frac{1}{2}\Big[\Big(\frac{1}{3}\sin 75'+\sin 75'\Big)+\Big(\frac{1}{3}\sin 1°50' - \sin 75'\Big)+\sin 75'\Big]=\frac{174\ 528+154\ 721}{2}=174\ 524$。相对误差较《大测》缩为 $3.68\times 10^{-5}\%$，可以说《历学会通》中的三角函数造表法精度远高于《大测》。① 随后王锡阐、杨作枚等中算家们都做出了努力和尝试。例如，杨作枚在《解八线割圆之根》中也有求解 sin 1°的记载，他首先计算出 $\sin 22'30''$，以半角公式求得 $\sin 11'15''=323\ 724.5$，再以三率法求得 $\sin 15'=41\ 632.6$，然后利用两角和正弦公式求出 $\sin 1° = \sin 15'\cos 45' + \cos 15'\sin 45' = 174\ 523.614\ 5$，这种方法较《大测》为妙，精度也高。但上述方法本质上都是通过线性插值的方法求解，以 sin 1°为代表的部分正弦表中三角函数值更为精确的方程数值解法直至《数理精蕴》时才得以真正解决。②

二、遥远的东方智慧

《数理精蕴》总结了明末清初传入我国的西方数学的主要内容以及当时数学研究的主要成果，再加上它的编写得到了康熙皇帝的支持，有“御制”之名，故该书流传广泛且对我国清代数学的发展影响很大。《数理精蕴》是《律历渊源》一百卷之中的第三部分，其中第一部分为《历象考成》四十二卷，第二部分为《律吕正义》五卷，内容分别是历法和音律。全书一百卷从康熙五十二年（1713 年）六月开始编写，康熙五十三年（1714 年）十一月《律吕正义》修成，康熙六十一年（1722 年）六月《历象考成》与《数理精蕴》修成。雍正元年（1723 年）十月，全书一百卷刻成，先后历时十一年之久。《律历渊源》是在清宫里编写的，汇编官是何国琮（？—1766）和梅瑴成，其中《数理精蕴》一书的主编是梅瑴成。梅瑴成，字玉汝，号循斋，又号柳下居士，安徽宣城

① 杨泽忠. 薛凤祚《正弦》一书研究 [J]. 山东社会科学，2011（6）：44－50.

② 董杰. 清初三角学的独立与发展研究 [D]. 内蒙古：内蒙古师范大学，2011.

人。他的祖父梅文鼎（1633—1720）是清初著名数学家；其父、其弟、其子多兼通数学。

《数理精蕴》的编辑主要有以下几个原因。第一，明末以来，西方的数学开始传入我国。这些知识，如初等几何、三角、对数等，引起了我国数学工作者极大的兴趣，产生了很大的影响。但是这些知识还很不系统，所翻译的书，由于“译书者识有偏全，笔有工拙”，亦有欠通之处，需要对已传入的数学知识作进一步的整理与提高。第二，改历工作要求较为精密的数学计算也是编辑《数理精蕴》一书的推动力。康熙初年，围绕着历法问题发生了一场激烈得斗争。斗争的一方是杨光先（1597—1669）、吴明烜；另一方是汤若望（Johann Adam Schall von Bell，1591—1666）、南怀仁（Ferdinand Verbiest，1623—1688）。这场斗争说明当时历法存在着严重的混乱，亟待改进。历法的改进，已对数学提出了尖锐的要求。第三，当时来华的西方传教士在客观上也为《数理精蕴》一书的编辑提供了有利条件。由于南怀仁的周旋，路易十四（1638—1715）派遣的法国耶稣会传教士于1688年2月7日进入北京。1689年，康熙召白晋、张诚等人入宫讲授西学。《数理精蕴》一书中的《几何原本》和《算法原本》就是他们编译的。由于以上几点的可能性和必然性，对当时的数学知识进行一次全面的总结势在必行。嗣后，康熙接受了泰州进士陈厚耀（1648—1722）“请定步算诸书以惠天下”的建议，于康熙五十一年（1712年）下诏开蒙养斋，并赐孙梅瑴成举人头衔，充蒙养斋汇编官，着手修书。①

《数理精蕴》共五十三卷，其中上编五卷，下编四十卷，附数学用表八卷。《数理精蕴》下编卷十六“割圆”给出三角函数造表法，其整体造表法主要是基于《大测》中的“六宗率”“三要法”和“二简法”。法先求圆内接正六边形、正四边形、正三角形、正十边形、正五边形、正十五边形的边长求解，相当于求30°、45°、60°、18°、36°、12°的正弦值，名曰“六宗率”；既得此六种形之一边，各半之，即得六种弧得各正弦 $\sin\alpha$，由此可知 $\cos\alpha$；$\sin 2\alpha$，

① 李兆华. 关于《数理精蕴》的若干问题 [J]. 内蒙古师范大学学报：自然科学版，1983（2）：66-67.

$\cos 2\alpha$；$\sin\frac{\alpha}{2}$，$\cos\frac{\alpha}{2}$为“三要法”，相当于勾股定理、倍角、半角公式；又由$\sin\alpha$，$\sin\beta$，$\cos\alpha$，$\cos\beta$按法求$\sin(\alpha+\beta)$，$\sin(\alpha-\beta)$；由$\sin(60°+\alpha)$，$\sin(60°-\alpha)$求$\sin\alpha$，是为“二简法”，相当于两角和与差的正弦公式。① 由此得正弦一百二十个，其中最小者$\sin 45'$，递增至90°；45′以下以比例得之。虽然《数理精蕴》此处整体造表法主要是基于《大测》的造表程序，但是又有所突破：

> “……此西法立割圆八线表之大纲也。而来西法对数表内。有设连比例四率。以求圆内容七边九边二法。因推广其理。于六宗之外。增求圆内容十八边形十四边形之法。俱以半径为首率。求连比例四率之第二率。即十八边形十四边形之每一边。而九边七边。又因之以生。亦犹三边之出于六边。五边之出于十边也。有此二形。与六宗相参伍。可得正弦三百六十。其中最小者为十五分之正弦。又增一法。求十五分之三分之一。五分之正弦。所少者止一分至四分之正弦。较之四十五分尤密可知矣。今以六宗三要二简法。理分中末线并新增数法。”②

由上文可知，《数理精蕴》在原有“六宗率”基础之上又继续求得圆内接正14、18边形，和关键的“新增法”。其整体造表思路如下：

$$\text{正15边形}\rightarrow \sin 12°\xrightarrow{\text{要法三}}\sin 6°\xrightarrow{\text{要法三}}\sin 3°\xrightarrow{\text{要法三}}\sin 1°30'\xrightarrow{\text{要法三}}$$

$$\sin 45'\xrightarrow{\text{新增法}}\sin\left(\frac{45}{3}\right)'=\sin 15'\xrightarrow{\text{新增法}}\sin 5'\rightarrow\xrightarrow{\text{简法1，2}}\cdots$$

这三项直接地改善了三角函数表中正弦值的计算，但由于造表时是“以正弦为主”，然后利用同角基本公式求另外几个函数的值，所以上述三项对提

① 李俨. 明清算家的割圆术研究[C]// 杜石然，郭书春，刘钝. 李俨钱宝琮科学史全集：第七卷[M]. 沈阳：辽宁教育出版社，1998：250.

② 参见《御制数理精蕴（五十三卷）》(内府刻本，中国科学院自然科学史研究所藏，下编卷16，6a页).

高三角函数表的经度、简化计算过程都有意义。①

三、对高精度数值解的数理分析

下面来详细论述“新增法”中涉及的三次方程数值解法。

1. 方程的建立

《数理精蕴》编撰者在求解圆内容十八边形的边长时，引入了与阿尔·卡西和毕的斯克斯相类似的三次方程数值解法。编撰者通过添加辅助线、寻找相似三角形等方法，总结出圆中部分线段的比例关系，特别是所求边长与已知半径之间的比例关系，指出它们可以构成相连比例四率的关系。随后，通过构造一个立体几何图形，借助图式的方法对此比例关系进行解释和分析，最终建立了一个一元三次方程。通过解方程即可求得圆内容十八边形的边长。具体过程如下。

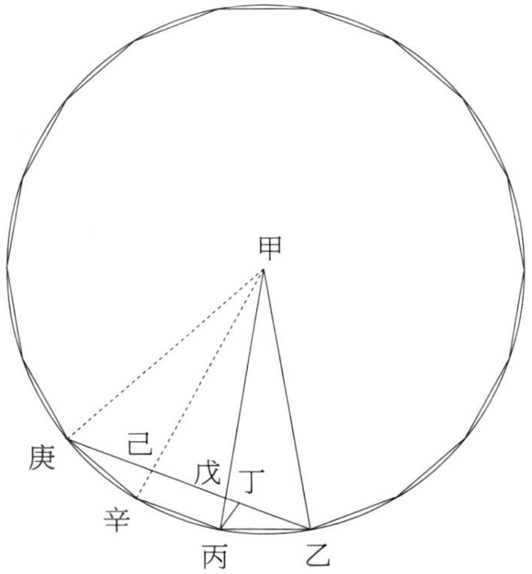

图 2-4-3　《数理精蕴》下编卷 16 中求圆内容十八边形边长分解图②

“如甲圆内容十八边形。每边之弧。得圆周十八分之一。皆二十度。其通弦即圆内十八边形之一边。试自圆心至圆界乙、丙。作甲

① 李兆华. 关于《数理精蕴》的若干问题 [J]. 内蒙古师范大学学报：自然科学版，1983(2)：66-81.
② 参见《御制数理精蕴》下编卷 16，30a 页.

乙、甲丙二半径线。遂成甲乙丙三角形。复自圆界乙至圆界庚。作一乙庚线。则截甲丙线于戊。又成乙丙戊三角形。而乙庚为六十度之通弦。复自圆界丙按丙戊线度。至乙庚线之丁。作一丙丁线。则又成丙丁戊三角形。此三三角形皆为同式形。”①

接下来编者证明了三个三角形形似，解析过程如下：

∵ △乙丙戊中∠乙 = △甲乙丙中∠甲

　△乙丙戊中∠丙 = △甲乙丙中∠丙

∴ △乙丙戊 ∽ △甲乙丙

又∵丁丙∥半径甲辛

∴ △丙丁戊中∠丙 = △甲丙辛中∠甲 = △甲乙丙中∠甲 = △乙丙戊中∠乙

∵ △乙丙戊中∠戊 = △丙丁戊中∠戊

∴ △乙丙戊 ∽ △丙丁戊

∴ △甲乙丙 ∽ △乙丙戊 ∽ △丙丁戊

故，以上三个三角形中各边边长俱为相连比例，则有：

甲乙：乙丙 = 乙丙：丙戊 = 丙戊：戊丁。

因此，甲乙、乙丙、丙戊、戊丁四者为相连比例四率。其中，半径甲乙为一率（a）、乙丙为二率（b）、丙戊为三率（c）、戊丁为四率（d）。

因为乙庚为六十度之通弦，所以其长度与甲乙（一率）相等。而乙戊、丁巳、巳庚的长度皆与乙丙（二率）相等。这是由于：

∵丁丙∥巳辛；丁巳∥丙辛

∴丁丙辛巳为平行四边形，故丙辛 = 丁巳

又∵丙辛 = 乙丙（相同角度之通弦）

∴丁己 = 乙丙

故，乙庚 = 乙戊 + 己庚 + 丁己 − 戊丁

即，一率（乙庚、甲乙）= 三倍二率（乙丙）− 四率（戊丁）

① 参见《御制数理精蕴》下编卷 16，29b、30a 页.

所以，一率 + 四率 = 3 × 二率，即 $a+d=3b$ （Ⅰ）。

至此，编撰者便得到了圆内容十八边形之一边与其他线段及已知半径的比例关系。除此之外，相连比例四率，自身还有另外一个比例关系，即一率自乘之积乘四率等于二率自乘再乘，相当于：$(一率)^2 \times 四率 = (二率)^3$，即 $(a:b=b:c=c:d \rightarrow a^2 \times d=b^3)$ （Ⅱ）。

如按现代的方法，将Ⅰ、Ⅱ两个方程合并即可获得最终的三次方程，但原著并未用此法，需按原文，逐步推导得出最终方程。下面借图来说明：

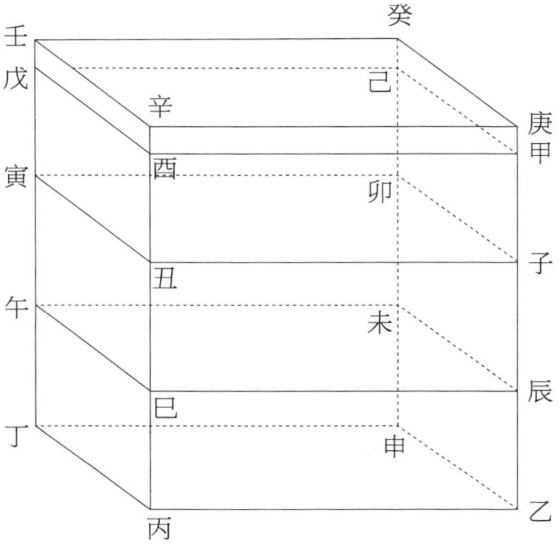

图 2-4-4 《数理精蕴》下编卷 16 相连比例四率关系分解图[①]

书中所给解析过程如下：

根据公式Ⅰ，甲乙 = 一率（a）；庚子、子辰、辰乙 = 二率（b）；庚甲 = 四率（d）。

则有：

庚乙 = 一率（a）+ 四率（d）= 二率之三倍（$3b$）。

另，正方体“甲乙丙丁戊己”为一率自乘再乘之正方体，即 a^3；“庚乙丙丁壬癸”为三倍二率与一率自乘而积相乘之长方体，即 $3b \times a^2$，由图 2-4-4

① 参见《御制数理精蕴》下编卷 16，27b 页.

可知，此长方体（$3b \times a^2$）比正方体（a^3）多出了一个扁方体“庚甲酉戊壬癸”，即一率自乘用四率再乘之数（$a^2 \times d$），根据公式Ⅱ，此数值又等于二率^3（b^3）。

由于正方体“甲乙丙丁戊己”加上扁方体“庚甲酉戊壬癸”等于长方体“庚乙丙丁壬癸”，可得三次方程 $a^3+b^3=3b \times a^2$。

上述解析过程相当于：

将式Ⅰ　$a+d=3b$ 两边同乘 a^2，有：$a^3+a^2d=3a^2b$　　（Ⅲ）；

将式Ⅱ　$a^2d=b^3$ 代入式Ⅲ得到：$a^3+b^3=3b \times a^2$。

以本题为例，圆径为二十万，则半径为十万，一率亦为十万，设所求二率为 x，代入方程，则 $x^3+(10^5)^3=3 \cdot (10^5)^2 \cdot x$。解方程即可得圆内容十八边形之一边之数。接下来，我们来分析此方程的求解过程。

2. 方程的求解

“设如以十万为一率。作相连比例四率。使一率与四率相加。与二率三倍等。问二率三率四率各几何。法以一率十万自乘再乘。得一千兆（成一立方积）为实。又以一率十万自乘三因之。得三百亿（成三平面积）为法。以除原实一千兆得三万。”①

相当于建立一个一元三次方程：

$$x^3+(10^5)^3=3 \cdot (10^5)^2 \cdot x \rightarrow x^3+10^{15}=3 \cdot 10^{10} \cdot x$$

解得：$x \approx 34\,729$。其中 $2\sin 10° \approx 0.347\,296\,355\,33\cdots$

其中一率：$10^5=100\,000$。　　二率：$x \approx 34\,729$。

三率：$\dfrac{x^2}{10^5} \approx 12\,061$。　　四率：$\dfrac{x^3}{(10^5)^2}=\dfrac{x^3}{10^{10}} \approx 4\,188$。

首先进行第一次估商，得到未知数的首位数字：$\left[\dfrac{10}{3}\right]=3$。对应算表如下：

① 参见《御制数理精蕴》下编卷 16，23b 页.

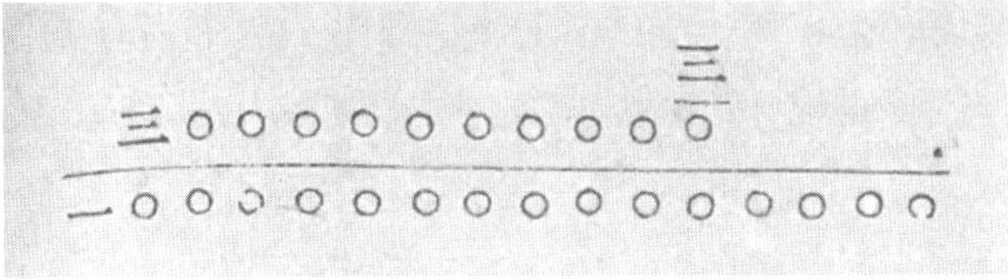

图 2-4-5 《御制数理精蕴》下编卷 16，23b 页

“乃以三万自乘再乘得二十七兆。益于原实一千兆内。得一千零二十七兆为共实。按除法。以所得三万。与法三百亿相因。得九百兆。与共实相减。余一百二十七兆。为第二位实。以法之三百亿除之。得四千。”①

相当于：$1\,000+3^3-3\cdot3\cdot100=1\,027-900=127$。

进行第二次估商，得到未知数的第二位数字：$\left[\frac{127}{30}\right]=4$。对应算表如下：

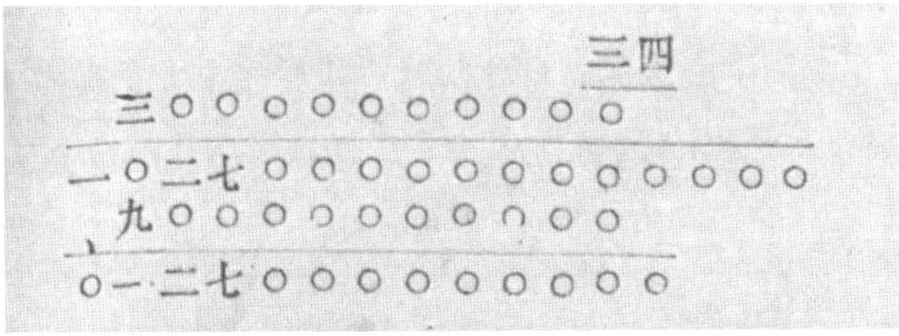

图 2-4-6 《御制数理精蕴》下编卷 16，23b 页

“乃以首位所得三万。合次位所得四千共三万四千。自乘再乘。得三十九兆三千零四十亿。仍益于原实一千兆内。得一千零三十九兆三千零四十亿为共实。按减法。减首位所得三万与法三百亿相因之九百兆。又减次位所得四千与法三百亿相因之一百二十兆。余一十九兆三千零四十亿。为第三位实。以法之三百亿除之。得六百。所余太多。因益积。故取略大之数为七百。”②

① 参见《御制数理精蕴》下编卷 16，24a 页.

② 参见《御制数理精蕴》下编卷 16，24a 页.

相当于: $1\,000\,000+34^3-34\cdot3\cdot10\,000=1\,039\,304-1\,020\,000=19\,304$。

进行第三次估商，得到未知数的第三位数字: $\left[\frac{19\,304}{3\,000}\right]=6+1=7$。对应算表如下:

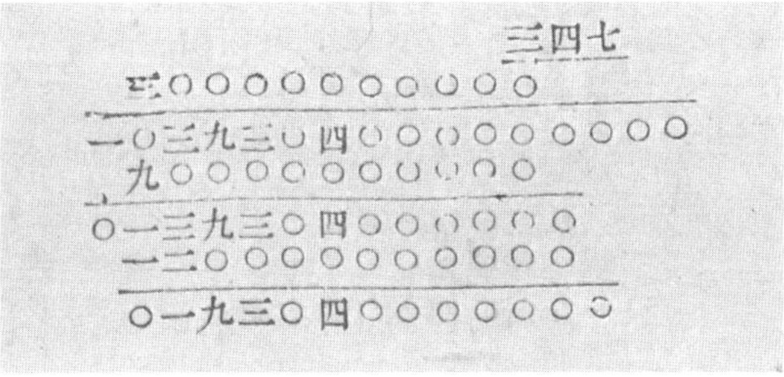

图 2-4-7　《御制数理精蕴》下编卷 16，24a 页

“合前两位所得三万四千。共三万四千七百。自乘再乘。得四十一兆七千八百一十九亿二千三百万。仍益于原实一千兆内。得一千零四十一兆七千八百一十九亿二千三百万为共实。按除法。减首位所得三万与法三百亿相因之九百兆又减次位所得四千与法三百亿相因之一百二十兆。又减三位所得七百与法三百亿相因之二十一兆。余七千八百一十九亿二千三百万为第四位实。以法之三百亿除之。得二十。”①

相当于: $347^3=41\,781\,923$,

$1\,000\,000\,000+347^3-347\cdot3\cdot1\,000\,000=1\,041\,781\,923-1\,041\,000\,000=781\,923$。

进行第四次估商，得到未知数的第四位数字: $\left[\frac{781\,923}{300\,000}\right]=2$。对应算表如下:

① 参见《御制数理精蕴》下编卷 16，25a 页.

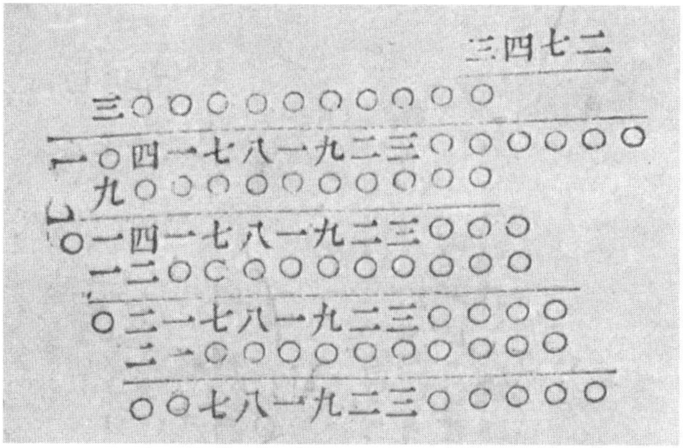

图 2-4-8　《御制数理精蕴》下编卷 16，25a 页

“合前三位所得三万四千七百。共三万四千七百二十。自乘再乘。得四十一兆八千五百四十二亿一千零四万八千。仍益于原实一千兆内。得一千零四十一兆八千五百四十二亿一千零四万八千为共实。按除法。减首位所得三万与法三百亿相因之九百兆。又减次位所得四千与法三百亿相因之一百二十兆。又减三位所得七百与法三百亿相因之二十一兆。又减四位所得二十与法三百亿相因之六千亿。除二千五百四十二亿一千零四万八千为末位实。以法之三百亿除之得八。所余亦太多。因益积。仍取略大之数为九。”①

相当于：$3\,472^3 = 41\,854\,210\,048$，

$1\,000\,000\,000\,000 + 3\,472^3 - 3\,472 \cdot 3 \cdot 100\,000\,000 = 1\,041\,854\,210\,048 - 1\,041\,600\,000\,000 = 254\,210\,048$。

进行第五次估商，得到未知数的第五位数字：$\left[\dfrac{254\,210\,048}{30\,000\,000}\right] = 8 + 1 = 9$。对应算表如下：

① 参见《御制数理精蕴》下编卷 16，25b 页.

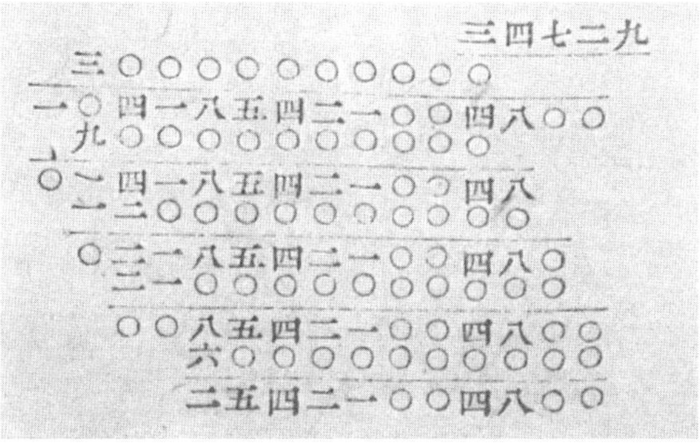

图 2-4-9　《御制数理精蕴》下编卷 16，25b 页

“合前四位所得三万四千七百二十。共三万四千七百二十九。自乘再乘。得四十一兆八千八百六十七亿六千六百四十万零二千四百八十九。仍益于原实一千兆内。得一千零四十一兆八千八百六十七亿六千六百四十万二千四百八十九为共实。按除法。以五次所得之数与法相因之数逐减之。仍余一百六十七亿六千六百四十万二千四百八十九不尽。”①

相当于：$34\ 729^3=41\ 886\ 766\ 402\ 489$，

$1\ 000\ 000\ 000\ 000\ 000 + 34\ 729^3 - 34\ 729 \cdot 3 \cdot 10\ 000\ 000\ 000 =$

$1\ 041\ 886\ 766\ 402\ 489 - 10\ 418\ 700\ 00\ 000\ 000 = 16\ 766\ 402\ 489$。

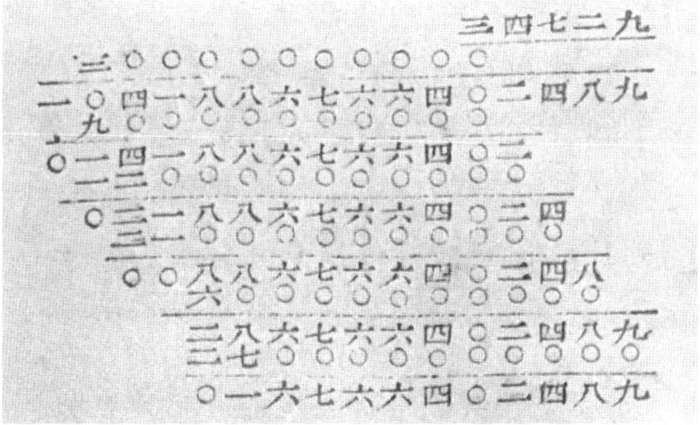

图 2-4-10　《御制数理精蕴》下编卷 16，26a 页

① 参见《御制数理精蕴》下编卷 16，26a 页.

“是共除得三万四千七百二十九为相连比例之二率也。以二率之三万四千七百二十九自乘。得一十二亿零六百一十万三千四百四十一。以一率之十万除之。得一万二千零六十一为三率。以二率之三万四千七百二十九。三倍之得十万四千一百八十七为四率。如以三律之一万二千零六十一自乘。以二率之三万四千七百二十九除之。亦得四千一百八十七为四率也。此为益实归除之法。盖因此法止有一率之数。作相连比例四率。使一率与四率之共数。与二率三倍等。而连比例四率之理。一率自乘。用四率再乘。与二率自乘再乘之数等。”①

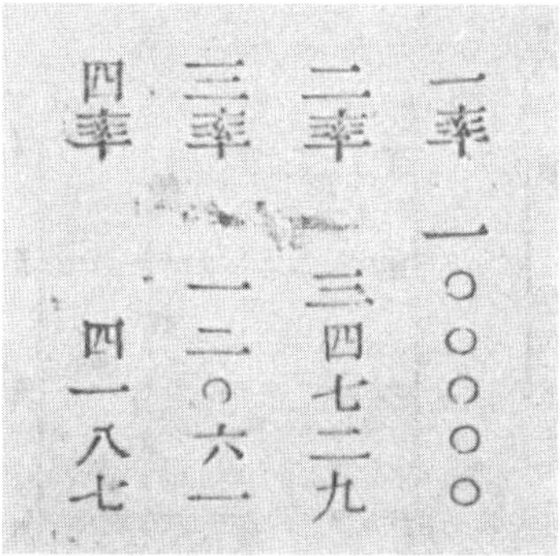

一率	二率	三率	四率
一〇〇〇〇〇	三四七二九	一二〇六一	四一八七

图 2-4-11　《御制数理精蕴》下编卷 16，27a 页

最后将结果进行检验。显然，《数理精蕴》的编撰者此处也是给出一种示意性方程算法，其中方程算法的本质是首先估算出方程根的首位数字，估商的方法是利用常数除以方程另一侧某项系数；随后构造减根变换后的方程。接下来重复上述过程，这样可以求出方程任意精度的根，这些与早期阿尔·卡西和毕的斯克斯的算法相同。不同的是，此处中算家并没有将所有的运算过程整合在一张算表中，过程有些繁琐且不利于运算和检验。虽然这种方法算法并非在《数理精蕴》中首次出现，但是利用方程数值解法求解弦表中高精度基准值的思想确是首次在我国古代数学著作里出现，至此中算家们掌握了全部三角函数造表法。

① 参见《御制数理精蕴》下编卷 16，27a 页.

至于上述方程算法，在《数理精蕴》下编卷 31 ~ 36《借根方比例》中有专门讨论。可以说，《借根方比例》是“在宋元时期的增乘开方法失传之后，首次给出高次方程的数值解法”[①]，而关于其中算法的来源问题，史学家们给出了不同的观点。钱宝琮先生借助现代数学语言对《借根方比例》中一元三次方程解法的解读，指出此法与“牛顿 – 拉弗森算法”完全一致，但钱先生认为此解法“在十七世纪末传入中国的机会很少，此解法应当另有渊源”[②]。李俨先生也表达了相同的观点，认为此问题还需探讨[③]。李兆华对《数理精蕴》卷 24 中的带纵立方法进行了分析，认为“其源盖出于《九章》”，而“牛顿 – 拉弗森算法”的原理也与《九章》开立方术所给出的原理完全相同。李兆华同样认为牛顿法在 17 世纪传入中国的机会较小[④]。韩琦认为《借根方比例》中的带纵立方法与中国古法并不相同，而是使用了西方的代数式，并且“牛顿 – 拉弗森算法”在当时完全有可能传到中国[⑤]。潘亦宁将韦达所著《幂的数值解法》和比利时耶稣会士安多（Antoine Thomas，1644—1709）所著《数学纲要》《算法纂要总纲》《借根方算法》分别同《借根方比例》中的部分算法进行了对比，展现了《幂的数值解法》传入我国的过程[⑥]。魏雪刚则认为《借根方比例》卷 32 中的“诸乘方算法”源自梅文鼎的《少广拾遗》，卷 33 中的带纵平方源自于程大位《算法统宗》[⑦]。总之，《数理精蕴》是康熙年间编纂的一部十分重要的数学著作，其内容来自多种中西文献，参编人员汇集了众多中国士人和西方传教士，对于本义所述方程数值解法的来源问题还有待于进一步研究。

---

① 李兆华. 关于《数理精蕴》的若干问题 [J]. 内蒙古师范大学学报：自然科学版，1983（2）：73.

② 钱宝琮. 中国数学史 [M]. 北京：科学出版社，1992：275.

③ 李迪. 中国数学通史：明清卷 [M]. 南京：江苏教育出版社，2004：231–235.

④ 钱宝琮. 中国数学史 [M]. 北京：科学出版社，1992：275.

⑤ 韩琦. 康熙时代传入的西方数学及其对中国数学的影响 [D]. 北京：中国科学院自然科学史研究所，1991：32–33.

⑥ 潘亦宁. 韦达方程解法在康熙时代的传播 [J]. 中国科技史杂志，2008，29（4）：364–370.

⑦ 魏雪刚. 清代中算家对西方代数学的接受 [D]. 呼和浩特：内蒙古师范大学，2016：41–43.

“一沙一世界，一花一天堂”，人们对威廉·布莱克（William Blake，1757—1827）这句诗的理解千差万别，此处笔者认为每一颗微小的沙粒都有它的过去、现在和未来，它可以带你穿越时空，领略万千世界。如果我们观察人类任何一个领域的知识，它的历史也就是进步的历史，都是源于一根不间断的链条。数学文明同样如此，它的进步不是在发明，而是在推演，大到数学理论、数学分支，小到一条定理、一个算法都有它们产生的背景、发展的动力并影响着未来。但有事实依据的历史为我们提供了这一发展链条的一部分，而我们的研究在于寻找丢失的环节，以便于我们能够将一部分与其他部分连接起来。

本篇中，笔者以15—17世纪弦表中正弦值高精度数值解的比较研究为例呈现了数学知识跨文明演化发展的魅力。全球化视角下的数学史交流研究一直是数学史研究的一个重要方向。随着古代丝绸之路沿线新数学史料的发掘与整理，同时借助现代化的通信互联网工具，可以让我们在更宽广的时空范围内，从数学发展内因，以及包括政治、经济、宗教等外因去探究古代数学文明传播演化的脉络，同时可以从多角度去重新审视和评价以往的研究，甚至将以往零散的数学史片段联系起来从而将数学文明演化的立体脉络呈现出来。

“文化多样性”是当代人文科学的精神宗旨，历史上不同文明之间科学文化的传播与交流是历史学、文化学、科学史等跨学科研究的重要课题。探讨沿丝绸之路东方数学知识的传播及其在中世纪欧洲的影响，对于揭示东方数学知识的创造和起源、数学文化的历史变迁、分析欧洲近代数学中的东方元素及其影响，无疑具有正本清源的历史价值。

第三章

古代中西间短时段计程技术的传播

章前导读

相似技术与刺激扩散

在本篇案例里中国航海者创造计更法的过程，体现了一种典型的刺激扩散现象。用时间表示路程是古代世界各地的航海者们常用的计程方式，由于当时计程技术条件有限，人们起初使用日夜，后来使用短时间段计程。早期的巴比伦人已经使用2小时为一个计程单位，而阿拉伯和印度航海者在9—10世纪的文献中，常使用1小时或3小时的短时段表示航距，记载印度洋、西太平洋周边以至前往中国的航路。在这种技术背景下，中国航海者在郑和下西洋之后普遍使用2.4小时航程的“更”，它与印度洋上的计程单位性质相似，并带有“昼五更、夜五更”这种典型的中国文化特征，由此可以推测中国航海者是受到了印度洋上同类型技术的启示，从而创造出更适合本土的计程方式。英国学者汤因比曾经用“农业、畜牧业和冶金术最先发明于何处”的问题来解释技术的刺激扩散现象，他认为这是一种间接传播的形式，即“看到或听到外地的发明，会激发人们以自己的形式创造一种同样的东西，而不是直接采用外地的发明”①。航海计程技术的传播也是如此。

如本书绪论中所说，当李约瑟讨论几种技术传播现象时，将刺激扩散从与其并列的传染扩散和等级扩散类型中单独提出，这可能是出于科学史家的特有视角，考虑到技术的传播经常会受到其他发明的启示，而这种情况在科学技术的传播史中也确实很常见。如中国早期青铜器产生时有可能受到西亚铜文化影响的事例就是如此。“众所周知，西亚铜文化的出现在公元前3000年以前，而尽管商代青铜器可以根据其成熟程度判断，它在中原的产生必定早于公元前1500年，但还是晚于西亚。又尽管中国殷商青铜器的铸造方法完全自成体系，技术和艺术上的成熟高妙亦远超埃及和古巴比伦当年，我们还是无法断定，中国的冶铜丝毫未受外来的启发——某种观念的而非实物的暗示（刺激扩散）。因为在这期间，由于首次世界性的民族大迁徙，已经使观念的扩散有了可能。”②

这种刺激扩散的结果，经常是出现技术的增殖和突变。不同的文化接触是导致技术突变的重要条件，在不同特质的技术与文化传统接近、交叉、相互发生联系的过程中，很有可能激发出更多思想碰撞的火花，从而创造出更新型的科技成果。在人类文明的发展过程中，经常出现科学技术在传播过程中实现增殖的现象，并因此推动了社会生产力的发展和整体文明的进步。“当一种文化原有的价值或意义在传播过程中产生出新的价值或意义来，或者一种文化的传播面增加从而使受体文化相对于传体文化有了某种增殖放大，这就是文化的增殖现象。”③在与技术增殖相关的现象中，传播与交流是必备的条件，技术的积累不仅指同质技术在数量上的积累，更需要新技术的创造，而古代社会中实现技术积累的两种方式就是民族文化的积累和外来文化的积累。

① 阿诺德·汤因比．人类与大地母亲 [M]. 徐波，译．马小军，校. 上海：上海人民出版社，2016：44.

② 赵世瑜，周尚意. 中国文化地理概说 [M]. 太原：山西教育出版社，1991：161－162.

③ 陈道德. 传播学教程 [M]. 武汉：武汉测绘科技大学出版社，1996：145.

而在此后航海计程技术的进一步发展中，出现了一种技术突变现象。技术突变是两种或两种以上的技术或文化特质或要素通过接触、结合产生新技术的飞跃过程，仅同质技术数量的积累并不能导致技术的发展。在这个案例中，兼具时间与距离意义的计量单位是从古代巴比伦、波斯等地的天文数学传统和驿站制度衍生出来的，后来与欧洲本土的地球理论以及古希腊流传到阿拉伯的地球理论有效融合，最终在地理大发现的历史背景下发挥了重大作用。当短时段计程技术与地球模型融合后，一旦时机成熟，航海者就可以如哥伦布一样，在原始理论的基础上做进一步的技术提升，估算前往新大陆的时间。在此之前，印度洋上的航海者只用这种技术在当地航行，并没有去探索新大陆的计划。由此可见，这种技术突变产生的必要条件是引入了当时欧洲人探索世界的地理观念，从而使相关技术产生飞跃，并为人类认识新世界提供了技术基础。

同时需要看到，促成这种技术突变的前提是三角学理论和地球模型，但当时中国人普遍没有科学的地球概念，也没有三角学基础，所以在理论和技术上不具备远航探索的可能，这也可以从技术角度解释中国人为何没有参与地理大发现。中国是一个有悠久文化传统的国家，在绝大多数时间里，都保持着强大的文化自信心和包容力，而长期以来形成的生产方式和文化传统也使得人们对外来技术有选择地接受。虽然没有接受地球理论，但中国航海者依然向印度洋的水手们学来了短时段计程技术，并在明清时期海洋事业受到限制的时代背景下用这种技术开发中国海域诸岛，在西沙群岛、南沙群岛等地的命名和资源利用上收效显著。

“更”是中国古代航海中的一种专用计量单位，通常是将一昼夜平分为十更，即2.4小时为一更，每更表示海船在2.4小时内航行的距离。它实际上是一种“时距”（Time Distance），“指旅行任何两地，因交通工具，而速度不同所需之时间亦不同”[①]。这种计量方式见于明清时期许多航海文献中，如各种南海《更路簿》就是以此为名。海船可以依照罗盘指向，在一系列针位点调整航向，随后航行若干更所代表的距离，据此记录并指导航程，如明代航海指南《顺风相送》中记载：

赤坎开洋，用坤未十五更取崑仑山外过……丙午十更取长腰屿，用丁未三更取龙雅大山。单午三更平馒头屿。单丁三更取七屿[②]。

更数与罗盘方位一起构成了明清时期航线描述的基本形态，但关于更究竟是计时还是计程单位，或是兼具两种性质，历来存在不同看法。在上世纪中后期的相关社会调查中，南海渔民们将传统计时单位“刻”与更对比，认为刻只指时间，而渔民使用的更，既表示时间又表示里程[③]。从其意义来看，这种计量方式实际是在计程测速技术尚未有效发展时，一种用较短的时间段表示航程的粗略方法。在中国日常生活的语境中，也会有“一盏茶时间的路程”“一炷香时间的路程”之类表达方式，但它们没有形成正式的计量单位，难以代表固定的时间，也难以代表固定的距离，只能说是类似计量方式的雏形。而在早期的西亚、南欧、北非地区，却有许多代表着固定时间和相对精确范围的距离的计量单位，后来它们传入中国，对中国的航海技术产生了巨大影响，“更”就是这种技术传播与融合的结果。

① 沙学浚. 云五社会科学大辞典第11册：地理学[M]. 台北：台湾商务印书馆，1970：172.
② 向达. 两种海道针经：顺风相送[M]. 北京：中华书局，2000：64.
③ 韩振华. 我国南海诸岛史料汇编[M]. 上海：东方出版社，1988：430.

在此前的相关研究中，已有许多论著探讨明清时期的定更数航行法[①]，但更究竟如何起源、形成，最初出现于何时，并未有确切解释，其代表的数值和具体使用方法长期存在争议，也未见到有将其置于世界计程测速技术整体发展史中并加以分析者。下文将从古代中西计程测速技术整体发展的角度出发，探讨相关技术的发展过程，并分析其中的一些具体问题。

第一节　几种古代西亚、南欧、印度的长度计量单位

一、古代亚述与巴比伦的短时段计程单位

从现有资料来看，使用短时段计程单位的历史可以追溯到古代两河流域文明。19 世纪中期，亚述学者、被称为“楔文三杰”之一的爱德华·辛克思（Edward Hincks）释读一块藏于大英博物馆的泥板，提到其中一句内容是“尼散月的第 6 天，白天和黑夜时间相等。白天有 6 个卡扎布，夜晚有 6 个卡扎布”。卡扎布（kazab）是一种时间计量单位，约 2 小时，在春分、秋分日，昼夜时长相同时，一天可以分为 12 个相等的卡扎布。与此同时，卡扎布还在其他文献中表示以时间代表的距离，比如从大陆到波斯湾的一个岛需要 30 个卡扎布的航程，以及亚述王辛那赫里布（Sennacherib，公元前 704—前 681 年在位）曾经提到过一次对敌屠杀，是为了 2 个卡扎布的行军空间。辛克思还解释了卡扎布的词义，大意为“溪流干涸”“细水流尽”，这说明它与一种计时

① 关于更的研究较多。例如，朱鉴秋《我国古代海上计程单位“更”的长度考证》（中华文史论丛. 1980（3）：202–203）；范中义，王振华《对我国古代航海史料中“更”的几点认识》（海交史研究. 1984（6）：68–73）；章巽《时间与空间统一的记程单位——“更”》（章巽主编. 中国航海科技史. 北京：海洋出版社，1991：222–227）；逄文昱《试说〈更路簿〉的“更”》（海南大学学报. 人文社会科学版. 2016（6）：7–12）；何国卫《试析〈更路簿〉上的“更”》（行舟致远 扬帆丝路——何国卫船史研究文选. 南京：南京大学出版社，2017：330–340）；刘义杰《“更”解》（刘义杰. 顺风相送研究. 第 9 章第 3 节. 大连：大连海事大学，2017：317–331），等等。

工具，即泄水型漏壶的使用相关。人们将容器装满水，水从底部的小孔流出，平均两个小时内流空，古巴比伦采用的就是这种计时工具。辛克思认为，泄水型漏壶在亚述和巴比伦普遍使用，并不限于天文学家①。

巴比伦的贝鲁（beru）与卡扎布相似，其值也是平均 2 小时，同样是一种较早将时间与距离合为一体的，且代表着相对固定数值的计量单位。“巴比伦以日没为一日的开始，即从日没到第二天的日没为 1 日。1 日分为 6 更，白天夜晚各 3 更：白天 3 更叫作日出更、午时更和日没更；夜晚 3 更叫作星见更、午时更和黎明更。1 日分为 12 时（beru），1 时分为 30 分（ush）；1 分等于现今通用的 4 分钟。它也用水漏计时。”② 巴比伦的“更”即平均 4 小时的“watch”，它代表的时间长度并不永远相同，由于白天和黑夜的时长会随着季节而变化，所以除了春分和秋分这两天之外，watch 所代表的时间不会相等③。这被称为一种“季节性小时”（Seasonal Hours）④，这与另一种“等间距计时制”形成了鲜明对比⑤。为了计量时间，巴比伦人在砖饼上列出表格，详细记录水漏应该添加多少水，他们“变更水漏中的水量——较短的夏夜往容器里少加些水，较长的冬夜则多加些水。因为他们使用水漏——或巴比伦人的称谓“dibdibbu”——主要是为了把夜间小时划分为 3 个等分的守夜间期，所以最重要的事情是有一个从日落到日出一刻不停的水漏⑥（图 3-1-1）。

---

① Edward Hincks. On the Assyrio-Babylonian Measures of Time[J]. The Transactions of the Royal Irish Academy，1867，24：13-24.

② 陈遵妫 . 中国天文学史 [M]. 曾振华，校订. 上海：上海人民出版社，1984：1528-1530.

③ Sidney Smith. Babylonian Time Reckoning[J]. British Institute for the Study of Iraq. 1969，31（1）：74-81.

④ Pingree David，Reiner Erica . Mesopotamia：A Neo-Babylonian Report on Seasonal Hours[J]. Transactions of the American Philosophical Society，2014，104（3）：67-72.

⑤ 全和钧. 我国古代的时制 [J]. 中国科学院上海天文台年刊，1982：352-361.
阎林山，全和钧. 论我国固有的百刻记时制 [J]. 天文参考资料，1977（4）：15-19.
全和钧，阎林山. 关于西汉漏刻的特点和刻箭的分划 [J]. 自然科学史研究，1985（3）：212-217.

⑥ 利平科特，艾柯，贡布里希. 时间的故事 [M]. 北京：中央编译出版社，2010：186.

图 3-1-1　大英博物馆所藏晚期巴比伦人设置水漏的表格，黏土烧制，约公元前 600—前 500 年

古代两河流域即美索不达米亚，分为北边的亚述和南边的巴比伦两部分，巴比伦地区也分南北两个区域，北边是阿卡德，南边是苏美尔。按照《巴比伦、亚述和波斯度量衡》中的介绍，贝鲁是阿卡德人的计量单位，它在苏美尔的书写方式是“danna”，被解释为走 30 个角度的路程的时间，在 1 周天的 360 个角度里，它占 1/12，同样，作为 1 天 24 小时的 1/12，它是 2 个小时①。这种换算关系体现了巴比伦人把圆周分成 360 度的做法，而这些计量单位的出现，和天文数学的发展之间也存在联系。因此，以漏壶为媒介可以建立起一个换算系统，即固定时间内流过水的体积、重量，与同段时间内行走的平均路程，都可以联系在一起。又因为 1 周天划分为 360 度，所以形成角度—时间—体积—重量—距离的计量单位对应换算链，还可以应用到天文观测中，用时间单位贝鲁表示天体之间的距离②。

古埃及使用的计时水钟也是一种泄水型漏壶，其计时方式也与两河流域

① Angelo Segrè. Babylonian, Assyrian and Persian Measures[J]. Journal of the American Oriental Society, 1944, 64(2): 73-81.

② F. Thureau-Dangin. Distances Entre Étoiles Fixes d'après une tablette de l'époque des Séleucides: Première Partie: Texte et Traduction[J]. Revue d'Assyriologie et d'archéologie orientale, vol. 10 (No. 4), 1913, 10(4): 215-225.

类似：一个小时是白天或者黑夜的1/12，所以全年的时长也不会相等。他们很早就使用了等数值的计时法，使得全天的小时数保持在24小时①。古印度也使用泄水型漏壶作为计时工具，一些经文中可以找到相应的记载，如“一刻的话，用（瓶）装满五升水，四寸高的圆筒，放在瓶子下面（接水）。这个筒是用六铢黄金做成的。五升水漏完的时间长短叫作一刻”②。

图3-1-2　开罗博物馆的卡纳克（Karnak）神庙水钟③

这种计时法使人联想到中国内地计时所用的“更”，它来自先秦时期使用的一昼夜10时制，即将昼、夜各分为5个时段，由于一年四季昼夜长短有所变化，所以夏季白天的一个时段要长于夜间的一个时段，而冬季则正好相反。这种10时制在秦汉之后被弃用，但将夜间分为5个时段的做法却延续下来，并演变成后代的更点制度，即将1夜分为5更，1更又分为5点。由于不同季

① B. Cotterella, F. P. Dicksona, J. Kammingab. Ancient Egyptian water-clocks: A reappraisal[J]. Journal of Archaeological Science, 1986, 13(1): 31-50.

② 周利群．公元前4世纪到公元后5世纪印度的单壶泄水漏壶：基于《虎耳譬喻经》以及相关文献记载[J].自然科学史研究，2014，33(3)：355-364.

③ B. Cotterella, F. P. Dicksona, J. Kammingab. Ancient Egyptian water-clocks: A reappraisal[J]. Journal of Archaeological Science, 1986, 13(1): 32.

节日出和日落的时间不同，所以某更、某点的起止时刻也随之变化[①]。这种计时单位长度随季节变化的特点，与古代两河流域的计时方法很相似，只是在具体的时段划分上，存在着十分制和六分制的差异。但在中国早期文献中，更只有计时意义，并不代表着固定的长度距离，但巴比伦的贝鲁则有所不同，除了代表2个小时之外，它还代表着2小时之内可行走的平均长度。在古巴比伦国王尼布甲尼撒（Nebuchadnezzar，约前635—约前562）的铭文中提到：

> 为了加固巴比伦的防御工事，我迅速建起了一座超越其他堤坝的巨大堤坝，从底格里斯河岸到幼发拉底河岸有5 beru［16英里］长，我又用宽阔的水面环绕这座城市，宽度有20 beru，水面的波浪像海洋。我用沥青和烧制的砖建造堤坝斜坡，使水的压力不致毁坏泥土堤坝[②]。

文中使用贝鲁计量巴比伦的防御工事长度，并将两河之间5贝鲁的距离解释为16英里，但也有研究者将5贝鲁解释为约20英里[③]，即每贝鲁约合今天的4英里（约6.4千米）。这种代表的距离不固定的现象，在短时段计时单位中广泛存在，例如，在古代波斯，代表着1小时行程的“parasang”也是如此。

二、古代波斯的“帕拉桑”（parasang）

“parasang”经常被译作帕拉桑、帕勒桑等，由于它代表着1小时的行程，而贝鲁代表着2小时的行程，所以它们之间的换算关系是1贝鲁相当于2帕

① 杜升云，陈久金. 天文历数[M]. 济南：山东科学技术出版社，1992：162-164.

② 查尔斯·辛格，E. J. 霍姆亚德，A. R. 霍尔. 技术史. 第1卷：远古至古代帝国衰落. 史前至公元前500年左右[M]. 王前，孙希忠，译. 上海：上海科技教育出版社，2004：371.

③ Clark Hopkins. A Bird’s-eye View of Opis and Seleucia[J]. Antiquity，1939，13(52)：440.

拉桑[①]。德国学者夏德(Friedrich Hirth，1845—1927)在《大秦国全录》中考证，parasang“为一波斯字，溯源于古文 farsang，这在波斯今文读为 ferseng。在阿拉伯语中又变为 farsakh。关于这个字的本源有人提有种种假设，如这个字的后半部认为是波斯文 seng，即一块石，这个字可能源出石字，即标识着置于路上以表示距离的石”[②]。帕拉桑在古代波斯等地普遍使用，并在许多文献中用来计量路程，例如，古希腊的色诺芬(Xenophon，约前 430—约前 354)于公元前 401 年入波斯参战，其作品《长征记》(也译作《远征记》)记载了这段经历，书中使用帕拉桑记录地形，描述各种建筑物长度与路程距离，如：

> 他们从爱奥尼亚的以弗所到战场的行程计长九十三站，五百三十五帕拉桑，或一万六千零五十司塔迪。
>
> ……此墙是用烧砖敷以沥青砌成的。宽二十英尺，高百英尺，据说有二十帕拉桑之长，离巴比伦不远。从这里他们前进两站、八帕拉桑，路上过两道人工河[③]。

文中提到的“司塔迪”是古希腊计程单位“视距里”(stadium)，约合 185 米。有研究者讨论了这样一种现象：作为希腊人，色诺芬在写作《长征记》时，为什么不以希腊计程单位“视距里”为主要计量单位，而更多使用的是帕拉桑？研究认为这是遵循了色诺芬的作战所在地——波斯的传统计量单位的习惯。此外“站”即驿站(stathmoi)，也是古代世界中常用来计量路程的单位，旅行者可以在驿站里休息、换马。这种驿站是波斯帝国的标志之一，路边有竖立的石头表示距离，所以“站”会在东方语境中使用，以表明普通的一天中的行军距离[④]。因此，站和帕拉桑分别代表了 1 天和 1 小时的路程。按照《波斯

① A. D. H. Bivar, I. Gershevitch. Achaemenid coins, weights and measures[J]. The Cambridge History of Iran, 1985: 610-639.

② 夏德. 大秦国全录 [M]. 朱杰勤，译. 郑州：大象出版社，2009：17，60.

③ 色诺芬. 长征记 [M]. 北京：商务印书馆，2009：43，50.

④ Tim Rood. Xenophon’s Parasangs[J]. Journal of Hellenic Studies, 2010, 130: 51-66.

帝国史》中的总结,《长征记》与“查拉克斯人伊西多尔(Isidore of charax)的《帕提亚驿站》和后来罗马人的《旅行指南》之中的路线一样,都是使用驿站,也使用帕拉桑来计算从一个驿站到下一个驿站的距离”[①]。但从《长征记》的这两段记载中可以看到,每两个驿站之间的帕拉桑数值不同,前一个是两站间折合近6个帕拉桑,后一个则是两站间折合4个帕拉桑。之所以会有这样明显的差异,是因为帕拉桑或者farsakh(被译作法尔萨赫)的实际数值并不固定,而是与当时的地形和路况密切相关。驿站的选址设置情况与此相似,所以这类计量单位在平地和丘陵中代表的距离不会相同,很难形成固定的长度数值。

帕拉桑或者法尔萨赫体现了人们在1小时中行进的平均长度,在古代文献中,诸如1法尔萨赫、1小时的步行、1小时的距离,描述的都是同一个意思。此前国内著作注释中亚文献,介绍帕拉桑或者法尔萨赫时,多是解释其作为计程单位的通用数值,即6千米左右,极少提及其时间属性。但在实际使用时,根据不同条件和语境,其含义会有很多变化,由于行走方式的不同,这类计量单位的数目差异很大。

法尔萨赫最终是以小时的数量来表示的,而它所代表的长度值,即1小时之内所能行进的距离,其实并不是一个固定值,它在山区比较短,而在平原上则更长。法尔萨赫代表的长度与其所代表的行进时间形成了一种反比例关系,地形越复杂,行进越慢,1小时内行进的距离越短,最后得出的法尔萨赫数目越多;地形越平坦,行进越快,1小时内行进的距离越长,最后得出的法尔萨赫数目越少。《波斯法尔萨赫的长度》中介绍,在呼罗珊地区的平原上,法尔萨赫是众所周知的长,当地人比喻它“像奥马尔的肠子一样长”。从Nishapur到Kadamga的实际距离大约是15英里,它对于徒步的人来说是6个法尔萨赫,而对于骑马的人来说只有4个法尔萨赫。有时法尔萨赫还会由一个人的视野来定义,“1个法尔萨赫是一个人所能看到的距离那么远的数值,如看到一头载货的动物,看得清它是黑是白”。还有一个库尔德人描述了

① A. T. 奥姆斯特德. 波斯帝国史[M]. 上海:上海三联书店,2017:363.

关于法尔萨赫的一种特殊定义，即当他发现自己的鞋带需要系紧时，就已经走了一个法尔萨赫了。有时候还用声音表达，比如在卢里斯坦，法尔萨赫“是击鼓的声音所能到达的距离”①。

这种按声音传播范围而定的计量单位还有古代印度的俱卢舍（krosa），可以用牛吼和鼓声所达之处衡量其长度。它们被称为一种“从生物的能力而产生的单位”，即在人类发展的早期阶段，“农耕时所要用到的单位，都是以人类或者动物的能力为基准的”。据说罗马时代的面积单位罗马亩（iugerum）的含义，就是指“两头牛在一个上午所能耕种的面积”或者“一头牛一天所能耕种的面积”。又如英国至今还在使用的英亩（acre）一词，在当时其义为“一人牵着两头牛，用牛攀颈牵引着犁，一天能耕种的面积”②。

帕拉桑或法尔萨赫也用于海上计程，张星烺注解《道里邦国志》（即 The Book of Boutes and Provinces，也译为《省道记》）时，提及“由桑甫（Sanf，即 Champa）至中国第一港口阿尔瓦京（A-Wakin），或航海，或行陆程，皆一百法尔桑（farsangs）”，文中对 farsangs 的注解是“波斯量路程之名。古代又名帕拉桑（parasang），为今 3 英里又四分之一”③。这种计量单位的长度一般在 5.4 至 6.5 千米之间，在没有国际统一标准的时代，对其具体数值的解释不一，需根据实际情况随时调整大小。

每隔一个帕拉桑，就在路边立石表示距离的做法在波斯长期存在，当地的道路驿站情况在早期中国文献中也有记载。如《新唐书》卷 221 记载古代大秦“十里一亭，三亭一置”，这里的“置”应该是法尔萨赫，而“亭”应是法尔萨赫的下一级单位密耳（mil）。一些阿拉伯地理学者用密耳计算距离，1 个密耳表示 1 个圆柱或 1 个里程碑，3 个密耳合 1 个法尔萨赫。由此可见，密耳和法尔萨赫一样，都是因路边计程物的设置而得名。

---

① A. Houtum-Schindler, On the Length of the Persian Farsakh[J]. Proceedings of the Royal Geographical Society and Monthly Record of Geography，1888，10(9)：586.

② 伊藤幸夫，寒川阳美. 不可忽视的计量单位 [M]. 广州：南方日报出版社，2012：38.

③ 张星烺 . 中西交通史料汇编. 第 2 册 [M]. 朱杰勤，校订. 北京：中华书局，2003：775-776.

三、古希腊计程单位“视距里”（stadium）

《新唐书》里提到的大秦国的“里”，应当是古希腊计程单位“stadium”（复数形式为“stadia”），也译为“视距里”“希腊里”或“司塔迪”“斯塔狄亚”等，今人认为它约 185 米。从最初的意义来看，视距里源于古人的测量方式，即握住一根相当于手臂长度的刻度尺，用来确定到远处物体的距离，因此其意为视距仪，也就是勘测人员的测量杆。它在早期文献中经常与帕拉桑一起出现，换算关系为 1∶30。古希腊的希罗多德（Herodotus，约前 484—前 425）在《历史》中，称“领土狭小的民族以寻为单位来测量土地；领土较大的民族则用斯塔狄亚来测量土地；幅员广阔的民族是用帕拉桑来测量土地；幅员极其广阔的民族，则是用斯科伊尼来测量土地了。1 个帕拉桑等于 30 斯塔狄亚，而埃及人的长度单位斯科伊尼相当于 60 斯塔狄亚”①。这里提到的“寻”（fathom），是人们双臂平伸后的长度，这个词很早就已出现，例如，在《使徒行传》第 27 章所记载的使徒保罗到罗马的航程中，它就用来记述海水的深度②。而希罗多德记载的埃及长度单位斯科伊尼（写作 schoine、 schoeni 等）折合 60 个斯塔狄亚，换算后可知文中的斯科伊尼等于 2 个帕拉桑，在这种换算关系下，它可以视为贝鲁在埃及的表达方式。

古代地中海周边有许多通用的计量单位，斯科伊尼也在古希腊使用。从在后世的应用来看，代表着 2 小时行程距离的贝鲁流传有限，而代表着 1 小时行程的帕拉桑，以及由它转写而成的法尔萨赫，成为更加普遍使用的计量单位。帕拉桑的具体数值现在通常被认为是 6 千米左右，但在前文关于巴比伦国王尼布甲尼撒铭文的考证中可知，1 个贝鲁约合 4 英里，帕拉桑或者法尔萨赫是贝鲁的一半，应该是 2 英里。早期的帕拉桑可能数值偏小，“根据希罗多德估计，1 帕拉桑为 30 斯塔德（stades）或 2.5 英里。实际上，它类似于现代的法萨克（farsakh），相当于步行 1 小时的距离。他估计平均每天行程

① 希罗多德. 历史：新译本 [M]. 徐松岩，译注. 上海：上海三联书店，2008：83.

② Moody, Alton B. Early Units of Measurement and the Nautical Mile[J]. Journal of Navigation, 1952, 5(3): 263.

为150斯塔德，或不少于19英里”[1]。这应当是随着时间的推移，人们行动能力的增加，以及所处具体环境和行进能力的不同，许多古代计量单位的数值在不同语境下有很大变化。古希腊地理学家斯特拉波（Strabo，约前64—23）在其著作中提到过这种计程单位数值变化的情况：

> 根据帕特罗克莱斯所说，两条河的河口彼此相距80帕勒桑（parasang）。波斯的帕勒桑，有些人说等于60斯塔德，另外一些人又说等于30或40斯塔德。当我在溯尼罗河而上的时候，他们使用的记程单位“斯科尼”（schoeni）长度，各个城市就不一样，因此，同样的“斯科尼”，意味着在有些地方路程很长，在另外一些地方又意味着路程较短。这种五花八门的现象从它一开始产生，就一直保留到现在[2]。

早期的视距里长度和希腊尺有关，一个视距里合600个希腊尺，一个希腊尺大约是0.3米，接近1英尺的长度。这是由古希腊奥林匹克体育场中竞走场的长度决定的，它的长度是600个希腊尺，或者630.9英尺。但由于各地希腊尺的长度不同，所以希腊里的长度也不同，比如在雅典是607.9英尺，大约相当于现代海里的1/10。希腊人使用视距里作为陆地上距离的测量单位，后来罗马人扩展了它的使用范围，将其应用于航海甚至天文测量。罗马的视距里长625罗马尺，即606.3英尺[3]，《长征记》中经常把“站”和帕拉桑、视距里放在一起使用，其间存在换算关系。

当法尔萨赫为5 670米，或者3.523英里时，密耳作为法尔萨赫的1/3，相当于1 890米或者2 066.96码（1.174英里），大约比一个英国的海里多120尺。夏德认为“中国记载中的里数（在所记的国家中，兼用希腊人测量距离的方式和波斯人的度量方法［Stadia，schoeni，Parasang］），是与西方人旅

① A. T. 奥姆斯特德. 波斯帝国史 [M]. 上海：上海三联书店，2017：363.

② 斯特拉博. 地理学：下 [M]. 李铁匠，译. 上海：上海三联书店，2014：770.

③ Moody，Alton B. Early Units of Measurement and the Nautical Mile[J]. Journal of Navigation，1952，5(3)：263.

行记中视距里标准相合的”[①]。

古代的人们会把计量单位与地球联系在一起，对巴比伦人来说，帕拉桑是一个健康的步行者在一个小时内所能行走的距离，他们认为太阳也像步行者一样，在赤道上每小时走 30 个视距里，即一个帕拉桑的长度。在公元前的几个世纪里，一些古希腊科学家认为地球是圆的，并试图确定其大小，《地理大发现研究》中回顾了古希腊学者测算地球大小的历史：

> 在地球学说的基础上，古希腊学者最早开始测算地球的大小。第一位是克利德的攸多克索，他测得地球周长约合 6 万公里。第二位是迪西亚库，他测得地球周长约合 5.2 万公里。第三位是公元前 3 世纪的埃拉托色尼，他巧妙地、创造性地、科学地测出了地球的周长约合 39 690 公里，精确度达 99% 以上。这个数字被希腊罗马世界普遍接受，以后的测算均都不如这个精确度[②]。

由于古希腊学者们测算地球形状时最初使用的是视距里，使得它后来在许多早期文献中成为描述地球的基本单位。根据埃拉托色尼（Eratosthenes，前 275—前 193）的计算，地球的全长是 25 万个视距里，折合 24 600 英里。为了便于计算，将地球周长设定为相近的 25.2 万视距里，由于地球分 360 度，这样每度就可以取整为 700 个视距里（或 70 海里）。在他测定地球周长以后，这个计量单位（在接下来这段引文里，视距里被译作斯塔季亚）也与世界各地的距离长度联系在了一起。例如，“埃拉托色尼在测定有人居住的大地的长度时，肯定地说，从印度边境到印度河之间的最狭窄的地方有一万六千斯塔季亚，如果把印度各海角计算在内，那么就必须把长度增加三千六百斯塔季亚；从印度河到里海出口处有一万四千斯塔季亚；然后，到幼发拉底河有一万斯塔季亚；从幼发拉底河到尼罗河有五千斯塔季亚；到坎诺布河口还有一千三百斯塔季亚；继续再到迦太基有一万三千斯塔季亚；到赫克利斯之柱

① 夏德. 大秦国全录 [M]. 朱杰勤，译. 郑州：大象出版社，2009：17.

② 张箭. 地理大发现研究：15-17 世纪 [M]. 北京：商务印书馆，2002：158.

不下于八千斯塔季亚。总共计算起来，长度是七万零八百斯塔季亚，而超过了宽度”[①]。而此前的亚里士多德在关于天体的书籍中也曾经记载，“那些企图使用计算的方法来得出圆周的长度的数学家们认为大概是40万视距，从中得出整个地球一定是一个球体，与其他恒星比起来地球并不大。”有研究者认为这“是关于估测地球大小的最久远的考证……考虑到欧多克斯（Endoxus of Cnidus，前408—前355）有可能是第一位从科学角度开始进行研究的天文学家，另外，欧多克斯也曾去过埃及进行相应的探寻工作，所以有以上的作为的很有可能就是他。当然唯一能够让观测者得出地球大小的方式就是从南北两个方向通过观察太阳或恒星的子午线高度，同时估测两地间的直线距离，但是由于这些操作都无法精确实施，所以只能得出一个大致的结果。亚里士多德给出的这个结果与地球的直径相等，都是12 461英里，而真正的地球直径是7 920英里”[②]。在欧多克斯与埃拉托色尼之间，还出现了4世纪末期迪希亚库的地图，“指出根据至日长度确定的、并以某种固定的间距（他似乎选用以1小时的时间作间距）分开的两条地球纬线间的地区范围”。迪西亚库的工作是在毕提亚斯的地理发现和亚历山大远征成果的基础上进行的，他“首先计算了地球的大小，这一研究对于确立有人居住的世界和地球体的比例关系是必不可少的。他的计算以天文学和几何学为基础。他假设吕西马齐亚城和西恩纳城位处同一子午线上（这是错误的），测知它们的天顶，即天龙座头部和巨蟹座头部之间的差距，从而估计出这段圆弧的长度相当于子午线总长度的1/15，即20 000希腊里”[③]。

① 波德纳尔斯基．古代的地理学[M]．梁昭锡，译．北京：商务印书馆，2012：127-129.

② 约翰·德雷尔．行星系统：从泰勒斯至开普勒[M]．武汉：湖北科学技术出版社，2016：114-115.

③ 保罗·佩迪什．古代希腊人的地理学：古希腊地理学史[M]．蔡宗夏，译．北京：商务印书官，1983：68，90.

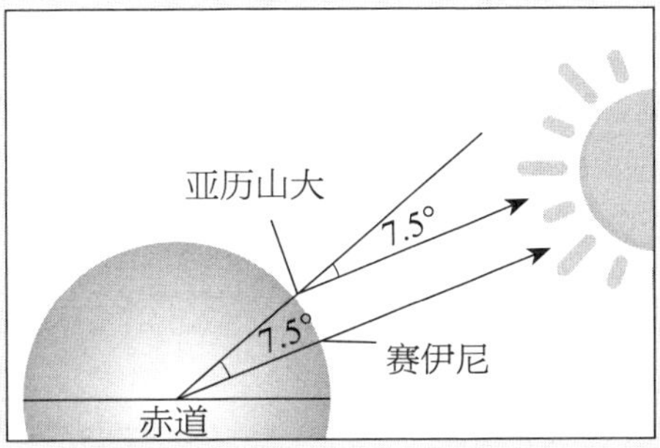

地球大小的估算　希腊天文学家埃拉托色尼注意到一个现象：夏至正午时太阳位置在赛伊尼（Syene）天顶，但位于其北方约800千米之远的亚历山大，太阳位置距天顶则有7.5度的偏角。据此可估算出地球直径为12 633千米。

图3-1-3　埃拉托色尼测量方法示意图[①]

埃拉托色尼测量地球大小时，是利用时间测量器——圭表（挖空的半球，其状如碗）来进行测量：

> 这种时间测量器是用雕刻成凹状的半球体和置于其中的木标组成的，木标是垂直地固定在内弧面的中心处。这个木标把阴影映在圭表的内侧面上，按照这个阴影的长度可以测定出一个太阳日的时间。埃拉托色尼根据这种阴影的测量作出他的计算。
>
> 他知道，在西厄那夏至日的正午，太阳光直射到最深的井底，也就是说这时候太阳位于正天顶。日晷仪和圭表上都没有阴影。而同一个时辰，在亚历山大港（按照埃拉托色尼的意见，亚历山大港是和西厄那位于同一子午线上），日晷仪却能显出阴影来；埃拉托色尼也观察了那里日晷仪上阴影的长度。然后他论证说，如果能测定阴影的长度与圭表上的大圆周的比例数，那么这个比例数应当等于西厄那与亚历山大港间经线上的弧对地球的整个经线上的圆周的比例数，埃拉托色尼求出了这个比例数等于1/50[②]。

此后的欧洲因形势所限，曾经一度中断了对地球的有效探索，但这些早

① 大美百科全书编委会. 大美百科全书：12[M]. 北京：外文出版社，台北：光复书局，1994：143.
② 波德纳尔斯基. 古代的地理学[M]. 梁昭锡，译. 北京：商务印书馆，2012：112-113.

期的科学实践依然有其深远的影响。当地理大发现开始时，潜藏已久的早期科学传统再度复苏，使得后来的欧洲学者以航海实践为契机，继续对地球加以更精确的测量，而视距里及其相关的各种计量单位也以新的形式出现在测量中。

四、古代西亚、北非、南欧的基本计量单位“肘尺”（cubit）

作为视距里的下级计量单位，希腊尺的长度和巴比伦计量单位肘尺（cubit，也译作古密）有关。肘尺是一个古老的计量单位，也是西亚、北非、南欧许多早期计量单位的基础。例如，传说中的诺亚方舟就是长300肘尺，宽50肘尺，深30肘尺；这个单位也用来计量水深，即诺亚时代陆地被淹没时，水深15肘尺。早期的人们测量较短的距离时，一般使用身体的各部分，如手指宽度、一拃或前臂的长度、脚的长度、一步跨出的距离等。由于人们存在个体差异，因此世界各地采用的相应长度差别也很大，例如，一步的距离，就从11到14英寸不等。肘尺表示前臂的长度，也就是从肘到中指尖，其长度差异同样很大，甚至在同一国家的不同地区，代表的长度都不一样。一般来说，希伯来肘尺是17.58英寸，希腊肘尺是18.22英寸，罗马肘尺是17.5英寸，埃及肘尺是20.7英寸。在古代印度和东方的其他地方，肘尺经常是25.26英寸。现代依然有这种古老的计量单位存在，英国称它为“cubit”，新加坡称“hasta”，印度称“hath”，一般是18英寸，现代西班牙的同类长度单位“codo”是16.5英寸①。

根据各种考古资料来看，巴比伦的肘尺相当于525～530毫米（20.670到20.867英寸），而迦勒底的肘尺的长度相当于540毫米（21.260英寸）；阿卡德王萨尔贡宫殿里的肘尺相当于548.5毫米（21.595英寸）。古代巴比伦有两种肘尺，一种是民用的，一种是官方的，后者比前者长三指。指（digit）是肘尺的下一级计量单位，官方肘尺长度为24指，民用肘尺长21指，是官方

① Moody, Alton B. Early Units of Measurement and the Nautical Mile[J]. Journal of Navigation, 1952, 5(3): 262.

肘尺的 7/8。肘尺实际是亚洲长度计量单位中的基本单元，一直到印度也可以看到与其相近的计量方式，巴比伦的肘尺很早就传入了波斯，波斯伊尔汗国的君主完者都（Uljaitu，或译乌利加图，1303—1316 在位）在路上放置了柱石和里程碑，大约作于 1340 年的地理学书《The Nuzhet el Kulub》的作者 Hamdullah Mustofi 曾经是完者都的秘书，根据他的记载，帕拉桑的长度是由古代米底第一任国王戴奥凯斯（Dejokes）决定的，一个帕拉桑被确定为 12 000 个肘尺。戴奥凯斯的主要事迹出现在约公元前 700 年，如果他确定帕拉桑长度的事情属实，可以认为在此之前，巴比伦的肘尺就已经传入了波斯[①]。

波斯的帕拉桑被确定为 12 000 个肘尺，而古希腊人将帕拉桑确定为 10 800 个肘尺。由于已知波斯和希腊两地的帕拉桑数值相同，而肘尺的地区差异较大，所以可以判断希腊和波斯使用的肘尺数值不同。根据希罗多德记载，萨摩斯岛（Samian）的肘尺与埃及肘尺一致，后者的长度是 525 毫米，可知希腊人采用的应当是 525 毫米的官方巴比伦肘尺，这种肘尺的 3/5 恰好为一个希腊尺，后者的长度在 308 ~ 315 毫米（12.126 ~ 12.402 英寸）之间变换[②]。在出现国际通用的计量标准之前，在不同地方使用的同一计量单位之间存在许多差异，有学者称这些同名却不同数值的计量单位，就像人们使用的不同语言一样多，比如仅仅是在希腊，视距里就有五种不同的长度。又例如，在希腊伯利克里时代，奥林匹克尺是 308 毫米（12.126 英寸）；在塞利纳斯的神庙里，希腊尺是 310 毫米（12.205 英寸）；在佩斯敦的神庙里是 314 毫米（12.362 英寸）。由于一个视距里合 600 个希腊尺，因此使用不同数值的尺，就可以得出不同的视距里[③]。

在古希腊，将 10 800 个肘尺视为一个帕拉桑，也就是 5 670 米或 3.523 英里。而波斯人从巴比伦学到肘尺和帕拉桑的时间，很可能早在希腊人之前。

① A. Houtum-Schindler. On the Length of the Persian Farsakh[J]. Proceedings of the Royal Geographical Society and Monthly Record of Geography，1888，10(9)：584.

② A. Houtum-Schindler. On the Length of the Persian Farsakh[J]. Proceedings of the Royal Geographical Society and Monthly Record of Geography，1888，10(9)：584.

③ A. Houtum-Schindler. On the Length of the Persian Farsakh[J]. Proceedings of the Royal Geographical Society and Monthly Record of Geography，1888，10(9)：584-585.

1 个波斯帕拉桑的 1/12 000 相当于 472.5 毫米（18.605 英寸），它恰好相当于古代官方肘尺的 7/8（540 毫米），由此推断波斯人采用的应当是古代民用巴比伦肘尺，即 472.5 毫米。只有用这种方法，希腊人和波斯人旅行记里的计量单位才能实现一致。由此可知，长度为 5 670 米或是 3.523 英里的帕拉桑，是波斯人、希腊人以及早期阿拉伯地理学者都使用过的一种计量单位。而希罗多德使用的视距里是一个帕拉桑的 1/30，因此是 189 米或者 620.09 英尺。许多学者将奥林匹克视距里乘以 30，用来计算法尔萨赫，算出结果为 3.445 英里（5 544 米），但这实际上颠倒了因果关系。其实是先有了巴比伦的肘尺，才有了建立在其基础之上的帕拉桑，再后来视距里才在希腊使用。希罗多德使用的视距里可以由帕拉桑计算得来，但不能从视距里这个单位反向推算帕拉桑。后来不同的肘尺被引进波斯，范围在 520 ~ 530 毫米（约 20.473 ~ 20.867 英寸），由于 12 000 个肘尺组成一个帕拉桑，所以帕拉桑的长度也发生了变化，范围在 6 240 ~ 6 360 米（约 3.877 ~ 3.952 英里），其平均值是 6 300 米，或者 3.915 英里。由此可以得出结论，即波斯人最终采用的是官方巴比伦肘尺，即 525 毫米，因为 12 000 乘以 525 毫米等于 6 300 米，或者是以前的 3.915 英里①。由于古代帕拉桑的数值根据不同时间和地点而有所不同，在 14 763 ~ 22 146 英尺（约 2.43 ~ 3.64 海里），所以作为它的 1/30，亚洲视距里的长度也从 492.1 ~ 738.2 英尺不等。

在波斯，人们将肘尺 cubit 称为 gez，最初的意思是“量尺”。阿拉伯称之为 dhara（希伯来语 Dara），意指“从肘部到中指尖的顶端的手臂”。现在使用的 gez 一般被理解为两个肘尺，为一个普通人身高的一半，也就是说一个人的身高是 4 个肘尺②。在印度也有同样的情况，4 个 hath（印度肘尺）也就是 96 个 angula（印度的指），是一个印度男人的身高③。由此可见，在古代印度、

① A. Houtum-Schindler. On the Length of the Persian Farsakh[J]. Proceedings of the Royal Geographical Society and Monthly Record of Geography，1888，10(9)：584-585.

② A. Houtum-Schindler. On the Length of the Persian Farsakh[J]. Proceedings of the Royal Geographical Society and Monthly Record of Geography，1888，10(9)：585.

③ J. F. Fleet. The Yojana and the Parasang[J]. The Journal of the Royal Asiatic Society of Great Britain and Ireland，1912：463.

阿拉伯和波斯的一些地方，人们普遍将一个人的身高计为 4 个肘尺。但在波斯的另外许多地方，gez 依然被认为仅是 1 个肘尺，双 gez 等于 1 个 zar（dhar），相当于 1 040 ~ 1 060 毫米（40.946 ~ 41.734 英寸），是巴比伦的 525 毫米肘尺的两倍[①]。这种相对混乱的换算关系，出现在古代的诸多计量单位中，这也体现了西亚、南亚文化传播交流的结果。

五、古印度的计程单位“由旬”（yojana）

古代印度也有一种兼具时间与路程意义的计量单位，即一日行进若干里的“由旬”或称“由延”（yojana）[②]。按贺昌群根据法显在印度行程的考证，1 个单位约相当 4.8 哩：“由延，佛书中又译作由旬、踰阇那、喻缮那，梵语 Yojana 的音译，印度古代计里程的名称，大约一日行军之里程。旧传一喻缮那四十里，印度国俗乃三十里，可见由延的长短，因时代、地方、险易而有不同。法显到那竭国后，开始用由延记载里程，以前都是用中国里程记载的。”[③]中国古代佛教典籍中对其屡有介绍，各种文献中记载不同时期由旬的数值有所差异，如陈桥驿在注释《水经注》中的距离单位时，认为“由旬乃是印度古代的一日行军里程，因为是行军里程，其速度由于地形、气候、部队素质等的不同，所以并不是一个固定的数字，以致有四十里、三十里、十六里之别”[④]。J. F. Fleet 在古代印度文献中看到了这样的记载：“素质最低的军队可以行军 1 由旬，素质中等的军队行军 1.5 由旬，素质最好的军队可以行军 2 由旬。”同样，他们的身高也有不同的分类，“普通人身高 96 印度指（4 个印度肘尺），矮一些的人身高 84 印度指（3.5 印度肘尺），高个子身高

① A. Houtum-Schindler. On the Length of the Persian Farsakh[J]. Proceedings of the Royal Geographical Society and Monthly Record of Geography，1888，10（9）：585.

② J. F. Fleet：Imaginative Yojanas[J]. The Journal of the Royal Asiatic Society of Great Britain and Ireland，1912：229-239.

③ 贺昌群. 古代西域交通与法显印度巡礼 [M]. 武汉：湖北人民出版社，1956：50-51.

④ 陈桥驿. 郦学札记 [M]. 上海：上海书店出版社，2000：227.

108 印度指（4.5 印度肘尺）”①。就像身高也能分成几档一样，由旬被分成几个数值不同的档也是可以理解的。

古希腊地理学家斯特拉波记载，古代印度的官员们“还要负责修筑道路，在每隔 10 斯塔德的地方立一根石柱，标明支路和距离”②。但并非所有印度的道路上都有这样完整的计程设施，日本学者足立六喜在考证法显、玄奘旅行途中所用的里程尺度和路上里数时，认为“欲计算法显、玄奘等中国僧旅行印度时所用之印度尺度及里程，殊非易事。诚以当时未有正确之道路测量，故彼辈不得不依据古记、传闻，及旅行时日、疲劳、步测、目测、手测等简单方法，加以推算。通观《法显传》全书，显所知之里程为中央亚细亚，故使用里数；在印度则使用由延，在未有定数之地方，则记自己旅行之时日；依据自己之测定及经验者，则载明里、步、尺等，以资区别。然至《大唐西域记》，则一律使用唐之里、步、尺，一见若玄奘自行测定者”③。由此可见，由旬的情况和之前的帕拉桑很相似，虽然前者代表一天的行程，后者代表一个小时的行程，但都难以确定标准通用数值，只能在具体环境和具体行进方式下加以解释。从数值对比来看，波斯人的行动能力似乎比印度人更强，但从实际情况来看，人们也很难在毫无休息的情况下连续行进一整天，大约在普通行进而非急行军的状态下，当时的人们除饮水、休息之外，一天行进 40 里是种普遍的情况。例如，1993 年，“英国军官、探险家查尔斯·布莱克摩尔（Charles Blackmore）带领一只探险队徒步穿越塔克拉玛干沙漠。从楼兰到喀什东南的麦盖提，他的驼队走了 59 天，行程 1 400 多千米，平均一天走 21 千米多；在沙丘起伏的沙漠地区行走非常艰难，有时一天走不到 16 千米。在平坦的戈壁滩上赶路时，他们一天最多能走 24 千米”④。

《大唐西域记》中解释了与由旬相关的若干印度计量单位，从它们的含义

① J. F. Fleet：Imaginative Yojanas[J]. The Journal of the Royal Asiatic Society of Great Britain and Ireland，1912：229－239.

② 斯特拉博. 地理学. 下 [M]. 李铁匠，译. 上海：上海三联书店，2014：1037.

③ 足立六喜.《法显传》考证 [M]. 贵阳：贵州大学出版社，2014：83－84.

④ 芮乐伟·韩森. 丝绸之路新史 [M]. 张湛，译 . 北京：北京联合出版公司，2015：11.

和换算关系中，可以看到与巴比伦、波斯、印度等地计量单位的联系：

（踰缮那）印度国俗乃三十里，圣教所载惟十六里。穷微之数，分一踰缮那为八拘卢舍。拘卢舍者，谓大牛鸣声所极闻，称拘卢舍。分一拘卢舍为五百弓，分一弓为四肘，分一肘为二十四指，分一指节为七宿麦，乃至虱、虮、隙尘、牛毛、羊毛、兔毫、铜、水，次第七分，以至细尘，细尘七分，为极细尘。极细尘者，不可复析，析即归空，故曰极微也[①]。

这里的“一弓为四肘，分一肘为二十四指”在上文中已经介绍过，“肘”也就是印度肘尺，有时也写作“軫”，即梵文中的Hasta。一个印度肘尺是24个angula，印度的angula在梵文中即指节之意，这种换算关系与巴比伦的肘尺和指相同，即官方肘尺长度为24指。在J.F.Fleet看来，“指”所代表的指宽，有可能是最基本的计量单位，只是后来被肘尺取代了，同时确立下了1∶24的换算关系[②]。他还认为，古代的印度和波斯计量单位之间很可能存在密切的关系，但这种计量单位的早期形式在这两个国家并没有沿用下来，这导致无法确定其对应关系[③]。但从中依然可以看到一些线索，如“一弓”，即danda；还有种被称为“一人”的计量单位paurusha，有时称为purusha，它表示的是一个人站立，手臂和手伸向头上方的状态。Paurusha的长度是5个印度肘尺，等于120个angula[④]，这样换算的结果是一弓为5肘尺，就是一个人将手臂伸向上方之后，恰好比身高多出一肘，因此是5肘尺。

由旬也可以与肘尺换算，按照J.F.Fleet在《由旬与里》中的研究，古印度有两种由旬，第一种是普通的印度由旬，为32 000个印度肘尺。古印度肘尺

① 玄奘.大唐西域记：卷二.印度总述.数量[M].章巽，校点.上海：上海人民出版社，1977：32.

② J. F. Fleet. Imaginative Yojanas[J]. The Journal of the Royal Asiatic Society of Great Britain and Ireland，1912：229－239.

③ J. F. Fleet. The Yojana and the Parasang[J]. The Journal of the Royal Asiatic Society of Great Britain and Ireland，1912：462－463.

④ J. F. Fleet. The Yojana and the Li[J]. Journal of the Royal Asiatic Society（New Series），1906，38（4）：1011.

数值未知，研究者预设其与巴比伦平均肘尺的长度相等，也就是0.479 4米，等于18.873 978英寸[①]。还有一种被称为摩揭陀(Magadha)由旬，为16 000个印度肘尺。后者的使用实际上并不仅限于摩揭陀国，它可能被称为佛教由旬，经常出现在印度的佛教书籍中，用来表示距离[②]。由旬的这两种计量方法分别来自不同的佛教经典，因此其数值也明显不同，有研究者总结其发展情况是“在早期的阿毗达摩体系中，一由旬相当于四千噚，大约四英里半。在后来的时轮体系中，由旬增倍至约九英里”[③]。从意义上来说，J.F.Fleet认为长的由旬相当于两个波斯的帕拉桑，每个帕拉桑是7 670.40米，所以由旬等于15 340.80米，即9.532 312英里；而短的由旬是16 000个印度肘尺，即7 670.4米，4.766 156 06英里，短的由旬直接可以与帕拉桑对应，但帕拉桑的下一级单位并不适应由旬[④]。由旬在现实中意味着“配轭”的距离，也就是一对不套挽具的公牛拖一辆满载的货车，还能够舒适行走的路程距离。同样，也代表着商人带着货物，或是行人带着行李活动时，一天之内的平均路程[⑤]。古代波斯还有一种与由旬类似的，虽然广泛使用却无法确定数值的长度计量单位maidan，它来自骑马者的一种估算，是“当一匹马可以全速奔跑而不至于对自己造成伤害时”[⑥]的长度。由此可见，这种计量单位的形成与人们的生产生活直接相关，所以和帕拉桑一样，也在不同的地方呈现各异的状态，并在不同的经文中因各级换算关系的差异，数值相差甚远。关于佛经中各级计量单位的换算关系，在不同文献中常有差别，钮卫星曾加以整理对比后列

① J. F. Fleet. The Yojana and the Parasang[J]. The Journal of the Royal Asiatic Society of Great Britain and Ireland, 1912: 463.

② J. F. Fleet. The Yojana and the Li[J]. Journal of the Royal Asiatic Society (New Series), 1906, 38(4): 1011.

③ 罗伯特·比尔.藏传佛教象征符号与器物图解[M].向红笳，译.北京：中国藏学出版社，2014：273.

④ J. F. Fleet. The Yojana and the Parasang[J]. The Journal of the Royal Asiatic Society of Great Britain and Ireland, 1912: 462-463.

⑤ J. F. Fleet. The Yojana and the Li[J]. Journal of the Royal Asiatic Society (New Series), 1906, 38(4): 1012.

⑥ A. Houtum-Schindler, On the Length of the Persian Farsakh[J]. Proceedings of the Royal Geographical Society and Monthly Record of Geography, 1888, 10(9): 588.

表如下：

表 3-1-1　　钮卫星《四种佛经中所载长度度量单位的比较》①

《阿毗达摩大毗婆沙论》		《方广大庄严经》		《佛本行集经》		《摩登伽经》	
单位名称	相邻单位间的换算值	单位名称	相邻单位间的换算值	单位名称	相邻单位间的换算值	单位名称	相邻单位间的换算值
极微	7	极微尘	7				
微尘	7	阿耨尘	7	微尘	7	微尘	7
铜尘	7	都致尘	7	窓尘	7	细	7
水尘	7	牖中眼所见尘	7			尘	7
兔毫尘	7	兔毛上尘	7	兔尘	7	兔毛	7
羊毛尘	7	羊毛上尘	7	羊尘	7	羊毛	7
牛毛尘	7	牛毛上尘	7	牛尘	7	牛毛	7
向游尘	7						
虮	7	虮	7	虮	7	虮	7
虱	7			虱	7	虱	7
		芥子	7	芥子	7		
穑麦	7	麦	7	大麦	7	麦	7
指节	24	指节	12	指节	7	指	12
				半尺	2		
		搩手	2	尺	2	毗多悉提	2
肘	4	肘	4	肘	4	肘	4
弓	500	弓	1000	弓	5	弓	1000
				杖	20		
				息	80		
（摩揭陀国）俱庐舍	8	拘卢舍	4	拘卢奢	8	声	4
踰缮那		由旬		由旬		由旬	

① 钮卫星. 西望梵天：汉译佛经中的天文学源流 [M]. 上海：上海交通大学出版社，2004：30-31.

由旬和帕拉桑都拥有在某段时间内行进路程的含义，而一天实际的行程由不同情况下行进的国土的特征，以及村庄、休息时的房子和其他的方便的歇脚处之间的距离决定。这样普通环境里一天的真正行程应当被定在 10 到 14 英里之间，也有可能比这个范围偏大或者偏小。无论牛还是马或者人的行程，古代同类型的单位被如此广泛地使用，这表明世界各地人们在当时的生活生产状态下，计量距离的思路是相似的，尤其是对于行人来说更是如此。用短时段表示路程的计量方式，应当是在道路具有一定距离标识的条件下，在步行、骑马、运输货物等实务中，依据若干时间内可通过若干路程的经验，判断相应行速而逐渐形成的。其他还有许多来自生活中的计量单位，例如“步”（pace），它偶尔代表着一步的长度，但双步的计量方式更为常用，即行走过程中，同一只脚后跟在两次触地面之间，所迈过的距离。这个单位在各地同样数值不一，例如在罗马，passus（pace）折合 5 个罗马 pedes（feet），或者 4.86 英尺；而在古印度，Dhanush 或 Denda 相当于 4 个印度肘尺或 8.42 英尺。当两臂伸开时，两个中指尖之间的距离可以视为一个普通人的身高，这种长度被称为一寻。一条犁沟或车辙的长度在英文中写作 furlong，是一里的八分之一，它也写作一个箭的射程，由箭的飞行距离决定[①]。

第二节　人们对地球的认识和计程技术的发展

一、阿拉伯与印度的地球数据描述

9 世纪阿拉伯地理书《道里邦国志》在序言中写道：“赤道是地球的周长，将等分成 360 经度。每度等于 25 法尔萨赫……赤道全长为 9 000 法尔

① Moody, Alton B. Early Units of Measurement and the Nautical Mile[J]. Journal of Navigation, 1952, 5(3): 262.

萨赫。”[①] 作为一种代表着一小时行程的计量单位，法尔萨赫明显成了一种建立在地球模型之上的，将时间和距离结合成一体的表达方式。但有研究者认为，不能根据当时阿拉伯地球纬度的测量值做计算，因为古代阿拉伯天文测量仪器不够精确，否则在已知一个纬度包括若干个法尔萨赫的前提下，就可以通过分割纬度的距离来计算法尔萨赫的长度了，这样误差会很大。9 世纪时，“穆斯林地理学家在美索不达米亚进行了多次新的观测，从这些数据中他们计算出每一分大约相当于 1 480 米。不过正确的数字应该是 1 829 米”[②]。托勒密之后的古代地理学者认为 25 个法尔萨赫等于 1 度，而在 11 世纪后半期，人们使用了许多不同的法尔萨赫。例如，阿塞拜疆和亚美尼亚的法尔萨赫是 18 000 步，库尔德斯坦、卢里斯坦等地的法尔萨赫只有 6 000 步，还有的地方是 15 000 步，而叙利亚、格鲁吉亚等地根本不计量路程，只是通过时间和驿站的数量来估算距离。当时的君主定义一个法尔萨赫为 6 000 步的距离，但并没有说这些步的长度是多少。14 世纪初，完者都在路上放置了柱石和里程碑，作为衡量法尔萨赫的标准，但他的法尔萨赫与阿拉伯的哈里发马蒙的法尔萨赫相同，比别处短了 1/9。这种数值的法尔萨赫目前还在使用，被称为“阿拉伯的法尔萨赫”，接近 3.125 英里，而更长的法尔萨赫是 5 670 米或者 3.523 英里，伊朗高原使用的法尔萨赫则是 3.915 英里。大多数阿拉伯地理学者将他们的计算置于哈里发马蒙制定的一个地球经纬度的测量值基础之上，接受了 22 又 2/9 法尔萨赫等于一个经纬度，而其他人认为 18 又 8/9 个法尔萨赫等于一个经纬度[③]。

古印度的一些天文学家也习惯于描述地球的直径和周长，他们确定直径是为了计算地球在月食中投下的阴影，而计算周长是为了确定地球的经度。由于古印度天文学家们不知道地球的形状向两极趋于扁平，而是把它当成一

① 伊本·胡尔达兹比赫 . 道里邦国志 [M]. 宋岘，译注. 北京：中华书局，1991：1-2.

② 杰弗里·马丁. 所有可能的世界（第四版）：地理学思想史 [M]. 成一农，马丁，译 . 上海：上海人民出版社，2008：87.

③ A. Houtum-Schindler, On the Length of the Persian Farsakh[J]. Proceedings of the Royal Geographical Society and Monthly Record of Geography，1888，10（9）：585-586.

个完美的球体来看待，所以关于周长的任何数值描述，都代表着子午线周长和赤道周长，以及其他地球大圆的周长。他们用由旬来计量这些数据[①]：

> 关于地球的大小，诸“往世书”给出的数字各异。《鱼往世书》（*Matsya Purana*）认为地球的大小为1 000约阇那（yojana，古译“由旬”“踰缮那”）。按照麦克唐纳（A. A. Macdonell），1约阇那等于9英里。据此，1 000约阇那等于9 000英里。地球平均直径的现代值约为7 913英里。可见，《鱼往世书》的值与现代值颇接近。但令人不解的是，后来的推算反而越来越不准确。例如，圣使第一（AryabhataI，活跃于476年前后）和作明（Bhaskara，活跃于600年前后）推算的直径为1 050约阇那，作明轨范师（生于1114年）和《太阳悉檀多》（*Surya-siddhanta*）给出的值分别大到1 581和1 600约阇那。为何会存在这种反常的现象呢？有三种可能：一是由于印度古代天文学日趋衰落；二是《鱼往世书》的数值与现代值相近只是巧合，因为当时的测算方法不会达到如此准确度；三是麦克唐纳相信的约阇那和英里的换算关系不正确。笔者认为第三种原因的可能性最大。而且，约阇那的长度在印度历史各时期很可能历史各时期很可能不是固定不变的[②]。

这里所说的圣使第一即阿耶波多（Aryabhata，约476—550，印度数学家、天文学家），为区别于10世纪的另一位同名学者，他也被称为阿耶波多第一。J.F.Fleet回顾了古代印度对地球数据的记录：阿耶波多第一给出的地球直径是1 050个由旬，同时还表示一个由旬是32 000个印度肘尺，等于9英里。这样，地球直径就折合9 450英里。按照书中的π值为3.141 6计算，地球周长是3 298.68个由旬，取整之后，书中采用了3 300个由旬，即29 700英里。

① J. F. Fleet：Some Hindu Values of the Dimensions of the Earth[J]. The Journal of the Royal Asiatic Society of Great Britain and Ireland，1912：463-464.

② 中国科学院自然科学史研究所. 科学技术史研究六十年：中国科学院自然科学史研究所论文选. 第5卷. 世界科技史 [M]. 北京：中国科学技术出版社，2018：130.

628年，印度数学家、天文学家婆罗摩笈多（Brahmagupta，598—668）在《梵天悉檀多》（*Brahma–Siddhanta*）中给出的周长是5 000个由旬，折合45 000英里。这里采用的π值是3.162 3，直径是1 581个由旬，折合14 229英里。而《太阳悉檀多》（*Surya-Siddhanta*，或译《太阳经》《苏利亚历》《苏利耶悉昙多》）给出的直径是1 600个由旬，折合14 400英里，地球周长是5 060个由旬，折合45 540英里。现在一般习惯于引用7 920或7 926.6英里作为赤道直径的平均值，如果按照π值为3.141 59计算，则可得出周长是24 900或24 902英里①。

按照J.F.Fleet的分析，如果不使用大由旬，即1由旬=9英里，而是使用小由旬，即1由旬=16 000印度肘尺=4.5英里，会发现婆罗摩笈多的地球直径就是7 115英里，而太阳悉檀多的地球直径则是7 200英里，这两个数据比阿耶波多第一的说法有明显的进步，在当时已经是相当接近实际数字了。但是除了这些之外，没有证据可以证明古代印度人曾经独立地试图确定地球尺寸。《太阳悉檀多》的作者和婆得帕拉（Bhattotpala）属同一学派，后者认为一个32 000印度肘尺的由旬等于9英里。12世纪的婆什迦罗（即作明轨范师，Bhaskaracharya，印度著名天文学家和数学家）与婆罗摩笈多看法相同，他称地球直径是1 581由旬，周长比婆罗摩笈多的数值有一些轻微的改进，即4 967由旬，他也认为一个由旬是9英里。J.F.Fleet认为，如果希腊的视距里是606.75英尺，9英里的大由旬就折合78个视距里有余。如果视距里是按照另一种数值，即582.48英尺估算，则由旬折合81个视距里有余。但无论是哪种情况，印度天文学家一定都会为了方便和习惯起见，将1由旬取整为80视距里。亚历山大东征时期，梅迦萨纳斯（Megathenes）的记载也体现了这一点：10个视距里相当于1个俱卢舍，即1/8个长由旬②。根据1个帕拉桑等于30个视距里的换算关系，说明印度的俱卢舍相当于1/3个帕拉桑，而帕拉桑

① J. F. Fleet：Some Hindu Values of the Dimensions of the Earth[J]. The Journal of the Royal Asiatic Society of Great Britain and Ireland，1912：464-466.

② J. F. Fleet：Some Hindu Values of the Dimensions of the Earth[J]. The Journal of the Royal Asiatic Society of Great Britain and Ireland，1912：464-466.

在某些状态下与由旬的大小比例是 3∶8 或者 3∶4。

J.F.Fleet 将古印度与古希腊天文学家的工作加以对比，埃拉托色尼计算地球周长为 250 000 个视距里，为了便于取整，他将其设置为 252 000 个视距里，这样可以被 360 平分，即每 1 度等于 700 个视距里。古希腊学者希帕恰斯、斯特拉波等都认可了这个地球数值。当取 π 等于 3 时，地球直径为 84 000 视距里，除以 80，可得出 1 050 个由旬，与阿耶波多第一给出的数值相同。而亚里士多德引用数学家计算出的 40 万视距里作为地球周长的值，这个数字除以 80，可得到 5 000 由旬，与婆罗摩笈多给出的数值相同。F.Fleet 认为，阿耶波多第一所说的地球直径数据的来源，毫无疑问应该是埃拉托色尼估算地球周长时的直径数值。而婆罗摩笈多所述地球周长的数据，应当也只是亚里士多德的数字换算成印度计量单位的结果。这里体现出的特点，是年代偏晚的婆罗摩笈多与更早的亚里士多德数据有关，而年代更早的阿耶波多第一则使用了较晚的埃拉托色尼的数据。J.F.Fleet 还注意到，去世于 587 年的瓦拉哈米希拉（Varahamihira，印度天文学家、数学家）没有说明地球的直径，但给出的地球周长是 3 200 由旬，这个数据来自早期的《太阳悉檀多》和《波利娑悉檀多》（*Paulisa*，古印度历数书），似乎是阿耶波多第一的 3 300 由旬的一个替代数据。《太阳悉檀多》关于地球的直径数值 1 600 由旬，似乎是婆罗摩笈多记载的 1 581 由旬取整后的结果。《太阳悉檀多》中说地球直径是 800 由旬，即半径乘以 2，而婆罗摩笈多的半径 790 或 791 由旬，可以取整为 800，这甚至比 1 581 取整为 1 600 更加方便。在婆罗摩笈多的记载中有一点值得注意，文章中提到地球周长是 5 000 个由旬，其目的是为了计算不同地方的经度；而在另一篇文章中，他又提出了一个不同的数据，即本初子午线两边的时间差是 1 个 nadi，也就是 24 分钟，折合 60 个由旬。这样可以假设赤道周长有 3 600 由旬，即 32 400 英里。11 世纪的阿拉伯学者阿尔贝鲁尼（Alberuni）还提到 1 581 个由旬，每个折合 8 个俱卢舍，与婆罗摩笈多记载的直径数据相同。他在著作 Khandakhadya 中还提到周长的值是 4 800 个由旬，J.F.Fleet 认为它可能是 4 743 取整而成，而 4 743 是直径长 1 581、π 值为 3 时计算出的结果。10 世纪印度天文学家阿耶波多第二所著的《阿耶历数书》

(*Arya–Siddhanta*)提到地球周长是6 625个由旬，是用六个yava的angula计量出来的。但用八个yava的angula来计量，6 625个由旬就变成4 968或4 969个由旬[①]。

中国古代也曾经有过相似的探索，“唐开元十二年(724年)一行(683—727)和南宫说进行了大规模地理纬度测量，其中还在豫东平原进行了世界上第一次子午线实测，测得子午线1度长351. 27里。有了这个数据，只要再乘以365. 25(周天度数)就立即可求得整个子午圈长度。但是他们就此却步，再没有向推算地球大小方向前进一步。这又是一件令人深思的憾事。元朝至元十六年(1279年)郭守敬(1231—1316)曾作过大规模的纬度测量——四海测验。但这一工作更不涉及地球大小。由此可见，中国古代发达的为制定历法进行的纬度测量，本来可以推算出子午圈长度、了解地球大小的，只是由于狭隘大地观束缚，就始终没有像古希腊人那样做”[②]。中国古代的这类测量技术仍然属于天文学的范畴，却没有像古希腊人那样，将天文大地测量与地图学结合起来，这其实体现了中国古代地理学和地图学过于人文化的特点。包括日影、星度、距离、方位等内容的天文大地测量，在中国与国家大事中的礼仪活动相关，“这些具有实用意义的内容与其他分野信仰内容结合在一起，构成一种‘星象地理学’或‘天命地理学’。‘星象地理学’在整个古代地理叙述体系中几乎是不可或缺的内容……分野概念的大的思想背景是对天的永恒性、权威性的认可，而天的权威性是建立地上人间秩序的必要靠山”[③]。因此，人们必须把天体的各种运动与人类活动对应起来，这种思维使中国古代的天文测量无法转化成地理学和地图学上的进展，虽然在维护社会秩序上起到了一定作用，却也限制了人们对外部世界的有效认识。

① J. F. Fleet：Some Hindu Values of the Dimensions of the Earth[J]. The Journal of the Royal Asiatic Society of Great Britain and Ireland，1912：466–469.

② 宋正海，陈传康. 郑和航海为什么没有导致“地理大发现”[M]// 中国科学院《自然辩证法通讯》杂志社. 科学传统与文化：中国近代科学落后的原因 . 西安：陕西科学技术出版社，1983：347，351.

③ 唐晓峰. 从混沌到秩序：中国上古地理思想史述论 [M]. 北京：中华书局，2010：152.

二、地理大发现时期欧洲的纬度与长度计量

有研究认为，在埃拉托色尼之后的很长一段时间里，欧洲人更关心地球的形状而不是它的大小，直到地理大发现时期，海图和更远的距离对水手来说变得重要，长度单位和纬度的联系才成为一个重要的考虑因素。这种情况在欧洲和阿拉伯似乎有一些差异，欧洲的水手可能没有考虑过长度单位和纬度的联系，阿拉伯的水手可能也没考虑过这些，但是阿拉伯的地理学家们很可能考虑过①，如上文所举《道里邦国志》的情况就是如此。而欧洲人对地球的重新认识，在海里这个计量单位的发展上体现得尤为明显。海里“旧称‘浬’，是计量海上距离的一种单位，原指地球子午线上纬度 1 分的长度，由于地球略呈椭球状，所以在不同纬度处其 1 分的长度略有差异。也有指地球平均大圆（与地球同面积的圆球大圆）角度 1 分的弧长（1 853. 25 米）的。1929 年，国际水文地理学会议通过用纬度 1 分平均长度 1 852 米作为 1 海里。1948 年，国际海上人命安全会议承认 1 852 米或 6 076. 115 英尺为 1 海里。而英、美所用的海里略有不同，1 英海里 =6 080 英尺，1 美海里 =6 086 英尺”。

随着时代的发展，人们逐渐发现需要确立一种通用的标准，由于早期的人们没能确定海里的标准数值，所以航海图上出现了若干种里的表现方式。这些计量单位有时通过名称来识别，有时只能通过它们与纬度比例的关系来识别，所以它们的长度取决于每个航海者所接受的地球大小。其间估算值差异很大，从每纬度 44.5 到 87.5 现代海里不等，而且估计值一般都偏低。在 14 世纪的英国和法国，一个纬度等于 20 个法国里格（lieues marines）或英国里格（leagues），英法两国的里格为 2.43 海里（因此 1 纬度合计 48.6 海里）。同样，15 个荷兰或德国里格（2.97 海里，15 个共计 44.5 海里）也被认为等同于 1 个纬度。在 15 世纪，17.5 个西班牙里格（leguas maritima），也就是 3.19 海里（17.5 个共计 55.9 海里）被认为等于 1 度。在不同的时期和不同的国家，里格的长度从 2.4 到 4.6 海里不等，例如，哥伦布使用的意大利里格是

① Moody, Alton B. Early Units of Measurement and the Nautical Mile[J]. Journal of Navigation, 1952, 5(3): 263.

4 个罗马英里（miglia）或 3.18 海里，现代里格的长度一般认为约 3 海里[1]。在《回首法尔萨赫：伊斯兰教中的距离是空间还是时间的问题？》中提到，帕拉桑经常被比作里格，但在引入通用标准之后，几乎所有地方都不再使用这个单位。里格相当于一个普通人在一个小时内在平地上以步行速度所能走的距离，帕拉桑或法尔萨赫也是如此。航海中用到的计量单位里格和海里，是地理大发现时期的重要单位，《地理大发现研究》中回顾了现代人对于里格的叙述：

> 关于里格（League）的长度，《简明英汉科技词典》（商务印书馆，1979 年版）说约为 3 英里，《新英汉词典》（上海译文出版社，1978 年版）说约为 3 英里或 3 海里。但 1 英里 =1.609 公里，1 海里 =1.853 公里。李永采主编的《海洋开拓争霸简史》（海洋出版社，1990 年版）说 1 里格 = 5.92 公里，《历史研究》（1992 年 1 期，载孙光圻文）说 1 里格等于 5.572 7 公里。上引《世界探险史》《地理发现史纲》均径直把 100 里格说成是约 500 公里。《美国百科全书》（1980 年版）17 卷 110 页说：该词可能源于凯尔特语，经过拉丁语的 Leuga 或 Leuca 的中介而进入现代欧美各语言。它的长度在各个国家从 2.4 英里到 4.6 英里不等。在英语国家，普遍采用陆上里格为 3 英里（4.83 公里），海上里格为 3 海里（5.56 公里）。不过，该术语代表的长度在古代中世纪从来没有被确定过。哥伦布用的里格是 3.18 海里，而西班牙的陆上里格约为 2.63 英里。鉴于以上情况，把 100 里格模糊地说相当于 500 多公里似乎更合适[2]。

这里介绍的是里格的长度，但需要看到的是，里格与法尔萨赫一样，另一个重要属性是与时间相关，并且与地球形状相联系。托勒密的《大成》（*Syntaxis*）在 15 世纪出版，书中认为 62 个罗马里等于 1 个纬度。古代的罗马

---

① Moody, Alton B. Early Units of Measurement and the Nautical Mile[J]. Journal of Navigation, 1952, 5(3): 263-265.

② 张箭. 地理大发现研究：15-17 世纪 [M]. 北京：商务印书馆，2002：110.

里（约1 850米）被定义为1 000个罗马步，每罗马步为1.48米，是人们行走2步的距离。罗马里被认为是英里（mile）的词源，因为它来自拉丁语mille。古阿拉伯的mille或mil是1.03海里，或6 000阿拉伯尺，这三个单位的长度因步的长度不同而变化，最广泛使用的罗马步被认为是5罗马尺或4.86英尺，罗马的视距里长625罗马尺，即606.3英尺（184.8米）[①]。与古代波斯和印度一样，古罗马也有竖立里程碑的习惯：

> 里程碑只标出起始地（在意大利常为罗马城，在行省常为行省的首府）到竖立里程碑之地的单向距离。共和国时代的里程碑刻有与道路建设或修缮有关的执政官或其他官员的姓名以及距离。在元首统治期间，上面常出现皇帝的全名和头衔。在不断修缮的地方，可能并排矗立几块里程碑，或同一块里程碑上出现几段铭文。
>
> 一般每隔1罗马里即立起一块里程碑，上面的距离以罗马里（MP）为单位表示。1罗马里是1 000步（millia passuum）。里程碑一词为“miliarum”或“milliarum”（复数为“miliaria”），该词即源于“mille”（千）。里程碑上的“PER M P”意为“per millia passuum”（一段……的距离）。
>
> 里程碑上的距离也可用里格（缩写为“L”）表示。1里格（leuga或leuca）为1 500步（passus），等于1.5罗马里（2 222米或7 285英尺）。从图拉真时代起用于高卢和上日耳曼。各地也存在不同的度量单位。
>
> 里程碑通常是圆柱形或椭圆形的石柱，立于方形基座上，有些是四边形的方柱，高度从2米至4米（6英尺6英寸至13英尺）不等，直径从0.5米至0.8米（1英尺7英寸至2英尺7英寸）不等。有些背面经过切割，可以倚靠在岩石面或建筑物上。现已发现4 000余块刻有拉丁铭文的里程碑，另外还有相当数量的用希腊语镌刻的里程碑[②]。

① Moody, Alton B. Early Units of Measurement and the Nautical Mile[J]. Journal of Navigation, 1952, 5(3): 263-265.

② 阿德金斯，阿德金斯. 古代罗马社会生活[M]. 北京：商务印书馆，2015：238.

1466年出版的一个版本包含了一张南亚地图，上面显示1个纬度为60罗马里，即4 858.60英尺（0.8海里）。从62到60的转变客观上是对当时通用状态的一种认可，从此在距离和经纬度之间提供了更方便的换算关系，并逐渐取代了所有其他换算法。但现在被人们普遍接受的1分钟1英里的换算并没有马上出现，由于后来对地球的测量开始精确化，人们认为这种对应关系是错误的。这时一些权威人士倾向于保持1里的数值不变，因为这种数值已经使用了很长时间，而将里与1个纬度联系起来的做法则相对较晚。于是每1度所包括的里数开始增加，到16世纪，人们认为70罗马里等于1个纬度。到18世纪，这一数字已增加到75，造成了1个纬度相当于59.9海里的情况，接近目前公认的数值。实际上，将60分的1个纬度划分为60英里是合乎逻辑的，并且许多早期的单位都逐渐加长。因此，原为2.97海里的荷兰－德国里格的长度变为3.99海里，每纬度15个里格，因此1个纬度的长度达到59.85英里。同样，英法航海里格长度从2.43增加到2.97海里，每纬度20个里格，因此1个纬度为59.4海里。

1735年到1743年，一支来自巴黎科学院的探险队被派往秘鲁（在今天厄瓜多尔的边界内）测量子午线的一个弧，以提供更精确的地球尺寸测定值。探险队成员皮埃尔·布格（Pierre Bouguer）认为意大利人使用里数，即1 000个几何步数或双步数，每一步为5英尺；他们认为60英里为1度。这种计算距离的方法非常方便，但有必要将其长度增加大约七分之一。因此地球的大小是在200多年前建立的，后来的测量主要是对早期数据的改进[①]。这次探险的时代背景是牛顿－卡西尼的争论，即“随着里奇提出地球并非完全圆形的异常说法后，大地测量学家们即亟于决定地球长轴与短轴的长度。此研究与地球形状的一种新推想有密切的关联：因为牛顿推测地球是一个扁平球体，而意大利裔法国天文学家卡西尼则强烈反对此说。这是由于卡西尼（Giovanni Domenico Cassini）在1701年从亚眠至佩皮尼昂共跨7度纬度之弧

① Moody, Alton B. Early Units of Measurement and the Nautical Mile[J]. Journal of Navigation, 1952, 5(3): 265-266.

长测量中发现，子午圈1度的长度会从南到北逐渐减小，这表示地球会是一个长椭圆形的椭球体，也就是它会在两极处突出而在赤道处扁平。在牛顿与卡西尼争论的同时，许多人进行了各种不同纬度的子午圈1度长的测量，因此导致了许多大地测量上的重要发现。最重要的是由法国政府以及巴黎科学院所赞助的计划，其中一组人在1735年到达秘鲁，并在那儿花了将近十年的时间观测，另外一组人则在1736及1737年到拉普兰从事类似的研究。而由结果发现，在拉普兰1度子午圈的长度会比在秘鲁的大许多，这点证明了牛顿有关地球是一个扁平椭圆球体的假说”①。在地理大发现时期，欧洲航海者把对地球形状和大小的认知，与计量单位联系在一起，因此能够在航海中使用的单位格外重要。一些古老的计量传统和关于地球形状的思考以新的形式出现，回顾古希腊时期，埃拉托色尼就曾经以视距里为单位，提出环球航行的可能：

> 根据自然条件本身来说，东方与西方之间的距离是大于其他部分的。他说：“根据自然的条件，有人居住的大地，如我所说过的那样，由东至西的长度应该相当于日出和日落之间的距离，而不是很长的。如果数学家们的见解是正确的，那么地球便是一个各边极连接在一起的球状。因此，如果辽阔的大西洋不能阻碍我们的话，我们就能够在同一纬度圈上，从伊比利亚横渡到印度。倘若通过雅典的整个纬度圈的长度为二十万斯塔季亚弱，而我们沿着它测量出印度和伊比利亚之间的距离为整个纬度圈的三分之一强，那么这个纬度圈其余部分的长度对于上述已记载的距离是一种补充。”②

虽然欧洲曾经一度中断了对地球形状与大小的探索，但科学传统并未完全中断，有研究者总结，“欧洲中世纪黑暗时期，古希腊科学的宇宙观、地球观被圣经所阐述的观念所取代，地平的观念占统治地位。但是，这并不是说

① 大美百科全书编委会. 大美百科全书：12[M]. 北京：外文出版社，台北：光复书局，1994：144.
② 波德纳尔斯基 . 古代的地理学 [M]. 梁昭锡，译. 北京：商务印书馆，2011：127-129.

早已受到理论和经验证明的地球观就完全被征服。地球观并未销声匿迹，甚至一些教徒也没有忘记它。中世纪有关对跖点存在的激烈争论也说明地球观是不易被征服的。12 世纪文艺复兴时期，亚里士多德的学说在欧洲复兴。13 世纪，学术界已有人公开主张大地球形说。罗杰·培根（Roger Bacon，1214—1294）还提出向西航行可到达亚洲的可能性。这种设想不断发展，最后鼓舞了地理大发现的勇士们闯入神秘的大西洋”[①]。

正是在这样的情况下，一旦航海的实际需求促进了对地球形状和大小的探索，相应工作便随之发展起来。在确立航海计量单位通用标准的过程中，各种古老的计量单位结局各不相同，帕拉桑的现代数值为 3.37 海里[②]，被认为等同 1 个里格，与瑞士人所说的“stunde”相同，后者来自德语，意为“1 小时的行程”[③]。肘尺在现代航海计量中没有直系继承单位，但依然能看到一些联系，即 1 个里格等于 8 000 个肘尺，1 个短由旬折合 2 个里格。还有一个单位是古苏格兰和英格兰的 kenning，可能是从维京人处学到的，它表示在海上能见度很好的情况下，船只通常可以辨别的距离，一般为 20 至 21 英里[④]。还有一种与古希腊视距里长度相当的现代单位“链”（cable），它最初被定义为船舶锚索的长度，有时被认为是 100 英寻或 600 英尺，约 1/10 海里。而“噚”（fathom 的旧略译，即英寻）作为记录水深的计量单位，在测深绳上用一定的间距打结，这种打结方式同样用在测量长度的技术中。对于欧洲水手而言，观察海底的泥沙状况对于导航非常重要：

① 宋正海，陈传康. 郑和航海为什么没有导致中国人去完成“地理大发现”[J]. 自然辩证法通讯，1983（01）：348.

② Moody, Alton B. Early Units of Measurement and the Nautical Mile[J]. Journal of Navigation, 1952, 5（3）：263.

③ 罗伯特·沙敖. 一个英国“商人”的冒险：从克什米尔到叶尔羌[M]. 王欣，韩香，译. 乌鲁木齐：新疆人民出版社，2003：300.

④ Moody, Alton B. Early Units of Measurement and the Nautical Mile[J]. Journal of Navigation, 1952, 5（3）：262-264.

25 哔长的测深绳仍以传统的方式做标记：在 2 哔的地方绑两条皮革；3 哔的地方绑三条；10 哔的地方绑一块方形皮革，上面打一个洞；5 哔与 15 哔的地方绑一块白色细帆布；7 哔与 17 哔的地方绑一块红色旗布；13 哔的地方绑一块蓝色毛料；20 哔的地方绑上一条绳索，并且在绳索上打两个结。在夏维尔那个时代，水手可以用这种方式在夜间借由触觉辨认水深。较长的测深绳，也就是深海测深绳，每 10 哔绑一条绳索做标记，在各条绳索上打上与 10 的倍数相同的绳结。简言之，测深绳可以让船只借由已知的浅滩、陆架和海峡的水下轮廓来找出航路。雷达能让现代的水手看到海岸线的形状，旧式的测深绳不但可以让以前的水手了解海底的形状，也能知晓海底的成分。

英国最早的记载（或者说是航海方向的书籍）可以追溯到 15 世纪初期，资料中（资料的年代应该更为古老）描述了从直布罗陀航行到英国的过程中，进行水深测量时预测的海底类型。有关海底类型的详细描述令人震惊。在不列塔尼的潘马奇岬海岸外，60 哔的海底有“沙质软泥和黑色小石子”，而 50 哔的地方只有“黑色软泥”。同样的状况也发生在不列塔尼，在贝尔岛海岸外，60 哔的地方有“细计时沙”，一种用来做沙漏的细沙。英吉利海峡的波特兰岬海岸外，24 哔的地方可发现“白皙的沙子，里面还夹杂着红色贝壳”[①]。

在英国皇家海军，链的长度现在正式被定为 608 英尺，而在美国海军则是 120 英寻或 720 英尺。于是英寻、链和海里之间存在的换算关系，近似构成了一个十进制系统：1 海里等于 10 个链，等于 10 个视距里，等于 1 000 英寻。但是在 1 个链长度的视距里和大约 3 英里长的里格之间，仍然有很大的距离。里格相当于帕拉桑，所以实际是需要在帕拉桑和视距里之间加一级计量单位，就像古罗马的“三亭一置”一样。古希腊用 12 个视距里（在阿提卡为 1.20 海里，现代 1 海里等于 6 076 英尺）组成的一个单元，称为“dolichos”，

① 艾伦・葛尼．罗盘：a story of exploration and innovation[M]. 张宪润，译. 长沙：湖南科学技术出版社，2007：16-17.

填补了这一差距，另一个被称为“地中海里”的单位在中世纪被广泛使用，即 4 035.43 英尺，约 2/3 个海里。它可能是希腊人的创造，也许是为了进一步弥合视距里和 dolichos 之间的差距。罗马里为 4 858.60 英尺，约 0.8 海里（地中海里的 6/5），使用更加广泛，并逐渐取代了较短的地中海里，而 dolichos 比地中海里的使用程度还要低得多。关于这些单位出现的顺序有着不同的看法，但地中海里很可能最先出现。被定义为 1 000 步或 5 000 罗马尺的罗马里持续了几个世纪，当人们可接受的地球大小发生变化时，一个纬度所表示的罗马里也在随着时间变化。在哥伦布进行前往新大陆的历史性航行时，人们普遍认为 56.67 罗马里（45.3 海里）相当于一个纬度，这就是哥伦布所使用的换算关系，而地球实际尺寸大约要大了 32%①，这也导致哥伦布意外发现了美洲。

三、计程技术与拖板计程仪的发展

与陆地测量相比，海洋上的测距更加艰难。从各种记载来看，直至 15 世纪末，全世界范围内都没有出现高度精确的计程方式，只能尽量依靠前人的记录和海员自身的航行经验。1850 年，任职于印度马德拉斯炮兵部队的康格里夫上尉在《马德拉斯文学与科学杂志》上发表一篇调查报告，介绍了几种科罗曼德尔海岸土著居民保留的传统航海造船技术，其中有一种估算船速的原始方法：

> 当地海员通过事前实践，知道自己行进的速度，或者说他知道自己在不同的速度下，一个小时分别能走多少里。他将一块木片从船头投向船外的水中，保持与木片向后流的同样速度走向船尾，然后他记下自己行走的速度，这就等于海船前进的速度②。

---

① Moody, Alton B. Early Units of Measurement and the Nautical Mile[J]. Journal of Navigation, 1952, 5(3): 263-265.

② H. Congreve. A brief notice of some contrivances practiced by the native mariners of the coromandel coast, in navigating, sailing and repairing their vessels[J]. The Madras Journal of Literature and Science, 1850, 16: 101-104.

科罗曼德尔位于印度东南部，是宋代以前中国古籍中著名的注辇国故地，冯承钧在《郑和下西洋考遗》中提到："注辇人在当时是些大航海家，中世纪时在印度洋中名望很大。"[①] 康格里夫的调查报告中还提到一种用北极星高记录印度洋周边港口位置的导航方法，与中国明代航海文献中的过洋牵星术原理一致[②]。而在明清时期的民间航海指南中，用来测定航程的方法也与康格里夫报告中的测速法很相像，如《顺风相送》中记载《行船更数法》：

> 凡行船先看风汛急慢，流水顺逆。可明其法则，将片柴从船头丢下与人齐到船尾，可准更数[③]。

文中对操作细节记载得不够明确，导致后来研究者们常不明其具体用法，有时甚至将其混同于欧洲 16 世纪之后使用的拖板计程仪。但从将木片丢入水中，人与木片一起走向船尾的使用细节来看，明代航海者与科罗曼德尔水手们使用的方法非常相似。这种测速法实际是将人在内陆行走的经验直接移植到海洋中，其顺利实施需要对各级速度具备感知经验的水手，还需要船体无障碍，能留出充分的行走空间。古代欧洲水手也曾使用类似方法测速，"扔一块木板到水中，记录它从船首到船尾的时间"。在早期使用拖板计程仪时，人们将念诵一首赞美诗或一段祷告词的时间作为时间单位。第一次明确使用拖板计程仪发生在 1521 年麦哲伦的航行中。[④] 而在哥伦布的航海日志中没有提及拖板计程仪或流木测速法，这是因为受到船上环境限制，如《哥伦布传》中分析：

> 据推测，哥伦布使用的那种所谓"荷兰人的测程仪"是从船头丢下或抛下一块木块到水里，人随木块的漂流速度从船头走到船尾，然

① 伯希和. 郑和下西洋考. 交广印度两道考 [M]. 冯承钧，译. 北京：中华书局，2003：165-166.

② 陈晓珊. "量天尺"与牵星板：古代中国与阿拉伯航海中的天文导航工具对比 [J]. 自然科学史研究，2018(2)：148-149.

③ 两种海道针经 [M]. 向达，校注. 北京：中华书局，2002：25.

④ 哈钦斯. 荒野中的认知 [M]. 杭州：浙江大学出版社，2010：78.

> 后算出人走路的速度即可。但是用这种办法测船速只有当船甲板长平而且无障碍时才能办到；哥伦布的船只上船楼高耸，他根本不可能从船头顺利走到船尾[①]。

哥伦布的船上因建筑所限，甚至不能有效施行流木测速法，他在航海日志中记下的航行速度，应当主要是依靠目测：

> 在“圣玛利亚”号船上，不管是他或是值班的职员都只能凭肉眼观察从船旁流过的海水中的水泡或果囊马尾藻，用每小时罗马里为单位，估出该船的航行速度。

任何判断准确、经验丰富的海员都可用这个原始的方法来估算船的航速，误差不会有 1 节，而常用此法的人甚至能做到不超过半节[②]。这里所说的“荷兰人的测程仪”，是随着地理大发现和航海事业的推进，人们需要更能有效计量航程，确定航行时间的方法，于是出现了比以前更为精确的计程工具“log”，或“chip log”，即拖板计程仪，有时也译作“测程器”等。这种工具最初也只能起到粗略计量航程的作用，但它开启了人类精确计程的历史，由此衍生和改进后的产物在航海实践中普遍应用，促进了人们对地球的测量与认识，并推动了与其相关的计时等技术的迅速发展。简单来说，拖板计程仪的形制是“把一块被称为拖板的木板系到绳子上，然后从船的一侧扔出去。舰船驶离拖板时拖板在水里保持静止不动。连着拖板的绳子被越放越长，在一定时间内所放绳子的长度就是这段时间里舰船行走的距离”[③]。而关于它的演变过程和计算方式的变化细节，则要复杂得多：

> 第一个提到这种仪器的是伯恩的《军队航向海洋》，出版于 1574

① 塞・埃・莫里森. 哥伦布传：上卷 [M]. 陈太先，陈礼仁，译. 北京：商务印书馆，2014：263.

② 塞・埃・莫里森. 哥伦布传：上卷 [M]. 陈太先，陈礼仁，译. 北京：商务印书馆，2014：262-263.

③ 哈钦斯. 荒野中的认知 [M]. 杭州：浙江大学出版社，2010：78.

年。第一张有关这种仪器的插图出现在项普蓝的《往西边的新法国航行》中，出版于1632年；在书中，项普蓝提到他曾看到“几名优秀的英国航海家”使用测程器，其结果远较“一般的推算方式”为优。在英国测程器出现之前，用的是一种“推算法”：将木片丢出船外，然后计时，通常是计算这块木片花了多长时间通过船舷上的间距记号。相比之下，测程器就精巧多了，它是个半径约9英寸（1英寸=2.54厘米）的木制圆弧，在弧形的底部边缘加上铅以增加重量。这种简单的装置上有三条细绳，如同乌鸦的脚一样，这三条细绳又接到一条长绳上。装置被丢下船时，会直直地浮在水面上。长绳上有绳结，每个绳结间隔的距离相等［一般是48英尺（1英尺=0.304 8米）］，缠绕在绳轴上头。要测量船速，就必须从船尾将测程器丢下海，水手拿着绳轴，并且将自己绑牢，以应付测程器落水后突然产生的拉力，同时以沙漏计时，一共要维持半分钟。在沙子漏完之前，借由从绳轴脱离的绳结数量，可以计算出船只每小时走多少海里；一直到现在，船速还是以“节”（knot）来计算[①]。

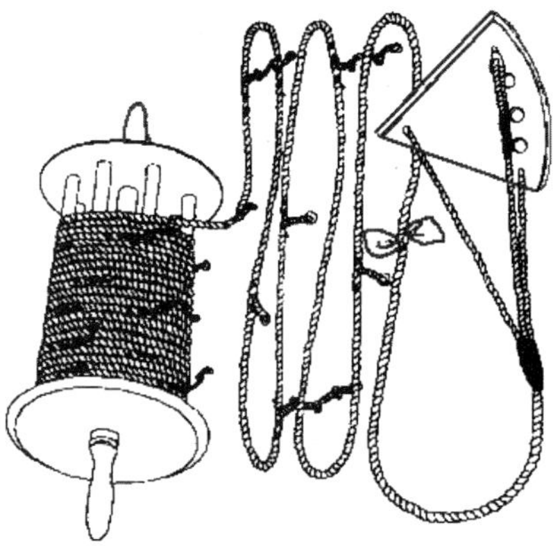

图3-2-1　拖板计程仪示意图[②]

① 艾伦·葛尼.罗盘：a story of exploration and innovation[M]. 张宪润，译. 长沙：湖南科学技术出版社，2007：18-19.

② 哈钦斯. 荒野中的认知 [M]. 杭州：浙江大学出版社，2010：79.

这里提到的伯恩即英国学者 William Bourne（约 1535—1582），项普蓝即法国探险家 Samuel Champlain（1567—1635）。伯恩是一名成功的新型教科书作者。16 世纪时，科学书籍只出现在大学里，面向的读者是精通拉丁语的人们，但伯恩却用英语写作了一系列技术手册，让工匠们成为他的读者。《军队航向海洋》是这些书的核心，它是一本给水手们的说明书，可能也是英国人写的最早的技术手册。书中不仅介绍了伯恩的航海规则，从中还能看到他拥有一种与生俱来的、向别人传授知识的兴趣[①]。

拖板计程仪的设计目的是帮助航海者准确估计船在一段时间内航行的距离，从而推断出在下一次登陆前需要继续航行的距离。早期被称为拖板的木板，实际是一块圆形的四分之一大小的扇形木片，加上一条很长的线绳和一个沙漏，长线绳用来放到船舷之外的海水中，沙漏的精确度能够用来测量一分钟的时间。《英国与荷兰计程仪的发展》中认为这种工具本质上是一个不连续的测距仪，不同于速度计和里程计[②]。这种工具逐渐促进了计时技术的发展，因为最初人们没有合适的计时工具，在使用拖板计程仪时，所用的短时间段被定为一段祷告所需要的时间。后来为了提高精确度，人们使用沙漏来计量单位时间，因此沙漏制造技术的精确度也日渐提高。伯恩在其著作中介绍，这种测程仪首先需要的是一个一分钟的沙漏，但如果它能计量更短的时间，效果会更好，因为当船速很快时，在一分钟之内已经有很长的线被放出去了。测量船行的距离时，人们把绳子卷回来量一下该时间内所放出去的绳子的长度即可[③]。

拖板计程仪被设计成在水中保持静止，以便计程线（log-line）被放出船外时，其速度与船的速度相等但方向相反。在选定的固定时间内，被放出去的线的总长度，是这艘船在这段时间内航行的距离。然后再将这段距离乘以一小时之内所包含这段时间的份数，就是船在这一个小时里航行的距离。例

① W. Bourne，E. G. R. Taylor. A Regiment for the Sea and other Writings on Navigation [M]. Cambridge：University Press for the Hakluyt Society，1963.

② D. W. Waters. The Development of the English and the Dutchman's Log[J]. Journal of Navigation，1956，9(1)：71-72.

③ 哈钦斯. 荒野中的认知 [M]. 杭州：浙江大学出版社，2010：78.

如，放出的计程绳长度是25英寻，用时半分钟，由于1小时内包括120个半分钟，所以将25英寻乘以120，得到一小时内航行的英寻数，共计3 000英寻。由于当时英国的一个里格包括2 500英寻，所以一小时内航行的距离是1.2个里格。为了保证投入海中的木片不被拖走，而是固定在某一位置，这扇形木片的边缘需要加一根铅条来增加重量。木片是用一只“乌鸦脚”系在测速线上的，这样，当木片被抛下时，它以船驶开时的最快速度向后流走，而测速线被分成两部分，木片被投入水中时，有足够的测速线从船尾涡流中脱离开，使得在抛出去的线开始计时之前，木片已经处于流水中。后来，测速线的第一部分被称为“漂泊绳”（stray-line），而测速部分的正式开始之处，则用打结或彩色布条标出。漂泊绳有2到3英寻长，当标记着漂泊绳末端的绳结穿过船尾栏杆时，另一个助手转动沙漏（如果使用的是沙漏而不是有节奏的语言），计程线自由地散发。沙子一旦用完，手持沙漏的助手就叫“停止”，那个改变计程线方向的人就把它停住。掐住那条漂泊绳，把“乌鸦脚”上的插针从插座里拔出来，把木片侧着拉上去，平掠着水面拉回来。这可以使得牵引变得容易。使用拖板计程仪需要多人合作，美国人类学者哈钦斯在其著作中描述了海员们使用这种工具时的协作场景：

> 如果只有一个人的话，他很难精确地实施上述步骤。我曾经在“Westkust”号上——修复了的19世纪末期的瑞典纵帆货船——看到人们使用拖板计程仪。整个过程需要三个人的密切合作。一个人负责拖板和绳子，将拖板扔出船，让绳子从他的指间放出去，当这根“漂泊绳”放到最后时他就叫出声示意其他人。在第一个人示意他开始往外放绳子时，第二个海员将沙漏倒置，当沙子流完时他喊叫示意他人。这时，第一个海员拽住绳子停止外放。这个动作需要第三个海员的协助，而后者在之前主要负责握住线轴，以便使绳子能顺利往外转出去。绳子的节上都挂有绳穗，这样节数就一目了然。记住离手最近的是第几节，然后把绳子拽回来绕到线轴上①。

① 哈钦斯. 荒野中的认知 [M]. 杭州：浙江大学出版社，2010：78.

1632年，法国探险家项普蓝用插图记载了当时英国的一种计程工具，包括木片、计程线、沙漏以及计程线的绳卷。图中的计程木片是一块12英寸高、6英寸宽的山毛榉木板，底部有一根铅条。有一个小木管通过一个绳圈（即伯恩所说的“乌鸦脚”）系在木片底部的两个角上，而一根木钉则系在漂泊绳的末端，很容易插进木管里。在连接到木钉之前，漂泊绳的末端通过一个钻过山毛榉板顶部的孔（比木钉小）。通过这种方式，当船身倾斜时，木板可以保持垂直漂浮在水中，使它的整个表面朝向船尾。之所以有这种设置，是因为测程线很容易被拉回船的方向，而垂直漂浮的木片可以提供力量与之相抗衡。在项普蓝的时代，漂泊绳的长度为8至10英寻，计程线用一系列的单结打结，其中第一个结标志着漂泊绳的终点。

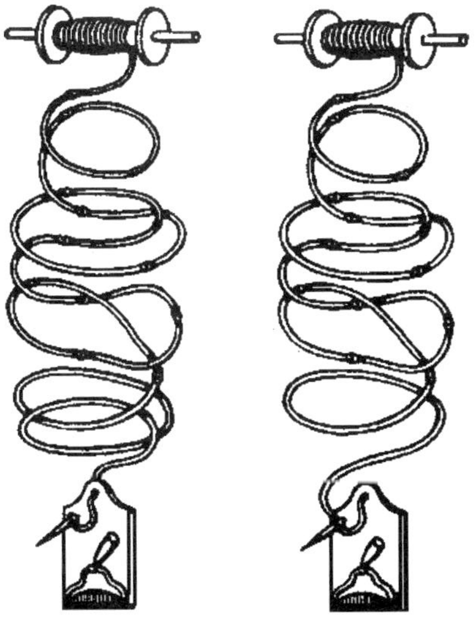

(a)　　　　　　(b)

图3-2-2　修改前后的计程仪示意图

然而D.Chilton在《项普蓝的英国计程仪》中提到，在沃特斯少校的论文《英国和荷兰计程仪的发展》中，引用的项普蓝这幅英国计程仪的插图有误。尽管图中所示装置的意图无疑是正确的，但不可能实现文中所述“垂直漂浮在水中，使木片完整面朝船尾”的功能。文中怀疑项普蓝没有仔细检查计程仪，至少没有正确地指导制图员作图。作者给插图作了简单的修改，在修改后的图中，漂泊绳在木片上的开孔处结束，而销钉与漂泊绳端部保持适当的距离。当木钉牢牢插入木管时，形成“乌鸦脚”。如果该线自由运行，则木片将垂直漂浮，以抵抗将计程线拉回到船上的任何作用力。而如果按照原引的图片，如果漂泊绳被拉紧，木钉将从木管中拔出，木片也很容易被拖回。文中还提到科学博物馆收藏了一种类似的计程仪，形状相当奇特，像一条鱼。它的配件是一块边长约5英寸的三角形木片，用一条铅条在它的底边缘加重，铅条的顶端与鱼的身体铰接。有根线一端连接着有铰链的翻板的底端，另一端连接着鱼的腹部。作者认为漂泊绳是牢固地系在鱼嘴上，这样鱼的头部可以首先被拖起①。

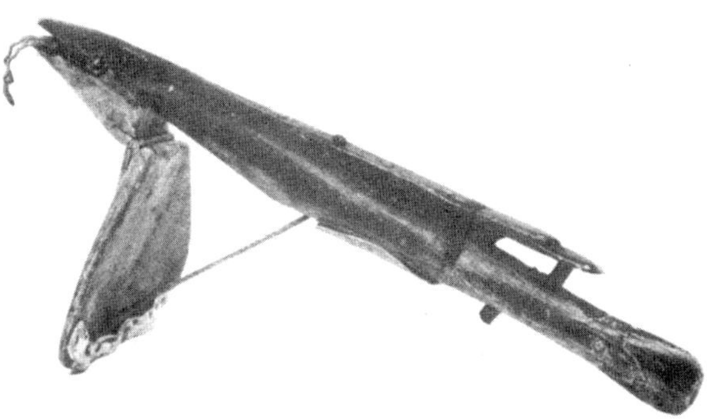

图3-2-3　鱼型计程仪②

在实际使用中，类似工具会出现各种问题，受到许多因素的干扰：

即便这么精致的制作，拖板计程仪也还不是很精确。很多事情会在读取数字时导致误差。线轴的摩擦、绳子的收缩、海面汹涌时船体的波动、洋流的影响、船侧后半部遇到波涛时的偏航，等等，以及其他很多情况都会导致严重误差。对于依赖拖板计程仪的导航员来说，他别无选择，只好接受误差存在的事实。木匠宁愿在长的那侧切木

① D. Chilton. Champlain’s English Log[J]. Journal of Navigation，1956，9(4)：464-465.

② D. Chilton. The Navigation Collection at the Science Museum[J]. Journal of Navigation，1955，8(4)：358-365.

块（这样牺牲最少的木材纠正误差），同样道理，导航员选择高估所航行的距离以避免预料不到的着陆。如果产生了误差，最好还是高估距离，这样可以纠正这中间的错误而不至于损失舰船。

计程仪的绳子在使用中会收缩，所以察看每段绳子的长度很重要。“大部分的轮船甲板上都钉有钉子用来辅助”上述操作。甲板并不会像绳子那样延展或收缩。将校准用的钉子钉于甲板上就记录了每段绳子的长度，这种记录媒介的物理性能与整个任务的计算需求非常匹配[①]。

伯恩在1580年描述了一种算法，即在船不改变航向的情况下，虽然风力和航速不同，但可以把这段航程中所有的英寻数加在一起，得出一个估算值。例如，船首先行驶了4个小时，在1个小时的1/120的时间里，船行驶了25英寻，也就是4个小时里，船会行驶12 000英寻。如果风力增加，在1个小时的1/120的时间里，船行驶了34英寻，那么在3个小时里，船会行驶12 240英寻。如果风力减小，船航行了5个小时，在一个小时的1/120的时间里，船只能行驶16英寻，那么在5个小时里，船会行驶9 600英寻。现在把所有的英寻数加起来，总计33 840，这也就是说船在12个小时里，总共航行了33 840英寻。现在除以2 500，也就是1个里格中包括的英寻数，得出船已经航行了13.5个里格，外加90英寻[②]。

在这段时间里，人们对地球的大小认识有限，当他们想要把航行时间与经纬度大小相联系时，却无法确定1海里和1里格的正确长度，例如，1个里格包括2 500英寻的数字就偏小。因此航海日志记载的距离总是不准确，破坏了日志作为提高导航精度的辅助手段的可靠性，但由于没有更好的方法，还要继续使用平面海图进行海洋航行。爱德华·赖特（Edward Wright）在《导航中的某些错误》一书中描述说，这些错误在许多地方很像是一个无法解开

① 哈钦斯. 荒野中的认知 [M]. 杭州：浙江大学出版社，2010：79-80.

② D. W. Waters. The Development of the English and the Dutchman's Log[J]. Journal of Navigation, 1956, 9(1): 80.

的错误迷宫，对于一个人来说，要想从中轻易解脱出来是很难的。他列举了许多航海家的经历，他们在遵循从西印度群岛航行到亚速尔群岛的惯例时，“经常遇见那些本来不应该出现的岛屿，根据海图，这些岛屿本应该出现在他们西面150到200里格的地方”。他自己从亚速尔群岛启航，在尾桑岛登陆，但根据海图，他离那片险恶的海岸本应还有50里①。

人们想要将海里设置成纬度的一分，这种想法也与计程工具的设置和调整相关。17世纪时，英国使用的英里长度无法与地球大小匹配，早期的测速仪显示的速度太快，导致海船登陆总是迟到，然而17世纪的英国大地测量学家诺伍德解释说：“船的航程通常比用测速仪显示的要多，而每个人都希望在航行前计算一些事情，多做一些筹划，这样他就不会受困在一个意想不到的地方。”因此这通常被认为是一种优点。1715年，英国航海作家亨利·威尔逊（Henry Wilson）认为，在航海测速仪上的一个结的长度必须是1海里的1/120，因为30秒沙漏的周期正是1小时的1/120。但困难出现在人们观点的分歧，即对地球上大圆的一个角度所包含距离的不同认识。最初的沙漏上一般标记30秒的间隔，每节之间的距离为42英尺，与此对应的在30秒内航行过42英尺的速度，被认为等同于每小时1海里的速度，因此有了现代术语“节”。为了解决这个问题，人们本来想要改变绳结的间距，比如长度从42英尺增加到48英尺7英寸，后来又改为51英尺。但后来做出的调整是沙漏的时间间隔变化，而不单是绳结之间的距离发生变化，起先绳结间距42英尺，通行过的时间从30秒缩短到24秒，在确定了海里的长度之后，时间间隔增加到28秒，节距增加到47英尺3英寸②。在后来的研究者看来，“拖板计程仪的重要性在于它改变了导航的方式。导航员再也不用事先知道某个行程会需要多少天，直到计数走完了需要的天数来航行，他依靠拖板计程仪、两点间的距离以及航行速度的概念来判断舰船已经行走的距离。拖板计程仪带来了

① D. W. Waters. The Development of the English and the Dutchman's Log[J]. Journal of Navigation, 1956, 9(1): 75.

② Moody, Alton B. Early Units of Measurement and the Nautical Mile[J]. Journal of Navigation, 1952, 5(3): 266–267.

速度的数字表征，它要求导航员能够根据该表征来进行计算，以得出他所需要的信息。拖板计程仪以及它的下一代产品是欧洲扩张时导航工具箱里的许多测量工具之一。其他的测量工具还包括由测量星星高度的工具演化而来的工具（星盘四分仪、直角器、六分仪），测量范围的工具以及测量方位、方位角、航线和水深的工具。所有这些工具都是模拟－数字转换器。它们所得出的表征都需要接下来用一种特殊的数学技术来处理，以便得出导航员所需的信息”①。

1598年，伦敦开设了格雷沙姆学院（Gresham College），根据学校创始人的意愿，这里开设天文学和几何学课程，用英语和拉丁语公开传授这些学科的理论与实践。天文学教授必须解释一般航海仪器的用法，这使得数学知识变得既便于理解又有实用价值，拖板计程仪也是在这种背景下得以改进②。虽然拖板计程仪在实践中足够方便，但它能提供的信息太少，比如它无法直接回答领航员的问题：“我在最后一个小时里航行了多少英里或里格?”英国数学家和天文学家埃德蒙·冈特（Edmund Gunter）致力于将计程线变成简单的直读仪器，他在格雷沙姆学院当了四年天文学教授，出版了《象限仪与十字测天仪》（*the Sector and Cross Staff*，伦敦，1623年），它是标志着17世纪前期航海实践革命的基本教科书之一。这本书的出现，是由于1599年爱德华·赖特发表的《航海中的一些错误》（*Certaine Errors in Navigation*），其中包括现在称为墨卡托投影（Mercator's projection）的公式。墨卡托（Gerardus Mercator，1512—1594）是荷兰地理学家，“1569年，提出了墨卡托投影图法。这是一种假设一个圆柱体在赤道与地球外接，然后，从地球中心向外投影至圆柱上，再将该圆柱展开的圆柱投影法。该法具有能正确表示方位的优点，对航海和地图学两个领域都开创了一个新的时代”③。虽然广泛使用墨卡托海图已成为可能，但如果航海者真的开始使用这种图，则对于绘图计算的精

---

① 哈钦斯. 荒野中的认知 [M]. 杭州：浙江大学出版社，2010：80.

② D. W. Waters. The Development of the English and the Dutchman's Log[J]. Journal of Navigation，1956，9(1)：72－74.

③ 和达清夫 . 海洋百科辞典 [M]. 于夫，吕彩霞，主译. 北京：海洋出版社，2001：571.

确度要求会远远超出以往的标准，而计算是一个繁琐而费力的过程，很容易出现严重错误。冈特在1606年发明了一种航行工具，从而大大简化、消除了计算中的错误风险，这种工具的原理是相似三角形的边成比例，简而言之，它由两根尺子组成，像木工尺一样用铰链连接，并刻有各种线条。杰玛·弗里修斯（Gemma Frisius）在1530年提出，解决航海家经度问题最实用的方法是使用计时器测量时间差，从而计算经度[①]。然而“16世纪的时钟需要经常上弦，而且每天会快或者慢15分钟。而且，当时钟被带到不同温度的地方，金属会膨胀或者收缩，这样时间的计算就是非常不可靠的了。1657年，克里斯蒂安·惠更斯（Christian Huygens）发明了钟摆，这样可以使钟表变得比较准确，但是这种钟在海上也不可靠”。1729年，一位名为约翰·哈里森（John Harrison）的英国专业钟表匠，“开始制作一只适合海上使用的钟表。他最早制成的钟在到里斯本的航行中表现优良，英国政府的经度委员会提供给他一笔资助来继续他的工作。1761年，哈里森完成了第四只钟表，他认为这只时钟已经符合要求。这只时钟在牙买加的往返旅程中误差少于两分钟。于是另一次航行被提上日程，这次这只时钟被装在一个可以移动的支架中。在前往巴巴多斯岛的往返行程中，在156天中仅慢了15秒……在这一时期，法国和瑞士的钟表匠也差不多掌握了这种技术。从此之后，航海家可以像测量纬度一样准确的测量经度”[②]。

然而在研制出可靠的计时器之前，解决经度问题的唯一可行办法是改进计算船舶位置的技术，因此最大的改进空间在于估计航行距离。作为格雷森姆天文学教授，冈特承担了这项改进的任务，他认为最重要的是要确定在测量距离时应采用什么基本长度单位，以及如何准确地确定这个单位。在此之前已有学者认为，这取决于沿地球表面子午线测量度数的长度，而古代地理学家和阿拉伯人已经尝试了一些测量方法。后来得出的结论是，尽管英国海

① D. W. Waters. The Development of the English and the Dutchman’s Log[J]. Journal of Navigation, 1956, 9(1): 77.

② 杰弗里·马丁. 所有可能的世界. 第四版: 地理学思想史 [M]. 成一农，马丁，译. 上海: 上海人民出版社，2008: 95-96.

员沿袭了托勒密的测量数据，即每英里 5 000 英尺，但实际的选择由各海员自己偏好而定。冈特记载了当时英国海员们关于 1 度数据的看法，例如，每步有 5 英尺，每英里有 1 000 步，每度有 60 英里，因此每度有 30 万英尺。冈特研究之后认为 1 度的数据可以精确到 35.2 万英尺，1 英里是 5 866 英尺，而不是 5 000 英尺，这比当时常用的长度多了六分之一，已经很接近今天使用的英里长度 6 080 英尺。冈特选择 35.2 万英尺，是采用了由当时最新测量的地球表面弧度计算出来的 1 度的长度，这是荷兰数学家斯奈尔（Willebrod Snelle，或 Snellius）在 1615 年做的工作，即 352 347 英尺。1590 年至 17 世纪初，荷兰人接受英国航海者的训练，迅速发展了繁荣的海洋贸易，并像英国人一样，面临着海上测距问题。他们作为世界水文测量中心的地位，也推动了对精确测量角度的需求。斯奈尔作为莱顿大学的数学教授，其工作正是在这样的环境下完成的①。

虽然对 1 度长度的实际测量并不是由冈特完成的，但他对推动英国海员使用 1 度的数据起到了重要作用，因为冈特可以使用他们本土的语言向海员们解释，在航海中使用 1 度的数据会带来更高的准确性。在确定了 1 度的长度，又由此确定了 1 海里的长度后，冈特开始着手澄清和简化准确估计航行距离的问题。他承认“一个老海员”可以用“经验”来判断船的航行，但也希望海员们多使用工具。冈特工具尺的优点之一是，即使用旧的计程板和普通的计程线，也能很容易地计算出航行的距离。冈特解释说，假设航行时间是 15 秒钟，船在 15 秒内的航程是 88 英尺，那么，因为 1 小时有 3 600 秒，就可以把罗盘在数字行（数字的对数刻度）中从 15 调到 3 600，而航行的距离将从 88 调到 21 120，也就是 1 小时的路程达到 21 120 英尺。但由于航海家从来没有长距离以英尺为单位工作过，所以必须把它转换成英里或里格。在冈特的尺具上，很容易找到 1 度的长度（以英尺为单位）和 1 小时内航行的距离（以英尺为单位）之间的比例。通过将罗盘从 21 120 英尺（在本例中，航程为

① D. W. Waters. The Development of the English and the Dutchman's Log[J]. Journal of Navigation, 1956, 9(1): 78-79.

1 小时）的数据调整到一度所包含的英尺数，就转化成了里格或英里，冈特修正后的海里长度得到了紧随时代的航海家们的迅速认可。冈特的工具制造正值英国海外航行的一个非常重要的关头，即英国殖民者向美国的西进浪潮，航海计程仪已成为一种必不可少的工具。于是冈特把计程仪从一个复杂的工具变得简单，适合人们使用，英国海员也越来越多地使用计程仪，并按照冈特的建议打结①。

后来计程线的打结方式又发生了改变，它的发明者是英国数学家、测量学家和航海家理查德·诺伍德（Richard Norwood，1590—1665）。他“早年当海员时自学了数学，绘制了百慕大地图。他在伦敦大学教授数学并着有许多数学和航海方面的书籍，其中《三角学，即角的学说》（1631）和《海员的实践》（1637）中涉及到测程索的长度和改进措施”②。他在《海员的实践》中认为“有四件事是航海实践的基础，即经度、纬度、航向和距离的知识”。诺伍德看到许多海员使用的计程线是每 7 英寻打一个结，用半分钟的沙漏，间距是 41 英尺 8 英寸，他建议结间距为 51 英尺，这是 6 120 英尺的英里的 1/120，这个数字是他根据 1 度的长度是 367 196 英尺后得出的。诺伍德认为计程线应该装上一条 10 英寻或更长的漂泊绳，以确保木片在沙漏转动之前脱离尾涡，然后在开始处做一个标记，从那里起 51 英尺处做一个标记，再 51 英尺处做第二个标记，再往前 51 英尺（即距离第一个标记 153 英尺），另一个标记是三节，继续前进。因此，通过引入计程线的渐进式打结，诺伍德完成了英国计程仪和计程线的发展。它的用法变得更加简单，诺伍德说：“看看半分钟内有多少节的计程线投出，1 小时的航程就是这么多英里。”③ 当然这种推广也并不容易，E. G. R. Taylor 在《英国与荷兰的计程仪》中提到，一直到 18 世纪，保守派水手仍然固执地坚持着每 7 英寻打结

① D. W. Waters. The Development of the English and the Dutchman's Log[J]. Journal of Navigation, 1956, 9(1): 81-82.

② 姜振寰. 世界科技人名辞典 [M]. 广州：广东教育出版社，2001：744.

③ D. W. Waters. The Development of the English and the Dutchman's Log[J]. Journal of Navigation, 1956, 9(1): 84.

的传统方式。而古老的目测计速法也依然存在，一些海员认为这种传统的方法是理所当然的[①]。

1632 年，项普蓝描述了计程仪的使用频率，一昼夜中每 2 小时投放 1 次，每 24 小时计算 1 次，根据航行的里格和英里数调整最后的数字，但有些航海者更喜欢每小时投放 1 次。在十八世纪，人们对木片和计程线做了各种改进，特别是使用了棉制计程线，以避免由于潮湿而导致计程线不规则收缩而产生的误差。人们用涂漆的圆锥体代替了木片，在木片上安装重物，并使用摆锤检查沙漏的精度。由于重物在水下起到锚的作用，所有明显的将木片向船拖回的趋势都被阻止，船尾涡流的影响会被消除。在实践中发现 48 英尺的节间距通常比诺伍德的 51 英尺的节间距能给出更准确的结果，许多航海者更喜欢使用 7 寻的节间距，而使用的沙漏虽然名义上是半分钟间距，但实际上只计时 23 或 24 秒。“结”或“节”这个词被用作距离的计量单位，在使用计程仪的航海语境中也用作速度的计量单位，于是曾经正确的通用表达“每小时结数”，实际上已经成了一种语法错误[②]。

在计程技术迅速发展的同时，英里的长度仍然存在争议。15 世纪开始出现了与陆地英里不同的海里，水手们逐渐开始接受这种更长的计量单位。而在岸上，由于没有太多动力将 1 英里与地球的大小联系起来，因此 5 000 英尺的古罗马里仍然存在。陆地里或法定英里后来变成 5 280 英尺，但依然存在区域差异。在英国，法定英里有时被称为伦敦英里，以区别于 1.123 法定英里的旧苏格兰英里和 1.273 法定英里的爱尔兰英里。诺伍德在测量了一段子午线的弧度后，提出将海里的长度定在 6 120 英尺，后来他将其改为 6 000 英尺。他的海里数据逐渐被海员们接受，但直到一个世纪后才以独特的名称“海里”而闻名，这一表达最早出现在 1730 年[③]。

① E. G. R. Taylor, A. H. W. Robinson. The English and the Dutchman’s Log[J]. Journal of Navigation, 1956, 9(3): 357-360.

② D. W. Waters. The Development of the English and the Dutchman’s Log[J]. Journal of Navigation, 1956, 9(1): 72-74.

③ Moody, Alton B. Early Units of Measurement and the Nautical Mile[J]. Journal of Navigation, 1952, 5(3): 267-268.

拖板计程仪发明于16世纪，却一直到17世纪中叶时才被普遍使用。“为什么当时海员们没有更广泛地使用它呢？因为他们没有便捷的方法进行读取计程仪并将之转化成有用的船体位置信息时所需要的计算……1714年英国议会通过了一项法案‘对那些发现海上经度的个人或者集体予以公共奖金’。该奖项直到1762年才被人领取，那年哈里森造出了一个计时器，在海上使用非常可靠。导航历书随之立刻有了变化。在导航计时器被完善之前，人们几乎没什么动力去改善六分仪……13世纪时海图就得以广泛使用了，但是最基本的绘图工具——平行尺一直到16世纪末期才被发明（沃特斯，1976）。为什么？因为直线在早期的海图上根本没有什么特别的意义。直到出现墨卡托投影法时，直线才有了计算意义……早期的星盘和四分仪是大学里的仪器。普通的海员不可能使用它们。这些仪器必须经过简化，而且必须要有使用说明。”① 从拖板计程仪发明到使用的一系列历史中可以看到，科技知识的有效传播需要社会需求的推动，但对于技术操作较为复杂，需要一定知识基础才能有效使用的工具，却必须经过改造之后才能传播。

第三节　中国古代计程技术的演变

此前在关于中国航海计程技术的研究中，常有时间地域出现错位的认识。如《中国机械科技之发展》中《船用计程仪（测程仪）》一节，认为中国早已发明计程仪：

> 公元三世纪，三国时期，吴国海船航行到南海一带去，有人写过南州异物志一书，书中提及测程之古法：在船头上将一木片投入海中，然后从船首向船尾快跑，看木片是否与人同时到达，来测航速及航程，此乃计程仪之雏型。至公元十四世纪（明代初期），仍然采用

① 哈钦斯. 荒野中的认知 [M]. 杭州：浙江大学出版社，2010：84-85.

此法，不过已有更具体之规范，规定一天一夜为“十更”，以点燃香枝数来测时间，将木片投入海中，如果人与木片同时到达船尾，则计为一“标准更数”，其一更为三十公里之航程；若人比木片先到，则称为“不上更”；若木片比人先到船尾，则称为“过更”。

直到公元十五世纪，计程仪有进一步之发展，采用扇形计程仪，其原理与前者类似，亦使用一块木板，用和全船等长之游线系住投入海中，然后用沙漏或香钟来计算木板到达船尾之时间，取消以前测视人员奔跑不精确之缺点。此时中国已经出现船用沙漏，每倒转一次为十四秒。在游线上亦有记号（长度尺寸之刻度），使水手能精确测出长度，同时香钟、沙漏亦有时间之分段刻度，水手能正确读出时间，则其航速和船程可计算如下：

航速＝游标线尺度 ÷ 计时漏刻度

航程＝航速 × 计时漏刻表

西方国家之船用计程仪发展较缓，长久停滞于原始航海技术，直到公元一二〇〇年：才逐渐进入计量航程时代，原始计程仪之使用，比中国晚约一千年，直到公元一五〇〇年以后，西方航海计程技术才有长足之进展，此时已放弃古老之计程技术，而使用“测程仪”（Log），与中国明代者类似，同时应亦用结节计程仪绳，并使用沙漏准确计量时间，但比中国晚约一百年。

从上一节的分析中已经可以看到，关于拖板计程仪的实际情况并非如此。而早期的投木法，现存《南州异物志》并未见如此细致的记载，而年代相近的东晋《太清金液神丹经》中介绍中南半岛行程，提到用投入水中的物体速度估算海船每天航行的里数，航海者用“逐鹿”和“走马”作为船速参照物，得出四帆海船每日行千里的结论[①]。

① 太清金液神丹经. 卷下. 道藏. 第18册 [M]. 北京：文物出版社，上海：上海书店，天津：天津古籍出版社，1988：759.

这是一种简单的投物目测方法，近似早期欧洲水手的相应技术经验，“现在在海上享有盛名和经验的国家”中，有些人是通过“只凭出现的船帆猜测，靠船边的泡沫或水奔跑，就像西班牙人和葡萄牙人一样；另一些人则是通过向水中扔一块碎片或类似的东西，并计算出他们在甲板上的等速速度，这在荷兰人中是常见的”①。按照目测估算航程的方法，东晋的人们计算出中南半岛上的“典逊去日南二万里，扶南去林邑似不过三千七八百里”。中国古代航海文献中，常记载海外某地距中国数千或数万里，应当就是用类似方法换算而出。但这种方法误差很大，甚至会出现跨数量级的错误。明代航海指南《顺风相送》中确实出现了更精确的流木测速法，但明清时期的航海文献中，并未出现过用线绳系木的扇形计程仪，这种工具如第二节中所述，实际是由欧洲水手最早发明。

印度洋周边还曾出现过一种计量单位，即表示3小时航程的扎姆（zam）。它是后来印度洋上普遍使用的计量航程的单位，10世纪阿拉伯航海文献《印度珍异记》是目前所见最早的使用扎姆计程的文献，与此同时，航海者们还使用天和帕勒桑或法尔萨赫计程。从《道里邦国志》、《印度珍异记》等文献可知，9—10世纪的印度洋航海者已经使用短时段计程单位，记录印度洋、西太平洋周边直至中国的航程。例如，费琅原作、冯承钧翻译的《苏门答腊古国考》一书中，引用《印度珍异记》的一段记载：“室利佛逝在蓝无里岛之极端……其地距哥罗一百二十更（三百六十小时行程）。”② 这里的“更”为3小时，在阿拉伯航海文献中，它被写为“扎姆”，也是一种兼具时间与路程意义的计量单位。冯承钧之所以将其译为“更”，应当是认为它与中国明清时期2.4小时的“更”属于同类性质，所以做此意译。古代印度洋航海者常用扎姆记述航程，《印度珍异记》中多次出现，如：

① D. W. Waters. The Development of the English and the Dutchman's Log[J]. Journal of Navigation, 1956, 9(1).

② 费琅. 苏门答剌古国考 [M]. 冯承钧，译. 北京：中华书局，2002：117.

有一名海员对我言道，他曾经乘一艘印度洋帆船（Sanbuk）从室利佛逝前往中国。他说：“我们总共航行了五十多扎姆。”[①]

此时航海罗盘尚未发明和普及，人们也只是用扎姆简单记录航程。而在16世纪阿拉伯航海指南《海洋》中，已经将罗盘指向与扎姆代表的航行时间及航距相结合，详细记录印度洋上的航行方式，如：

向西——四分之一南的方向行驶两扎姆的时间（每扎姆相当于三个小时）……一直到再次退潮为止，先向西——西南方向行驶一扎姆的时间，然后再向西北方向行驶两扎姆的时间……接着再径直向西，一直到达马尔代夫[②]。

以3小时为计量单位是一种典型的古代印度计时方法，他们将一昼夜分为8个时段，唐代前往印度求法的僧人玄奘[③]和义净[④]都曾有所记载，《真腊风土记》中提到古代柬埔寨也有这种“一夜只分四更”的习惯[⑤]。由此可以推测，这种计量单位最初很可能是由印度附近的航海者们使用的，在当地的语言中，“zam”一词也可能与表示每个时段的“yam”相关。对比《顺风相送》与《海洋》中记录航线的方式，会看到它们非常相似，都是向某一方向航行若干时间，到达下一地点后再行转向，而《顺风相送》中的更与《海洋》中的扎姆一样，也都是兼具时间与距离意义的计量单位，只是3小时与2.4小时的数值不同。

---

① 费琅.阿拉伯波斯突厥人东方文献辑注：下册[M]. 耿升，穆根来，译. 北京：中华书局，2001：668.

② 费琅.阿拉伯波斯突厥人东方文献辑注：下册[M]. 耿升，穆根来，译. 北京：中华书局，2001：555-556.

③ 玄奘.大唐西域记：卷二. 印度总述. 数量[M]. 章巽，校点. 上海：上海人民出版社，1977：33.

④ 义净.南海寄归内法传校注：卷三[M]. 王邦维，校注. 北京：中华书局，1995：169. 关于这种计时方式的详细情况，可参考文献：周利群. 义净记载的天竺计时体系[J]. 西域研究，2016（1）：111-117.

⑤ 伯希和注称“按一夜分为五更，其名曰yam，即梵文之yama是也”。夏鼐认为“如非真腊古制不同，则或由于打更五次，实则只分为四等分，只有四更”。周达观. 真腊风土记校注：正朔时序[M]. 夏鼐，校注. 北京：中华书局，1981：121，126.

印度洋上短时段计程法的使用，在一定程度上体现了由古希腊流传到阿拉伯的地球概念。张广达在《道里邦国志》出版前言中介绍，阿拉伯天文—地理学发展有其特殊的宗教原因，由于每昼夜须作 5 次礼拜，这使得礼拜者对所在地点的经度需要有精确的认识①。类似特点在扎姆上也得到了体现。在严敦杰关于古代天文导航工具牵星板的研究中②，曾经提到同名计量单位“半角”（zam），它是阿拉伯航海者测量方位星时，使用的计量单位“指”（isba）之下的一级单位，即 1 指分为 8 个半角。由此可知，扎姆实际具有两种含义：在计时体系中，它代表着 3 个小时，即将昼夜 24 小时均分成 8 个部分后的数值；而在航海天文的体系中，它又代表着 1 指的八分之一。这两种意义是互相联系的，因为在测量天体的工具 kamal 上，1 指代表着固定的纬度间隔，因此，作为它的八分之一，扎姆也可以表示相应的纬度间距③。由于在不同的时代，1 指表示的数值不同，所以与扎姆相应的纬度间距也不相同。在关于阿拉伯航海书《海洋》的研究中提到了两种指的数据④，计算之后可知古代印度洋上的木帆船在 3 小时内航行的平均路程，即每小时航行 4 ~ 4.83 海里⑤。

而从中国古代计程技术的发展来看，不但没有出现相应的工具，也没有出现与固定时间相对应的固定距离。与巴比伦、波斯、印度的贝鲁、帕拉桑、扎姆等相比，中国似乎并没有发展起此类专用计程单位。虽然也有“走了一炷香时间”之类表述，但只是一种原始形态，并没有真正作为计量单位使用。直到海上无法确切计程，才将以更香为媒介的计更法推广，但时间至少已经

---

① 伊本・胡尔达兹比赫 . 道里邦国志 [M]. 宋岘，译注. 北京：中华书局，1991：4.

② 严敦杰. 牵星术：我国明代航海天文知识一瞥 [J]// 科学史集刊编辑委员会. 科学史集刊：第 9 期. 北京：科学出版社，1966：77-88.

③ Sidi Ali Celebi，translated by Joseph Von Hammer. Extracts from the Mohit，that is the Ocean，a Turkish work on navigation in the Indian seas[J].Journal of the Asiatic Society of Bengal，1836：442-443. 关于 kamal 和 isba 的具体考证，可参考陈晓珊《“量天尺”与牵星板：古代中国与阿拉伯航海中的天文导航工具对比》。

④ Sidi Ali Celebi，translated by Joseph Von Hammer. Extracts from the Mohit，that is the Ocean，a Turkish work on navigation in the Indian seas[J].Journal of the Asiatic Society of Bengal，1836：445. 关于扎姆的换算，还可参考由费琅编写、耿升和穆根来翻译的《阿拉伯波斯突厥人东方文献辑注》（下册，第 558 页）。

⑤ 陈晓珊 . 长风破浪：郑和下西洋航海技术研究 [M]. 济南：山东教育出版社，2020：105-106.

在宋元以后，直至明代才真正出现确切记载。回顾中国的计程方式，在陆地上主要用确切的“里”计量，那些用时间估算路程的方法显然不如确切的计里精确，而交通便利的中国内地文献中也没有类似计量方式，这可能是由于中国自从秦代统一国土与度量衡之后，道路和驿站建设较为完善，两千年间可以在广袤的土地上测量并记录各地之间的距离，人们在实际生活中也早已习惯用明确的里数度量远近，并不需要特意用时间估算路程，因此也没有形成以固定的短时间段表示固定距离的计量单位。但在偏远地区，由于地形复杂测量不易，或与内地交流较晚，驿路建设尚不充分，当地人们也只能用时间表示路程，如法尔萨赫一词后来从中亚传入新疆，冯承钧将其译为“程”①。《多桑蒙古史》中用“程”记录中国内地距离，如称杏花营“距汴京二程之地”，冯承钧据此计算书中一程合十里②。法尔萨赫在新疆的使用，在一定程度上是因为当地属于开发较晚的地区，没有建起四通八达的交通系统，因此体现了这种实际需求。而在早期的西南和东北边疆地区，不易计算里数的地方，人们都是用天数记录距离，没有出现短时段计程法，如《宋会要辑稿》记载西南牂牁诸蛮距离宜州“陆行四十五程，程无里堠，但晨发至夜谓之一程”③。

用日计程是早期世界各地人们的普遍习惯，如托勒密在《地理志》中的记录方式，也是“赫伯尼（Hibernie）岛的宽度从东到西有二十日的行程”④一类。巴比伦等地的人们采用更短的时间段计量路程，中国则直接进入了用里数计程的状态。从实际效果来说，用时间表示路程明显不如实际测量土地得

① 纪大椿. 近世新疆通用的计量制度和工具[M]// 马大正，王嵘，杨镰. 西域考察与研究. 乌鲁木齐：新疆人民出版社，1994：392.

② 多桑. 多桑蒙古史：上册[M]. 冯承钧，译. 上海：上海古籍出版社，2014：87，439.

③ 徐松. 宋会要辑稿：蕃夷五之一二. 第16册[M]. 刘琳，刁忠民，舒大刚，等，校点. 上海：上海古籍出版社，2014：9845. 在关于《诸蕃志》的研究中出现了“一日（一昼夜）计行三程”（赵汝适. 诸蕃志校释：卷上. 渤泥国[M]. 杨博文，校释. 北京：中华书局，2000：138）的说法，但未注明文献来源，不知其依据为何。从《宋会要辑稿》的这段记载来看，当时“日”与“程”意义相同，都是表示一日行程，且无专门对应的固定距离。而《诸蕃志》中有时用“日”，有时用“程”，有时也将“日程”作为一个整体词汇使用，并未体现出一昼夜合三程的换算关系。

④ 戈岱司. 希腊拉丁作家远东古文献辑录[M]. 耿升，译. 北京：中华书局，1987：22.

出的数据精确，但在无法丈量距离的大海中，使用时间计程反而成了唯一可行的方法。元代陶宗仪《南村辍耕录》中记载“江浙行省建治所于杭，陆路赴都三千九百二十四里，若水程则四千四百四十里，东至大海四百九里，顺风海洋七日七夜可到日本国”[①]，陆路与海路的记录方式和精确程度形成了鲜明对比。中国早期文献记录海外各地位置时，一般也是采用航行若干日月的方式，如《汉书·地理志》中记载：“自日南障塞、徐闻、合浦船行可五月，有都元国；又船行可四月，有邑卢没国；又船行可二十余日，有谌离国；步行可十余日，有夫甘都卢国。”[②]

夏德考证古代帆船航行速度，认为：“3世纪，即《魏略》所代表的时代，航行速率平均为每日行六十浬；据《后汉书》所记，谓甘英时（97年），航行三月得渡，平均为每日行四十浬……佛利德伦特（Friedlaender）在其出版的著作《罗马知识》（*Sittengeschichte Rom*’s）中计算地中海航行的平均每天浬数，如遇顺风，为一千‘视距里’，即约八十浬，而培舍尔（Peschel）搜集古代航海家的最高速率纪录，表示其最高速率为每小时八浬……每年约在夏至时，借季候风之助，由苗司霍尔姆司港（Myos Hormos）驶往马拉巴（Malabar）或锡兰的船一百二十五艘组成的船队，横渡印度洋，需时四十日。全程四十日，根据普林尼的书，相当于巴布厄尔曼得（Babel—Mandeb）的俄西内斯（Ocelis）及马拉巴海岸的莫齐利斯（Muziris）的距离，即约二千浬的航程。可见在印度洋航行的平均速率一定约为每日五十里，这正好可以证明甘英报告的确实性。”[③]

中国历代驿路间距不一，这也与人们的行动能力相关。如《逸周书》中记载“辟开修道，五里有郊，十里有井，二十里有舍”[④]，汉文帝时皇帝的行程是“鸾旗在前，属车在后，吉行日五十里，师行三十里”[⑤]，这说明当时军

① 陶宗仪. 南村辍耕录：卷17. 江浙省地分[M]. 北京：中华书局，1959：213.
② 班固. 汉书：卷28下. 地理志第八下[M]. 颜师古，注. 北京：中华书局，2000：1330.
③ 夏德. 大秦国全录[M]. 朱杰勤，译. 郑州：大象学出版社，2009：31.
④ 周宝宏.《逸周书》考释：之39. 大聚[M]. 北京：社会科学文献出版社，2001：116.
⑤ 班固. 汉书：卷64下. 贾捐之传[M]. 颜师古，注. 北京：中华书局，1999：2137.

队一天的行程通常是二十或三十里。前秦时从长安到诸州，“二十里一亭，四十里一驿”[①]。《唐六典》中记载了各种以日计程的交通距离：

凡陆行之程，马日七十里，步及驴五十里，车三十里。水行之程，舟之重者，泝河日三十里，江四十里，余水四十五里。空舟泝河四十里，江五十里，余水六十里。沿流之舟则轻重同制，河日一百五十里，江百里，余水七十里[②]。

在不易精确计程的地区，人们也会用日数估算路程。如北宋许亢宗出使金国，记录东北地理时称“彼中行程，并无里堠，但以行彻一日，即记为里数”[③]。这种道路状况到元代也没有发生改变，如周伯琦《近光集》卷一，《九月一日还自上京途中纪事十首》之二，“驿程无里数，洼阜峻还低”。J.F.Fleet在《由旬和里》中认为，法显、玄奘等到印度取经的中国僧人记录的“百里”，既代表着一天的路程，也代表着一天的时间。但中国的通用表达方式是“日行百里”，反过来则不符合习惯，无法用百里代表一天的时间。100里在印度的标准值一般等于21.222 3码，即12.12英里，由于1英里是1.6千米，12.12英里是19.4千米，合39近现代华里，这样看来，玄奘提到一由旬40里比较接近，而J.F.Fleet所说的百里，并不符合中国的实际情况。

但这种换算方法并不精确。例如，出使金国的许亢宗在无法测量路程的情况下，按照“日行无虑百余里”[④]的标准，将东北地区的路程直接换算成里数，结果导致其数据与后世的测量结果相去甚远。清代阎若璩在《释地余论》中认为这种误差是因用日数换算的方式造成的。而海洋又与陆地不同，航船

① 房玄龄，等. 晋书：卷113. 苻坚载记上 [M]. 北京：中华书局，2000：1939.

② 李隆基. 大唐六典卷3. 尚书户部・度支郎中员外郎 [M]. 李林甫，注. 广池千九郎，校注. 内田智雄，补订. 西安：三秦出版社，1996：72.

③ 贾敬颜. 五代宋金元人边疆行记十三种疏证稿：许亢宗行程录疏证稿 [M]. 北京：中华书局，2004：235.

④ 贾敬颜. 五代宋金元人边疆行记十三种疏证稿：许亢宗行程录疏证稿 [M]. 北京：中华书局，2004：235.

常受风浪、海流等因素影响，按照一日千里的估算方式，换算出的航程与实际距离只会相差更远。世界各地早期航海者为避免深入大洋可能遇到的危险，常采用近岸航行又保持一定距离的方式，类似欧洲航海者所说的“hugged the shore”[①]，因此常根据岸上两地间的里程推测海中距离。然而在远离了海岸和陆地标识后，人们便很难在缺乏参照物的情况下测定远洋航行里数，如北宋《武经总要》中可以描述距海岸较近处的位置，但对于远处的各国则认为无法计程：

> 东南海路四百里至屯门山，二十里皆水浅，日可行五十里，计二百里……其西南至大食、佛、师子、天竺诸国不可计程[②]。

对比《太清金液神丹经》和《武经总要》，可见对海船每日所能航行的估算距离从一千里降到了五十里，而元代《岛夷志略》中则称“以一日一夜行百里计”[③]，明代《日本考》又称“顺风一日约五百里”[④]。从实际效果来看，无论是长时段的日夜还是短时段的更、扎姆、法尔萨赫，当人们想要尽量精确地用时间表示距离时，必须先预设在固定时间内可行的平均路程，因此还需要确定行进的平均速度，如果速度过快或者过慢，就会偏离预设时间内可行的路程数量，从而影响计程结果。在内陆生活中，人们对速度的估算可以通过长期行走、奔跑或策马、乘车行进的经验而感知，而陆地上通常也有对路程长度的标识物可作为判断标准，法尔萨赫在古代波斯的起源和应用，就与道路上计量距离的石块相关。但陆地上的距离可用步测尺量，而海船通常处于茫无边际的海水中，既无法计量长度，也没有标志物可用以判断距离，平均航速也只能首先根据步行或者奔跑的实际经验测定。在使用《顺风相送》中的行船更数法时，其关键之处是需与已有的航海指南对照，因为前

① E. G. R. Taylor：The haven-finding art：A history of navigation from Odysseus to Captain Cook[M]. London：Hollis and Carter，1956：4.

② 曾公亮、丁度，等. 武经总要：前集卷21[M]. 刻本. 金陵：富春堂，1599：16.

③ 汪大渊 . 岛夷志略校释：万里石塘 [M]. 苏继庼，校释. 北京：中华书局，1981：318.

④ 李言恭，郝杰. 日本考：卷1[M]. 上海：上海古籍出版社，1996：719.

人已经测算出在平均航速下，海船通过每段航程所需要的时间，也就是“更数”，所以就需要估算在即时的风力和海流状况下，航行的海船速度是高于或低于平均航速，从而判断海船通过这段航程时，需要的时间比航海指南的记载更短或是更长。根据自身的航海经验，领航员们可以判断不同海况下，每段航程需要的更数大约为多少，如成书于明隆庆二年（1568年）的《江南经略》中就有记述[①]。当时是明朝中后期，文末提到这种方法流传并不广泛，事实上这种行船更数法当时才在中国航海文献中出现，而用更表示航程的记载，也是在明朝郑和下西洋时期才刚开始。中国使用天数计量海程的传统一直沿袭到明朝早期，从历代地理志和宋代《诸蕃志》、元代《岛夷志略》直至元明时期的《海道经》都可以看到，当时的中国一直使用日夜计程。在记录元代到明初从江南向北方长途海运路线的航海指南《海道经》中，这样记载当时的航行方法：

> 往正东或带北一字行驶，戳水约半日，可过长滩……好风两日一夜到黑水洋。好风一日一夜、或两日夜，便见北洋绿水。好风一日一夜，依针正北望，便是显神山。好风半日，便见成山[②]。

甚至在随郑和下西洋的马欢、费信所作的《瀛涯胜览》和《星槎胜览》中，依然在使用日夜计程，直到参与第七次下西洋的巩珍，才在《西洋番国志·自序》中提到：“要在更数起止，计算无差，必达其所。”[③]这篇序言作于宣德九年（1434年），是有确切纪年可查的最早提到更的航海文献[④]。被认为作于第六次下西洋后的《郑和航海图》全部使用更计程，不再用昼夜作航行计量单

① 郑若曾. 江南经略：卷八上. 海程论 [M]. 文渊阁四库全书本. 子部第728册. 台北：台湾商务印书馆，1986：444.

② 佚名. 海道经：海道 [M]. 四库全书存目丛书. 史部第221册. 济南：齐鲁书社，1996：189.

③ 巩珍. 西洋番国志 [M]. 向达，校注. 北京：中华书局，2000：5-6.

④ 作于清代早期的琉球航海书《指南广义》中，载有关于洪武三十六姓移民后人所传的内容，其中有用“更”计程的航线出现，但因其最终成书年代较晚，无法确定每段文字的具体形成与收录时间，因此不能确认文中关于“更”的记载形成于永乐以前。

位，此后《西洋朝贡典录》《东西洋考》《顺风相送》等学者著述或民间航海指南中，才部分或全部用更取代了宋元以前的日夜计程，这是郑和下西洋之后的航海文献与此前同类著作的最明显区别。而在《顺风相送》序言中，也提到了郑和船队中使用“更筹”的情形：

> 永乐元年奉差前往西洋等国开诏，累次较正针路，牵星图样，海屿水势山形图画一本山为微簿。务要取选能谙针深浅更筹，能观牵星山屿，探打水色浅深之人在船①。

与《顺风相送》一样，有几种民间航海指南开篇提到书中的航海经验来自郑和船队②。又有明正德年间《松江府志》中记载的松江医士陈常，从永乐十五年开始三次随同郑和船队下西洋，他对船队中航行技术的描述是：

> （陈）常言：“海中行以六十里为一更，往返一千六百更，为九万余里。行皆候风占星，以针取路，以干支取某山某屿，进某澳，转某门，以至开洋，避礁避浅，皆以针定。”③

从陈常的叙述语境中可以看到，他所介绍的郑和船队航海方法，在当时应属于一种较为新奇，或与时人认知有一定差异的技术。松江是濒海之地，也是自元代到明初南北长途海运的主要启航地，当地人对航海技术应有一定了解，但文中这段记载格外细致，如果不是与当时常用方法有异，似不需

① 两种海道针经：顺风相送 [M]. 向达，校注 . 北京：中华书局，2002：22.

② 有几种航海指南把郑和出使的时间写为“永乐元年”，与明代文献中记载的郑和从永乐三年开始下西洋不符。陈佳荣通过对相关人物与事件的考证，认为“永乐元年”实际是“永乐十九年”竖写后，在抄写流传过程中出现的笔误，而永乐十九年正是第六次下西洋出发时间。详见陈佳荣. 顺风相送作者及完成年代新考 [M]// 陈佳荣，朱鉴秋. 渡海方程辑注. 上海：中西书局，2013：307−335.

③ 陈威，顾清. 正德松江府志：卷三十 [M]. 天一阁藏明代方志选刊续编影印明正德刻本. 四库全书存目丛书. 史部第 181 册：813−814. 后屡有录此段文字并作“六十里为二更”者（如陈梦雷，等. 古今图书集成医部全录：第 12 册. 总论及其他 [M]. 卷 511. 北京：人民卫生出版社，1991：266），应是后人误刻所致。

专门强调“六十里为一更”，以及“以干支取某山某屿”“避礁避浅，皆以针定”这些在后世航海书中司空见惯，甚至是构成明清时期航海指南基本书写方式的内容。事实上，如果将《郑和航海图》与《海道经》对比，会看到郑和船队的航海技术与之前确实有很大不同。《海道经》中使用“往正东或带北一字行驶”式的传统四方记录方位，用“好风两日一夜到黑水洋”式的日夜计程，而《郑和航海图》中则用罗盘上的干支方位定向，用更记载航行时间和路程：

> 用乙辰针，三更，船出洪。
>
> 茶山在东北边过，用巽己针，四更，船见大小七山。
>
> 坐癸丑针，六十五更，船收葛儿得风，哈甫儿雨[①]。

陈常提到的“避礁避浅，皆以针定”，实际说明了在使用更作为航行计量单位后，中国航海技术精确度的提高。在使用昼夜记录路程时，如果一天之内经过若干岛礁，这种粗略的记录方式无法描述这些岛礁的具体位置，也不能在航行中及时做出预警。而在代表短时间段的更普遍使用后，中国计量航海的精确度提高了一个数量级，航线可以描述得更加细致。例如，《西南沙更路簿》中记载南沙各岛之间的更数，“自三角去双门用癸字二更，自双门去断节用乙卯二更，自断节去牛车英用乙字二更，自牛车英去脚坡用癸字二更，自脚坡去石龙用乙字二更”[②]，如果依然采用昼夜计程法，这一系列相距较近的海岛位置就无法描述清楚。而在采用更数航行法之后，许多距离较近的岛礁就可以明确记录位置，有助于海船及时避开风险，这也是明代之后中国海域许多岛礁区得到进一步开发的技术背景。

值得注意的是，虽然此时的中国航海技术有明显进步，但依然存在着缺乏科学基础的问题，这在航海图的绘制上体现得尤为明显。例如，张箭在《地

① 茅元仪. 武备志 [M]. 卷 240. 续修四库全书. 子部第 966 册. 上海：上海古籍出版社，1996：321，328.

② 韩振华. 我国南海诸岛史料汇编 [M]. 北京：东方出版社，1988：396.

理大发现研究》中论述了《郑和航海图》中反映的特点：

> 全图没有统一的方位，而是依照往返的主要航道由右向左展延，因而各个地区无法正确拼接；图上的内容全是在船上能看到的海岸和岛屿，而不反映所经地区的地理全貌；全图没有统一的比例尺，致使海图与实际情况误差很大，许多地方很难与实地对照辨认，相互之间也难以比较大小。所以这种图只是非常粗略的示意图，它在形式上与罗马的道路里程图、中世纪欧洲的朝圣地图倒有些相似。比起地理大发现时代航海家们对所发现地区（海域）绘制的有统一方位、比例尺、经纬度、投影法、罗经线的（长）方形地图，其缺陷是明显的[①]。

《郑和航海图》的优势，在于将新的航行技术知识与传统地图相融合，仍用中国古代青绿山水画的特点，反映了西太平洋和印度洋上的航海路线和数据。这是一种中国人能够理解并接受的地图，有助于增加当时的国人对世界的认识，同时也体现了中国文化独特的审美观与强大的包容力。事实上，当时西方的地图发展水平也很有限，郑和船队还没有机会接触到更为先进的航海图，“在中世纪，表现在地图上的大地有各种各样的形状：不规则形状、卵形、矩形、斗篷形和圆形。最普遍的形状莫过于圆形、圆盘形或者车轮形。这是希腊—罗马地图学的遗产，其中可以分辨出两种明显的类型：T–O 型地图和气候带地图……在 T–O（拉丁语为 orbis terrarum，意为‘世界’）型地图中，东方（英文中另一种写法为 orient）通常位于上方（因此方向一词在英文中叫作 orientation），亚洲占据了地图的上半部分。亚洲和非洲被尼罗河分隔开，亚洲和欧洲被顿河（塔那斯河）分隔开，这两条河流连在一起构成了 T 字上面的一横，而地中海则分隔了欧洲和非洲，构成了 T 字下面的一竖。所有这些被大洋环流所包围——它构成了 O 字。此种地图模式体

① 张箭. 地理大发现研究：15–17 世纪 [M]. 北京：商务印书馆，2002：161.

现了古典时代的地理学观念"[①]。这是一种把世界想象为圆形平板的地图，"这种图既没有经纬度，更没有投影法，大大歪曲了世界形象。但到12世纪，古希腊科学的地图学传统在西欧开始复兴。14世纪，托勒密《地理学》希腊原版被发现，1409年被译成拉丁文而在欧洲传播。托勒密的世界地图也于1477年复原出版，至此'T-O地图'开始销声匿迹，较精确的世界地图发展起来"[②]。

郑和船队航行的时间是15世纪前期，他们没有来得及接触到迅速发展起来的西方地图，但以"更"为单位的短时段计程法却在此之后的中国海船上广泛使用[③]。从世界航海科技史整体发展的角度来看，表示2.4小时的更、3小时的扎姆、1小时的法尔萨赫，在本质上都是用短时段表示路程的计量单位。印度洋上使用这类单位的时间较早，应当是从当地人在内陆使用此类计程单位的方法衍生而来，而中国内陆并没有类似融时间与路程为一体的短时段计量单位，在海上使用此类单位的年代也较晚，到郑和下西洋之后才开始全面使用更。再考虑到东晋时中南半岛海域的投物于水、科罗曼德尔海岸的印度航海者使用流木测速法，可以猜测郑和船队是在下西洋的航路上借鉴了这种短时段计程技术，并利用其勘定下西洋航线上的各段航程，使其成为后来航海者们定更数航行的依据。后代文献中常记载，有航海者称计更方法起源自郑和船队[④]，还有记载称这种方法为"洋更"，并称是与郑和一起下西洋的王三保（即王景弘）传下[⑤]。1977年在海南渔民中做社会调查，"在文昌县铺前公社访问了九十三岁的老渔民蒙全洲时，他说，根据

① 诺曼·思罗尔. 地图的文明史 [M]. 北京：商务印书馆，2016：55-56.

② 宋正海，陈传康. 郑和航海为什么没有导致中国人去完成"地理大发现"[J]. 自然辩证法通讯，1983（01）：352.

③ 李约瑟《中国科学技术史》中曾引用刘仁恕《宋代海上通商史杂考》，称12世纪初之后，中国航海记载中就明确提到或者暗示了航海单位"更"，但查证后可见刘仁恕原文中只说"无所说明"或者"亦未及此"，并没有提到"更"的存在。详见李约瑟. 中国科学技术史. 第4卷第3分册. 物理学及相关技术. 土木工程与航海技术 [M]. 北京：科学出版社，上海：上海古籍出版社，2008：619，821. 刘铭恕. 宋代海上通商史杂考 [M]// 宋史研究集. 第十二辑. 国立编译馆中华丛书编审委员会，1980：363.

④ 林树梅 . 啸云诗文抄：卷十. 海道说 [M]. 陈国强，校注. 厦门：厦门大学出版社，2013：138.

⑤ 黄叔璥. 台海使槎录：卷一. 赤嵌笔谈 [M]. 北京：中华书局，1985：13.

他的了解，海南渔民的《更路簿》是明代三宝公郑和下西洋后传下来的”[①]。虽然这些只是民间传说，但在考证了更在中国航海中最初出现的时间之后，也可以从中看到一些计更法早期的遗迹。但从宋元时期中外航海者广泛交流的背景来看，既然阿拉伯、印度航海者可以依据短时段计程法来到中国，则中国海员在郑和下西洋之前也应当早已接触到类似计程方法，只是影响有限，未能广泛流传。《顺风相送》序言中提到郑和下西洋时，“务要取选能谙针深浅更筹，能观牵星山屿，探打水色浅深之人在船”，这指的可能是如西洋番国志中所说，从“福建、广、浙，选取驾船民梢中有经惯下海者称为火长，用作船师”[②]，也可能是《明实录》提及的郑和船队中的番火长[③]，即外国领航员。而在中外航海技术的融合中，中国航海者最终采用表示 2.4 小时的更作为主要计程方式，明显区别于表示 1 小时的法尔萨赫和 3 小时的扎姆，成为一种带有典型中国文化特征的短时段计程法。

中国明清航海书中的更为 2.4 小时，明代谢杰记载：“针舱内燃长明灯，不分昼夜，夜五更，昼五更，故船行十二时辰为十更。”[④] 明代海船上的更却是一种十更均分制，考虑到航行的实际情况，作为海上计量单位的更只能是昼夜均分，不可能出现长短不一的情况，否则便失去了计程的参考意义。在此前关于更的研究中，长期存在争议的一个问题，是一更究竟代表着多少距离。按照《松江府志》中三次下西洋的松江医士陈常所述，海中一更为 60 里，《西洋朝贡典录》中也称“海行之法，六十里为一更”[⑤]。然而据《顺风相送》中所述，“每一更二点半约有一站，每站者计六十里”[⑥]，按照一更等于五点的更点制换算，一更二点半为 1.5 更，1.5 更航行 60 里，也就是 1 更 40 里。

① 韩振华. 我国南海诸岛史料汇编 [M]. 北京：东方出版社，1988：368.

② 巩珍 . 西洋番国志 [M]. 向达，校注. 北京：中华书局，2000：6.

③ 明太宗实录：卷 71. 永乐五年九月己卯；卷 118. 永乐九年八月甲寅；卷 190. 永乐十五年六月己亥 [M]. 黄彰健，等，校勘. 南港：中央研究院历史语言研究所，1962：998-999，1499-1501，2013.

④ 谢杰. 虔台倭纂：上卷. 倭针 [M]. 北京：书目文献出版社，1990：240.

⑤ 黄省曾 . 西洋朝贡典录校注 [M]. 谢方，校注. 北京：中华书局，2000：1.

⑥ 两种海道针经 [M]. 向达，校注. 北京：中华书局，2002：25.

可见这两种说法都有其依据，但是在这几种文献的上下文中，都没有提及 1 更究竟是多长时间。在中国 20 世纪中后期所作的南海社会调查中，渔民们所用的更已经是 2 小时[①]，它显然来自中国传统的时辰制，它是更符合中国人生活习惯的计时方式，很可能是根据民众需求自发演化的结果。可以推测，在古代世界各地航海者的交流中，同时存在不同数值的短时段计程单位，也相应流传着不同系统的航海指南，由于每更所代表的时间不同，相应时段中的航行路程也不同，人们在交流航路信息时，很可能要先对计量单位的具体数值加以辨析。

在其他国家和地区的短时段计程法中，可以看到当地帆船的时速范围。阿拉伯帝国时期 1 法尔萨赫通常计为 6 千米左右，亦即海船时速 6 千米，明显低于中国帆船航速。对比大西洋、印度洋和太平洋上的航船，木帆船的时速通常都在 4 ~ 5 海里，而当选取明代 1 更为 2.4 小时，每更航行 60 里时，海船时速高达 7.77 海里，远超出其他地区海船的航速。当时中国的船是否有如此高的航速？随郑和出使的费信在《星槎胜览》中称下西洋时船有十二帆[②]，在充分利用季风风力的情况下，很可能有超出普通帆船的航速。在郑和第七次下西洋前所立的娄东刘家港天妃宫石刻《通番事迹记》中，描述的正是一种顺风高速航行的状态，即“海洋之状，变态无时，而我之云帆高张，昼夜星驰”[③]。然而在下西洋活动结束之后，由于各种现实条件的限制，中国很难再有这样帆樯众多的大型海船，航速也相应降低。从这些线索来看，1 更为 40 里或是 60 里，有可能显示了计更法发展的不同阶段，还可能与郑和船队的船型和航速有关，它们很可能分别体现了不同时期、不同借鉴对象的计数方式，并在调整前后各自流传并产生了影响。

根据海船的实际航行情况来看，定更数是一种高度依赖航海者个体感知经验的技术，而且会受到风力和海流的影响，使用时数据很可能出现各种

---

① 韩振华. 我国南海诸岛史料汇编 [M]. 北京：东方出版社，1988：405.

② 费信 . 星槎胜览校注 [M]. 冯承钧，校注. 北京：中华书局，1954：1.

③ 郑鹤声. 娄东刘家港天妃宫石刻“通番事迹记”[M]//纪念伟大航海家郑和下西洋 580 周年筹备委员会，中国航海史研究会. 郑和研究资料选编. 北京：人民交通出版社，1985：98.

变化。此前的研究者也已注意到，航海指南中记载的更数常与实际距离不符，在不同航行条件下，航船通过相同距离的时间可能会有很大差异，不同的航海书中对同一段航程时间也会有不同记载。如向达提到厦门至澎湖旧为七更[①]，清人却另有记称："海程无里，厦门至澎湖为九更；或云百里、或云五十里，未知孰是？因风小不胜帆力，行四昼夜。"由于易受海洋环境的影响，海员们只能尽量维持更数的精确计量，也需要船上测深、瞭望等其他部门的协作。《广阳杂记》中记载海上航行时"一见山，则事在舵工，伙长之任卸矣"[②]，展现了不同航行状态下的分工情况。

哥伦布航行时使用表示 1 小时航程的"里格"，同样是一种用短时段代表航程的计量单位，在欧洲各地数值不同。按哥伦布记述其启航时的情形，《哥伦布传》中认为其船上采用的航速实际为每小时 3.18 海里[③]，与法尔萨赫相近：

> 一四九二年八月三日，星期五清晨八时，吾等驶离萨特斯浅滩，向南行六十海里，即十五里格。尔后，转航西南，再后转向南偏西南一罗经点，朝加纳利群岛驶去[④]。

从哥伦布的描述中可见，其航行方法与《郑和航海图》《海洋》基本一致，都是依据罗盘向某方向航行若干短时间段所代表的航程，然后再行转向，这应当是 15 世纪全世界航海者通用的航行方式。尽管如此，哥伦布船队在航程估算上还是经常出现很大偏差，早期新航路开拓者面临的类似困难也可想而知。而与此相关的另一个问题是，在一定的理论基础上，用短时段计程的方法可以用来推算目的地的位置，这是中国和阿拉伯航海者所用航海技术的重要区别。虽然更、法尔萨赫和扎姆都是用短时段表示航程，

① 两种海道针经 [M]. 向达，校注. 北京：中华书局，2002：6.
② 刘献廷 . 广阳杂记：卷五 [M]. 汪北平，夏志和，点较. 北京：中华书局，1957：240.
③ 塞 · 埃 · 莫里森 . 哥伦布传：上卷 [M]. 陈太先，陈礼仁，译. 北京：商务印书馆，2014：263.
④ 哥伦布. 航海日记 [M]. 孙家堃，译. 上海：上海外语教育出版社，1987：9.

但需要看到的是，与法尔萨赫和扎姆相比，中国的更具有较为明显的变动范围，这可能也是因为它并未建立在相应的地球模型基础上，所以可以根据人们的需求，做更灵活的调整。同时也要看到，中国 2.4 小时和 2 小时的更分别体现了中国传统的更点制和时辰制，带有非常典型的本土文化特征，而在更所代表的距离究竟是 40 里还是 60 里这个问题上，《顺风相送》中采用了一种迂回的记述方式，称“每一更二点半约有一站，每站者计六十里”。为什么书中不直接记录一更的数值，而要将其换算成站？此前已有一些研究者注意到，“站”这个计量单位很可能来自内陆的驿站概念，自宋代到明代，中国设置驿站一般以 60 里为间隔[①]，因为人们清晨出发，傍晚投宿，一天通常行进六十里，按照这样的距离设驿站，正是满足人们的日常住宿需求。虽然在实际生活中，由于地形的限制，很多驿站的间距会出现长短不一的现象，中国也并未出现用一天表示 60 里的固定计量单位，但 60 里一站的概念代表着中国水陆路程的基本单元，也与表示两驿间距 40 里的印度计量单位由旬有一定相似之处。海中计程法原本就是内陆计程技术的延伸，法尔萨赫是受到波斯道路上的计程设施影响而形成，与此相似，当习惯了内陆驿站计程方式的中国人来到海洋上时，很可能也会选择 60 里一站作为记录海程的依据。

中国古代驿站制度中不仅有陆站和水站，元代在东北地区还设有以犬拉雪橇的“狗站”，并在东南大海中设有“海站”。元世祖至元二十六年二月，“自泉州至杭州立海站十五，站置船五艘、水军二百，专运番夷贡物及商贩奇物，且防御海道”[②]。虽然这种海站的间距超过 60 里，但元朝在辽阔的陆地和海洋国土上广设驿站的做法，影响力很可能一直延续到明初，并使得明朝通常以 60 里设一驿站的制度，成为郑和下西洋时制定更数计量方法的理论与现实依据。

---

① 逄文昱．试说《更路簿》的“更”[J]. 海南大学学报：人文社会学科版，2016，34(6)：7-12.

② 宋濂，等. 元史：卷 15[M]. 北京：中华书局，2000：216.

航海技术通常是内陆相关技术在海洋上的延伸，用时间表示航程的方法也是其中一例。本章中所述的这种短距离计程方式表示的实际是一种时间距离（Time-distance），“即以时间单位分、小时、日、月、年来衡量距离的长短。两点间直线距离虽然很短，但常有运动障碍，为了找到一条能最快运动的路线，必须进行曲线运动。例如，鱼要逆流而上时，它不是直迎水流方向，而是走‘之’字路线，能最快到达目的地。同是两点之间，方向不同时最短的路线也不相同，鸟类迎风和顺风飞的路线不同就是一个明显的例子”①。这种特征在海洋上体现得尤为明显，因为航海要考虑风向、海流等因素。

从世界航海计程测速技术发展的历史来看，由于无法直接测量海上距离，早期的人们只能用时间表示航程，先是使用日夜，后来改用若干小时，计程的精确度也由此提高。而与此相关的测速技术，则普遍是投物于水中，以陆行经验与之对照，用以估算航距，古代世界各地航海者使用的此类技术非常相似，中国的计程测速方法也是其中一种分支。一些阿拉伯与印度航海者在9—10世纪的文献中，使用1～3小时不等的短时间段作为计程单位，记录印度洋、西太平洋周边以至通往中国的航线。郑和下西洋之后中国航海者所用表示2.4小时的更与其性质相似，并带有明显的中国文化特征。在来自中国的罗盘和印度洋上的短时段计程法普及之后，15世纪的人们使用着几乎相同的方式记录着太平洋、印度洋、大西洋上的航线，从其形成与发展过程中可以看到古代中外航海技术广泛交流的情形，也显示了各地区技术与文化传统的明显差异。明清时期中国航海书流传情况较为复杂，关于每段航线上的更数所代表的航距，需要根据具体的海域环境和航行状况而定。

将古代中国与地中海及印度洋上的航海技术相比，可以看到其中最重要的差异之一，是计量单位的不同。这种差异早在公元前后就已经形成，中国传统的计时与计程单位是各自独立的，而地中海和印度洋上的水手们使用的，则是一种兼具时间与距离的计量单位。更重要的是，这种兼具计时与

① 许慧，王家骥. 景观生态学的理论与应用 [M]. 北京：中国环境科学出版社，1993：77-78.

计程意义的计量单位与古希腊人的地球理论直接相关，它实际上说明了一种对地球探索的实践，即在若干时间内，航海者可以行进一个纬度或经度单位。这类计量单位实际奠定了15世纪之后欧洲航海者完成地理大发现的理论和计算基础，因为航海者根据古希腊学者的地球模型，可以算出在一定航速下，航船需要多长时间可以到达想象中的目的地。在这些探索中，包括哥伦布对到达新大陆时间的预测，以及众多探险者对新航路上每一个新目标的距离推算。

古代阿拉伯航海者同样使用这类兼具时间与距离意义的计量单位，从历史源流可知，这实际是早期西亚、北非、南欧地理学知识广泛交流的结果。在10世纪之后，可以看到阿拉伯地理书中普遍使用这类计量单位，用以描述前往世界各地的路程与海程，其中也包括前往中国的陆路与海路。而中国的历史文献中从未见过此类单位，直到明代郑和下西洋之后，才出现了“更”这个兼具时间与路程意义，且代表着一定具体数值的计量单位。从历史背景来看，“更”这个单位的突现，极可能是郑和下西洋时，向阿拉伯或者印度航海者借鉴的结果。

古代中国与欧洲一样，都拥有悠久而强大的航海历史，之所以未出现远程探索，具有时代背景与技术传统的多种差异，而从这种计量单位所体现出的是一种具有代表意义的特点，即自从古希腊时期开始，建立了地球模型，拥有较为先进的地球理论的古代欧洲航海者，就已经具备了理论基础。有研究者分析了由于中西方对地球形状的不同认识所导致的对远航探险的差异：“无论是哥伦布向西远航，还是麦哲伦环球航行，其所以能进行，并非纯粹冒险行为，而是和他们本人及其资助者确信大地是球形分不开的。但是在中国，地平大地观却根深蒂固……浑天说中的球形大地半个在水中，只半个在水上。自然水中的半球并非人世，航行是永远无法到达的。它只是为了解释大地之所以能静居宇宙不致下坠而引进的一个实体。因此浑天说中的人类世界实际还是个半球，和新盖天说中的拱形大地倒有相似之处。因此中国古代也从来没有像欧洲中世纪那样出现有关对跖人、对跖地的争论。由此可见浑天说和盖天说一样，同样也不会引导人们去讨论航海西行可以东达或东行可以西达的问题，也不会去讨论环球航行问题，相反只会证明，这样目的的航海是根本徒劳的。”① 因此，虽然明代中国占统治地位的宇宙理论已是浑天说，但并不能促进地理大发现。也有研究者从科学与社会发展的角度，分析 15—17 世纪东西方航海天文的不同走向，认为：“中国古代不具备创立地平纬度航法的条件。因为这种技术必须建立在天球与地球相联系的天文学和地理学模式上，并需要数理和量化科学的支持，通过天体实测掌握地球各地的地理纬度及同一纬度下的两地之间的距离。这本来是西方古典天文学和地理学的精华。阿拉伯天文学吸取了东西方的优秀成果，但其本质是属于西方体系的，阿拉伯人有条件创立地平纬度航法。”② 虽然在此前漫长的时间里，欧洲航海者和阿拉伯、中国航海者一样，都只能通过投木片的方法估测航速，但一旦时机成熟，他们就可以如哥伦布和达伽马一样，使原有的航海计程技术和地球理论融合之后发生技术突变，实现了对地球认识的飞跃进展，并由此衍生出推动人类文明前进的实用技术和知识，最终获得全世界范围内的普遍传播。而中国由于从未曾获得这种地球理论基础，致使其在技术上无法具备远航探索的可能。

① 宋正海，陈传康. 郑和航海为什么没有导致中国人去完成“地理大发现”[J]. 自然辩证法通讯，1983(01)：347，349-350.

② 陈忠烈. 相会在星空：十五至十七世纪东西方的航海天文 [M]// 广东省社会科学院历史与孙中山研究所. 广东省社会科学院历史与孙中山研究所建所五十周年纪念文集. 香港：银河出版社，2008：241-258.

结语

古代科技知识传播史的现实启示

本书讨论的是历史上科学技术知识传播的问题。如美国学者曼宁所说："如今的技术史已经跳出颂扬发明创造的早期阶段了。今天的技术史学家不仅研究发明创造，还关注促进或阻碍创新的各种社会力量；不仅研究技术传播，还关注创新在被采用时所发生的变化；不仅研究技术对经济的影响，还关注技术带来的社会影响；不仅研究技术本身，还关注技术的占有形式和表现形式；不仅研究技术创新所带来的进步，还关注每次技术进步所带来的新问题。"[①] 为了关注这些技术史研究中的新问题，对宏观历史的演变进程形成更深入的了解，让历史的经验教训为今天提供更多启示，今天的研究者们必须对历史上与技术传播相关的事实加以详细考证。

一个个具体案例是分散的，但正是许多分散的个案提供了提炼共性与规律的可能。与此同时，随着研究的深入，也会发现看似各自独立的个案之间可能存在着千丝万缕的联系。本书希望以三个案例为线索，探讨同类型的丝绸之路上的若干知识传播案例，从中探讨历史中科技知识扩散所体现的客观规律，并为以后的科技交流提供参考。

"科学技术作为人类认识自然、改造自然的知识体系，属于文化的范

① 帕特里克·曼宁. 世界史导航：全球视角的构建 [M]. 田婧，毛佳鹏，译. 北京：商务印书馆，2016：258.

畴。”[①]在历史时期人们的文明广泛交流中，科学技术的传播和许多文化传播现象一样，都呈现着客观而富有规律的特征。在本书中提到的各种关于科技知识传播的具体案例里，可以看到它们体现了文化传播理论和实践中的许多特有现象。例如，科学技术会在起源地积累和发展，在传播过程中出现技术增殖与扩散、技术突变与遗失，以及在此过程中展现出的人群生存环境特征，他们的生活与生产方式，还会由此产生不同技术生态和彼此之间的冲突、整合现象。这些现象都可以用文化社会学的概念和理论解释，并为科技知识传播的研究提供多种视角的思考。

丝绸之路横贯欧亚大陆，沿途的人们生活在不同的地理区域中，生产方式与人文环境都有很大差异，人类的早期技术就是在这样不同的自然条件下逐渐产生并积累起来的。文化积累可以划分成两种基本形式，即民族技术积累和外来技术积累。由于各民族生活在不同的区域中，在历史最初阶段单独进行的创造发明大多都受特定的自然条件的影响。例如，生活在草原地区的人们发展了饲养术、皮毛制革、帐幕等文化特质；平原地区的人们发展了土地耕种、五谷栽培、房屋、村落等文化特质。这些文化特质都是不同民族在特定的生活环境中发明、创造并积累起来的[②]。

文化积累是人类生活特有的属性，技术的积累则体现为旧技术保存与新技术增加的发展过程。丝绸之路上的交流为技术积累提供了条件，同时也是技术增殖和突变的基础。“在文化传递过程中，异质的文化在交流中进行碰撞、选择、吸收，最后融合，形成新的文化特质和文化生态，从而也实现文化的增殖。文化不仅有排他性，也有融合性，特别是当不同的文化杂聚在一起的时候，它们必然相互吸收、融化、调和，发生内容和形式上的变化并逐渐整合为一种新的文化体系。”[③]

从中国几种重要发明的演化过程中，也可以看到民族技术和外来技术积累、融合的情况。蚕桑丝织是中国南方环境下产生的本土技术，后来因蚕桑

① 姚建明，王瑞. 科学技术概论 [M]. 北京：北京邮电大学出版社，2011：2.

② 李荣善. 文化学引论 [M]. 西安：西北大学出版社，1996：403.

③ 周正刚. 文化哲学论 [M]. 北京：研究出版社，2008：94.

养殖业的副产品而促生了造纸业，有造纸业作为前提，最终又产生了印刷业。而雕版印刷术在唐代的产生，就是因原有的刻碑印布传统与从印度传入中国的印佛文化结合，促发的新型技术。而在外来技术进入中国后，也会因为环境的不同而加以本土化，产生一系列适合本地条件的新技术，如在本书论证的第三个案例中，就可以看到中国航海者们将印度洋上航海技术加以本土化的过程。这是一种文化整合与增殖的现象，呈现出不同文化相互吸收、融合而趋于一体，并创造出新技术产品的过程。

今后的交流中依然可能出现这些新技术衍生的情况，“在大量吸取外来文化成分的过程中，以渐进方式，经过接触与摩擦、选择与吸收，促使自我机体发生质的变化，在原有古老传统文化的基础上，锻造出新的现代文化形象。借用生物学研究的一个术语，可称之为文化增生，或文化增殖”①。而在新技术产生与传播的过程中，仍然可以看到各地环境差异对技术造成的影响，如新疆与海南的织机就有很大不同，“同样是最简单的窄幅织机，汉晋新疆牧民所用与海南黎族人用的腰机是不同的。新疆地区大面积的土地平整、广阔，织工可以尽情拉展经线，同时气候干燥少雨，即使一天不织完，也可以晾晒在外，不去理会也没有损失，晾晒还能除去寄生虫。所以至今我们仍能在新疆各族看到一端固定在经桩或经杆上长长的经线，而织工边织边挪动靠近经桩的织法。地域的限制和环境的影响，即使都是最简单的窄幅织机，在一些具体的织造过程和方式上，也有各自的不同，不能一概而论”②。

在新旧技术更迭的过程中，通常都会主动或者被动地引进外来技术，这也对政府的科技管理能力提出了更高要求。如何消除技术文化壁垒，使民众和目标群体愿意接受，并有效吸收技术的正面部分，避免负面效应，都需要合理的规划和引导。“当外来的科学技术作为一种新事物进入到另一个文化系统的制度层时，如果在引进时不考虑外来科学技术产生的文化背景和文化基因，往往会遭到一定程度的拒斥。因此，还需要同时引进与之相匹配的管

① 侯甬坚. 区域历史地理的空间发展过程 [M]. 西安：陕西人民教育出版社，1995：251.

② 于颖. 新疆出土汉晋毛织物纺染织工艺研究 [M]// 吐鲁番研究院，吐鲁番博物馆. 古代钱币与丝绸高峰论坛暨第四届吐鲁番学国际学术研讨会论文集 . 上海：上海古籍出版社，2015：219.

理制度与方法，即与之相应的制度文化才能使外来的科学技术本土化。”[①] 在管理中，如何区别科学传播与技术传播的不同特点，根据它们的不同阶段，制定有效的扩散传播方式，都是必须面对的具体问题。同时，还要做好应对科技知识传播带来与其相适应的新型文化元素的准备。“科学技术所引起的文化突变，首先表现在物质文化层次。科学理论的发展，转化为新的技术体系，出现新的工具、机器和物质生产系统。”[②] 新的科学技术会伴随着新文化元素出现，如何使文化环境与科学技术相适应，使二者融合后发挥出更多社会效应，更能促进生产力的发展，而不是使文化壁垒阻断二者的融合，或者新技术与其伴生的文化不能与原有的技术文化有效整合，以至出现冲突甚至造成负面社会影响，都是科技传播管理中应当预先考虑到的问题。

无论是战争、移民或其他原因，由此带来的人类的交流不会停止，民族文化也会在各种条件下选择继续积累与融合。例如，中国岭南建筑文化百余年来发生了很大变化，“鸦片战争后西洋建筑文化的强势进入，导致了岭南传统建筑文化突变。其后百年间，随着近代化发展的不断深入，岭南建筑形式的发展与演变出现了西洋式、古典式、民族式、摩登式等多种样式……岭南地方工匠尝试融合两种建筑文化的探索从未停止”[③]。只要本土技术确实具有赖以生存的民族环境，并具有和外来文化在一定条件下竞争的能力，就可以保持生命力，并拥有在新环境下以新的形式发扬光大的可能。

与此同时，也要重视让民族技术走出去的每一个契机，虽然在外传的过程中很可能与外部技术发生融合、变异，但必须看到，科技的外传不仅会带来人类的共同进步，从另一个角度看，也是一种保存科技信息的方法。马克思和恩格斯在《德意志意识形态》中论述古代技术发明失传时，有这样的阐述：“某一个地方创造出来的生产力，特别是发明在往后的发展中是否会失传，取决于交往扩展的情况。当交往只限于毗邻地区的时候，每一种发明在每一个地方都必须重新开始；一些纯粹偶然的事件，例如蛮族的入侵，甚至

① 张宗明. 自然辩证法概论 [M]. 北京：中国中医药出版社，2016：156-157.

② 黄麟雏，孟宪俊. 现代科学技术革命与社会 [M]. 西安：西安交通大学出版社，1993：202.

③ 王河. 中国岭南建筑文化源流 [M]. 武汉：湖北教育出版社，2016：310.

是通常的战争，都足以使一个具有发达生产力和有高度需求的国家处于一切都必须从头开始的境地。在历史发展的最初阶段，每天都在重新发明，而且每个地方都是单独进行的。发达的生产力，即使在通商相当广泛的情况下，也难免遭到彻底的毁灭。关于这一点，腓尼基人的例子就可以说明。由于腓尼基民族被排挤于商业之外，由于亚历山大的征服以及继之而来的衰落，腓尼基人的大部分发明长期失传了。另外一个例子是中世纪的玻璃绘画术的遭遇。”①

戴蒙德在《枪炮、病菌与钢铁——人类社会的命运》中，也强调了与外界交流的重要性，并举正反事例加以论证："创新实际上来自何方？除了过去的几个完全与世隔绝的社会外，对所有社会来说，许多或大多数技术都不是当地发明的，而是从其他社会借来的。当地发明与借用技术的相对重要性，主要决定于两个因素：发明某个技术的容易程度以及某个社会与其他社会的接近程度……在发明的传播中最容易接受发明的社会是大陆上的一些根基深厚的社会。在这些社会中技术发展最快，因为它们不但积累了自己的发明，而且也积累了其他社会的发明。例如，中世纪的伊斯兰社会，由于位居欧亚大陆的中央，既得到了印度和中国的发明，又承袭了希腊的学术……中国抛弃远洋船只（以及抛弃机械钟和水力驱动纺纱机），是历史上孤立或半孤立社会技术倒退的著名例子……这些例子我们初听起来会觉得稀奇古怪，但它们却很好地证明了技术史上地理条件和技术传播的作用。如果没有技术的传播，得到的技术会更少，而丢失的现有技术会更多。”②

由此可见，广泛的交流与传播是维持原有技术的必要手段。技术的扩展扩散一般会具有这样一种特征，即技术信息从文化中心区传播到边缘区，其中存在着时间差，当原本的文化中心区实现文化更替时，原来的文化边缘区还会保留一部分原文化中心传递出的技术信息。例如，在今天的朝鲜半岛和

① 马克思，恩格斯. 德意志意识形态 [M]// 马克思，恩格斯. 马克思恩格斯选集. 北京：人民出版社，1972：61.

② 贾雷德·戴蒙德. 枪炮、病菌与钢铁：人类社会的命运 [M]. 谢延光，译. 上海：上海译文出版社，2000：274，279−280.

日本，就依然保留着一些中国古代的技术信息，当然，它们已经出现了一定程度的本土化。这些都印证了马克思和恩格斯的相关论断。但科技知识在向外传播时，却会遇到物质与精神上的壁垒与阻力，随着通讯与交通技术的进步，人们在物质上的交流变得更加便利，但精神上的交流却经常因文化壁垒而受到阻隔。“这些人为的阻涨因素由于近300年来世界性文化隔绝的打破而开始减少，如语言的互相学习和世界性语言的产生、民族歧视和种族隔离政策的日益破产、信仰自由、因经济发展而城乡差别的缩小……都是体现。但是，在今天，人为阻隔因素超过了自然阻碍，成为文化传播的主要障碍。”①

阻挡科技知识传播的文化壁垒产生的原因，是文化上的差异性以及人群的不认同感和排他性，还可能是接收地的人们可能担心新技术会带来各种负面效应。这实际来自一种长期以来的技术悖论问题，“科学理论是人们在认识自然、改造自然的活动中创立的，由于历史条件的限制和人类认识水平的限制，科学不可能一下子就发展得较完善，就科学理论的应用来说，它不仅受人类认识水平的限制、生产力水平的限制，还要受阶级的限制，因而，它在应用过程中必然出现造福人类（善）和祸害人类（恶）的两重现象”②。正因为此，一些国家采取文化监管的技术手段，但不能因此就完全切断与外界的联系，在历史的长期发展过程中，每一种文明都不可能在每一个方面都永远领先世界，因此时刻保持对外交流的顺畅，可以及时跟上先进文化和技术的潮流。因此，提高自身文明的境界，使其对负面技术文化具有抵御能力，才是合理的做法。

从技术传播与文化壁垒的角度还可以为人们提供很多反向角度的思考，比如中医药出口时，在西方国家市场遭遇文化壁垒的问题：

我国中药出口欧美市场时，遭遇的壁垒主要在于文化壁垒。其中，中西方不同的医学文化背景，是中药国际化遭遇西方技术壁垒的根源之一。中西医药分属两个完全不同的哲学体系，思维方式截然不

① 赵世瑜，周尚意. 中国文化地理概说 [M]. 太原：山西教育出版社，1991：153.
② 陈爱华. 现代科学伦理精神的生长 [M]. 南京：东南大学出版社，1992：124.

同，文化背景差异较大。作为中医药消费主导市场的欧美国家，对中药产生、沿革和发展的历史以及中药的理论体系缺乏了解。中药的药理机制、组方原则和衡量标准与西药有很大不同，这是我国中药进军国际中药市场的最主要障碍，同时也是产生中药国际贸易技术壁垒的原因之一①。

由于中西方文化和技术传统的差异，类似的问题还会有许多。如何克服这种壁垒？从本书中讨论的一些技术土著化的案例中可以看到，这种现象在古代就已经出现，在当时人们广泛交流的背景下，新技术的迁移有许多途径，但能不能被传入地的目标人群接受，是传播过程中面临的重要问题，通常最终是以技术的融汇和重新整合结束。在今天信息交流技术迅速发展的时代背景下，人们的沟通本应变得更加顺畅，但文化扩散中依然存在着隔膜，“第一，正像一块石头被掷入水塘之中会引起一道道涟漪，而波纹会越来越弱一样，文化扩散的效果也会随着距离源地的间隔拉大而越来越差。我们会发现，两个文化区的中心往往具有强烈的文化差异，而二区的界线往往是模糊的、重叠的。第二，不同的文化集团之间，对于某一种文化特性之传播，要比一种文化复合体或一整套文化系统的传播更易实现，也就是说，前者比后者更易为人接受。第三，技术的或工艺的东西，也就是那些能够直接应用于日常生活的东西，比精神的、理论的或抽象的东西更容易受人欢迎。因此，尽管‘四大发明’传到了西方很久，中国对于西方人来说，还是一个神秘的、难以理解的国度”②。

从这段阐述中可以看到，要尽可能重视文化区交界地带的技术传播，从而逐渐推进交界地带的距离，尽量扩大本民族技术文化的影响力。而在具体传播方式上，现代技术已经提供了很多渠道，进行技术扩散时可以多重视从日常生活的细节出发，从微小处的具体技术渗入。由于现代交通技术的发展，

① 肖诗鹰，刘铜华. 中医药进入国际市场的政策法规壁垒与对策 [M]. 北京：中国医药科技出版社，2013：154.

② 赵世瑜，周尚意. 中国文化地理概说 [M]. 太原：山西教育出版社，1991：154.

迁移性传播比传统农业社会更加便利，中国在现代化建设中也接收了很多外来技术文化，以2008年北京奥运会的建筑技术为例，“奥运会场馆建设的选择明显地带有迁移传播的特点。按照市场规则，面向国际进行主要体育场馆设计和施工的招投标工作。2008年北京奥运会将使用37个比赛场馆，赛前有5个场馆需要翻新；需要新建的22个场馆，其中19个分布在北京。由美国一家公司和中国一家公司共同设计的中国国家奥林匹克公园规划方案，在评比中荣获一等奖”①。这种传统的迁移扩散在今天便利的交通和通信技术下，可以更有效地实现点对点的技术融汇，当前许多跨文化的技术设计出现在人们生活中，也潜移默化地改变着人们的科技观念。

而在古代社会里最基本的扩展扩散，在今天的信息时代里也有了新的形式。例如，其中最需要人际交往才能形成的传染扩散，“因为这种扩散需要直接接触，所以其范围在短期内只限于局部地区”②。而在信息技术发达的今天，这种传播可以通过各种形式的社会网络进行，人们直接接触的方式不一定必须是近距离的物理接触，同样也可以是网络上的信息接触。对于许多习惯了新时代网络生活的人而言，面对电脑和移动设备的交流比现实中的近距交流更加便利有效，因此许多网民会在网络上学习来自全世界的各种科技信息，并随时将它们扩散到生活的具体应用细节里。网络储存也极大扩展了这些信息的存在时间，只要使用网络搜索，人们可以随时看到较长时段内的信息，这就延长了传染扩散的存留时间，使这些信息可以在更广阔的时空范围内发挥作用。

在研究科技知识传播的过程中，诸多现象都应受到关注，不但要看到有效的传播，总结它们的成功经验，而且也要看到失败的传播，总结其中的历史教训。有时观察一种技术为何会中断传播，或者在交流中遗失重要因素，会从中获得更重要的经验。例如，《中国历史农业地理》中研究的玉米种植技术在中国的扩散，在各地的传播中体现了不同的特征，也留下了不同的经

① 新中国体育与奥林匹克双向驱动发展研究[M]. 北京：人民体育出版社，2006：18.
② 王恩涌. 文化地理学导论：人·地·文化[M]. 北京：高等教育出版社，1989：17.

验教训。大约16世纪中期，原产于美洲大陆的玉米传入中国，共有三条传播途径，即西北陆路、西南陆路和东南海路。但最终促成全国普及玉米耕种的，却只有东南海路，而从西北和西南两条道路传入中国的玉米，只在少部分地区栽种，对其他地方的农业没有产生影响。观察其中的原因，会发现西北和西南两条陆路传入的玉米受到栽种环境、移民数量、农业传统等因素的制约，未能形成在全国的有效传播，而东南地区人口稠密，人地关系紧张，大量农业人口携带玉米种植技术移民到中西部山区，又因为玉米本身适合当地环境，逐次传播之后，玉米便在中国广泛种植①。

类似的案例还有很多，每一种个案都需要用详细的考证来说明结果。最终结论可能很简单，但必须通过繁琐的过程完成，就像每一种科学理论也都需要大量数据支持。随着相关研究的深入，可以对传播的效果加以更具体的定量分析，从而形成更加清晰的认识。例如，有研究者以欧亚草原上武器与马具的传播为例，认为："尤其需要注意的是传播方的器物组合，它反映了这个社会的特点，如工具与武器的比例、马具所占比例以及实用器与奢侈品所占比例，反映了社会的武装性、游动性以及社会上层维系的手段等信息。接收方接受了哪些功能的器物，则反映了这个社会的特点。"通过考察，发现："接受方首先采纳的是武器，其后才是装饰品，说明文化认同要晚于功能性的需要，如战争的需要。工具的特点由于与当地的自然资源有关，所以不易改变，例如，在贝加尔湖沿岸的森林草原地区，数量较多的空首斧在不同时代始终沿用。"②

许多技术的传播是复杂的过程，很可能在某一时间和区域属于一种扩散方式，而在另一时间和区域，就属于另一种扩散方式。所以观察这些扩散案例的微观动态过程，区分它们在不同阶段分属的不同类型，就可以为现实方案提供更多历史借鉴。今天的科技发展已经进入加速度增长的阶段，也体现出一些新的特征，如刺激传播在今天创意流传的时代就尤为重要，因为信息

① 韩茂莉. 中国历史农业地理 [M]. 北京：北京大学出版社，2012：512-529.

② 杨建华，邵会秋，潘玲. 欧亚草原东部的金属之路：丝绸之路与匈奴联盟的孕育过程 [M]. 上海：上海古籍出版社，2017：10-11.

技术的发展可以让人们看到更多促成新发明的启示，这在古代就已经有许多先例，如“山田庆儿氏在论述日本著名医家华冈青洲（1760—1835）在创造麻醉剂并成功地进行了乳癌手术时认为：尽管华冈青洲并无直接获得华佗麻醉技术的可能，但这与华佗故事的激发性传播作用有关。另一方面，比照‘彼有己无’而产生出的创造活动，亦可说是‘激发性传播’的作用之一，尽管这种情况下可能完全是使用新的材料与方法，创造出新的模式。印度古代药物分类方法对中医学即可能产生过这样的影响”[①]。在信息交换极为普遍的现代，这种刺激扩散会让更多普通人参与科技知识的创造与传播中，从而产生下一次技术突变与新科学诞生的可能。

从一系列案例中，可以看到新时代里科学技术发展与传播的趋势。随着时间的推移，旧技术诱发了新技术，但最终在被新技术取代后消失。这种技术更迭是必然的，正如关于技术悖论的理论中所体现的那样，任何新技术从产生时开始，其内在结构和功能都存在不合理性，都存在不可避免的某些矛盾、错误、缺陷和不足。人类创造了它，但随着时间的推移，它越来越成为束缚人类自身的东西，成为不能满足人类需要的东西，因此也会被人类改造并更新。技术中一直存在这种自我相关的不合理性和矛盾性，新技术的发明、创造也正是在不断排除旧技术的悖论中产生和发展的。

① 廖育群. 阿输吠陀：印度的传统医学 [M]. 沈阳：辽宁教育出版社，2002：373.